普通高等学校基础课辅导用书

高等数学——
习题解析与练习

第二版

金 健 朱惠健 主编

南京大学出版社

图书在版编目(CIP)数据

高等数学:习题解析与练习/金健,朱惠健主编
.—2版.—南京:南京大学出版社,2015.9(2019.12重印)
普通高等学校基础课辅导用书
ISBN 978-7-305-15703-5

Ⅰ.①高… Ⅱ.①金… ②朱… Ⅲ.①高等数学—高
等学校—习题集 Ⅳ.①O13-44

中国版本图书馆 CIP 数据核字(2015)第 195286 号

出版发行 南京大学出版社
社　　址 南京市汉口路 22 号　　　邮编　210093
出 版 人 金鑫荣
丛 书 名 普通高等学校基础课辅导用书
书　　名 高等数学——习题解析与练习(第二版)
主　　编 金　健　朱惠健
责任编辑 吴　华　　　　　编辑热线　025-83596997
照　　排 南京理工大学资产经营有限公司
印　　刷 南京人民印刷厂有限责任公司
开　　本 787×1 092　1/16　印张 14.5　字数 371 千
版　　次 2015 年 9 月第 2 版　2019 年 12 月第 3 次印刷
印　　数 6001～9000
ISBN　978-7-305-15703-5
定　　价 35.00 元

网　　址:http://www.njupco.com
官方微博:http://weibo.com/njupco
官方微信号:njupress
销售咨询热线:(025)83594756

前　言

　　《高等数学——习题解析与练习》是根据"高等数学"课程教学大纲和全国高校工科数学课程教学指导委员会制定的"高等数学课程教学基本要求",结合近几年来学生的学习现状和专业课程对高等数学课程的教学要求,由我校组织一批有丰富教学经验的教师编写而成.《高等数学——习题解析与练习》以课程章节中的每一相关内容为一讲,集每一讲的主要教学内容、教学要求、重点例题和课后习题为一体,供学生在每一次课后复习、练习之用.编写此书的目的是方便学生学好高等数学,提高学习效率,加深对所学内容的印象,及时巩固学习成果,尽可能帮助每一名学生达到"高等数学"课程教学的基本要求.在编写《高等数学——习题解析与练习》时,编者充分考虑到课程的基本要求,主要教学内容、教学要求始终围绕高等数学课程教学大纲,用通俗的语言总结了定义、定理、公式和概念;在重点例题部分精心选择和设计了例题,不但有详细解答,还配有分析或解题要点;课后习题以基本概念题、基本运算题和应用题为主,基本做到少而精,习题分布体现了强化基础、注意覆盖面、注重计算能力训练的特点.

　　《高等数学——习题解析与练习》第一版的第二章、第四章、第五章、第六章和第一章部分内容由朱惠健老师编写,第七章、第八章、第九章、第十章由金健老师编写,第十一章、第十二章由张树来老师编写,第一章部分内容和第三章由顾建军老师编写.朱惠健老师和金健老师认真审阅了全书,对不足之处进行了弥补和修改.李昕老师给出了部分习题的参考答案,张立老师认真阅读了全书,并作了部分修改.《高等数学——习题解析与练习》第二版由金健老师带领部分教研室老师修订完成.虽然各位编者力求完美,但由于水平所限,难免还存在不足之处,敬请读者在使用过程中批评指正.

编　者

2015 年 3 月 8 日

目　录

第一章

函数、极限和连续

第一讲　函数的概念与性质

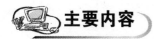 **主要内容**

一、函数的定义

设有两个变量 x, y, D 是一个给定的数集,如果对于任意的 $x \in D$,按照一定的法则总有确定的数值 y 与之对应,则称变量 y 是 x 的函数,记作:$y = f(x)$. 数集 D 称为函数的定义域.

二、函数的图像

平面点集 $\{(x, y) \mid y = f(x), x \in D\}$ 称为函数 $y = f(x)$ 的图像,一般为平面上的一条曲线.

三、反函数定义

设函数 $y = f(x)$ 的定义域为 D,值域为 W,若对任意的 $y \in W$,在 D 上可以确定 x 与 y 对应,且满足 $y = f(x)$,则称新函数 $x = f^{-1}(y)$ 为函数 $y = f(x)$ 的反函数,习惯记为 $y = f^{-1}(x)$.

四、复合函数定义

设函数 $y = f(u)$ 的定义域为 D_1,$u = \varphi(x)$ 的定义域为 D_2,值域 $W_2 = \{u \mid u = \varphi(x), x \in D_2\} \subset D_1$,则消去 u 后所得 y 与 x 的函数关系 $y = f[\varphi(x)]$ 称为由函数 $y = f(u)$ 与 $u = \varphi(x)$ 复合而成的复合函数,其中 u 称为中间变量.

五、函数的几种特性

有界性:若存在常数 $M > 0$,使得对任一 $x \in D$,都有 $\mid f(x) \mid \leqslant M$,则称 $f(x)$ 在区间

D 内有界,否则称 $f(x)$ 无界.

单调性:若对区间 D 内任意的 $x_1 < x_2$,总有 $f(x_1) < f(x_2)$(或 $f(x_1) > f(x_2)$),则称 $f(x)$ 在 D 内单调增加(或减少).

奇偶性:若对区间 D 内任意的 $x \in D$,总有 $f(-x) = f(x)$,则称 $f(x)$ 为偶函数;若对任意的 $x \in D$,总有 $f(-x) = -f(x)$,则称 $f(x)$ 为奇函数,奇(偶)函数的图像关于原点(y 轴)对称.

周期性:若存在常数 $l \neq 0$,使得当 $x \in D$ 且 $x+l \in D$,都有 $f(x+l) = f(x)$,则称 $f(x)$ 为以 l 为周期的周期函数,一般规定最小的正数 l 为周期.

六、初等函数

幂函数、指数函数、对数函数、三角函数、反三角函数统称为基本初等函数. 由常数和基本初等函数经过有限次的四则运算和有限次的复合步骤所构成的,用一个解析式表达的函数称为初等函数.分段函数、绝对值函数等称为非初等函数.

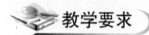 **教学要求**

➤ 熟练掌握函数定义,会求函数的表达式、定义域和函数值,掌握分段函数的表达式和作图方法.
➤ 理解函数的单调性、奇偶性、有界性和周期性的概念,会判断一般函数的这些特性.
➤ 掌握复合函数和反函数的概念.
➤ 了解初等函数的概念,熟练掌握基本初等函数的性质及图形.

重点例题

例 1-1-1 $f(x) = \begin{cases} 2x & 0 < x \leqslant 1 \\ x^2 & 1 < x \leqslant 2 \end{cases}$, $g(x) = \ln x, x \in (0, +\infty)$,试求 $f[g(x)]$, $g[f(x)]$.

解 $f[g(x)] = f(u)\,|_{u=g(x)} = \begin{cases} 2u & 0 < u \leqslant 1 \\ u^2 & 1 < u \leqslant 2 \end{cases}\Big|_{u=\ln x}$

$$= \begin{cases} 2\ln x & 0 < \ln x \leqslant 1 \\ (\ln x)^2 & 1 < \ln x \leqslant 2 \end{cases} = \begin{cases} 2\ln x & 1 < x \leqslant e \\ (\ln x)^2 & e < x \leqslant e^2 \end{cases}.$$

$$g[f(x)] = g(u)\,|_{u=f(x)} = \ln u\,|_{u=f(x)} = \begin{cases} \ln 2x & 0 < x \leqslant 1 \\ \ln x^2 & 1 < x \leqslant 2 \end{cases}.$$

例 1-1-2 设函数 $f(x) = \begin{cases} |\sin x| & |x| < \dfrac{\pi}{3} \\ 0 & |x| \geqslant \dfrac{\pi}{3} \end{cases}$,求 $f\left(\dfrac{\pi}{4}\right)$, $f(-2)$.

解 $$f\left(\frac{\pi}{4}\right) = \left|\sin\frac{\pi}{4}\right| = \frac{\sqrt{2}}{2}; f(-2) = 0.$$

【点评】 首先判断自变量取值满足哪一段不等式,再代入相应的运算公式.

例 1-1-3 设 $f(x) = x \cdot \tan x \cdot \mathrm{e}^{\sin x}$,则 $f(x)$ 是(　　).

A. 偶函数　　　　　B. 无界函数　　　　　C. 周期函数　　　　　D. 单调函数

解 选 B.

【分析】 直接验算而得:因为 $-1 \leqslant \sin x \leqslant 1$ 且 e^x 是单调增函数,所以 $|\,\mathrm{e}^{\sin x}\,| \geqslant \mathrm{e}^{-1}$;而 x 和 $\tan x$ 都是无界函数,所以对于任意给定的正数 M,都存在 $x_0 > 1$,使得 $|\,x_0 \tan x_0\,| > M\mathrm{e}$,从而 $|\,f(x_0)\,| \geqslant |\,x_0\,|\,|\,\tan x_0\,|\,\mathrm{e}^{-1} > M$,故 $f(x)$ 是无界函数.

例 1-1-4 已知函数 $f(x) = \ln \dfrac{2+x}{2-x}$,求 $f(x) + f\left(\dfrac{2}{x}\right)$ 的定义域.

解 因为 $f(x)$ 的定义域为 $D_1 : |\,x\,| < 2$,所以 $f(2/x)$ 应有 $|\,2/x\,| < 2 \Rightarrow |\,x\,| > 1$,即 $f(2/x)$ 的定义域为 $D_2 : |\,x\,| > 1$.故所求定义域 $D = D_1 \bigcap D_2 : (-2, -1) \bigcup (1, 2)$.

例 1-1-5 当 $x \neq 0$ 时,$f(x)$ 满足 $af(x) + bf\left(\dfrac{1}{x}\right) = 2x + \dfrac{3}{x}$ 且 $f(0) = 0$,$|\,a\,| \neq |\,b\,|$,证明 $f(x)$ 为奇函数.

证明 由于
$$af(x) + bf\left(\dfrac{1}{x}\right) = 2x + \dfrac{3}{x}, \qquad\qquad ①$$

则
$$af\left(\dfrac{1}{x}\right) + bf(x) = \dfrac{2}{x} + 3x. \qquad\qquad ②$$

式 ① $\times a$ - ② $\times b$ 得

$$(a^2 - b^2)f(x) = (2a - 3b)x + (3a - 2b)\dfrac{1}{x},$$

从而
$$f(x) = \dfrac{1}{a^2 - b^2}\left[(2a - 3b)x + (3a - 2b)\dfrac{1}{x}\right].$$

因为 $a^2 - b^2 \neq 0$,且 $2a - 3b, 3a - 2b$ 不同时为零,又 $f(0) = 0$,故

$$f(-x) = -\dfrac{1}{a^2 - b^2}\left[(2a - 3b)x + (3a - 2b)\dfrac{1}{x}\right] = -f(x),$$

从而 $f(x)$ 为奇函数.

【点评】 要证明 $f(x)$ 为奇函数,只要证 $f(-x) = -f(x)$ 即可,为此首先要找出函数 $f(x)$ 的表达式,再证 $f(-x) = -f(x)$ 即可.

例 1-1-6 设在 $(-\infty, +\infty)$ 内 $f(x) > 0$,且 $f(x+k) = 1/f(x)(k > 0)$,则在 $(-\infty, +\infty)$ 内 $f(x)$ 为(　　).

A. 奇函数　　　　　B. 偶函数　　　　　C. 周期函数　　　　　D. 增函数

解 选 C.

【分析】 因为 $f(x+2k) = 1/f(x+k) = f(x)$,所以 $f(x)$ 是以 $2k$ 为周期的周期函数.

例 1-1-7 设 $f(x)$ 满足方程 $2f(x) + f(1/x) = a/x (x \neq 0, a$ 为常数),且 $f(0) = 0$,求 $f(x)$ 的表达式.

解 因为 $x \neq 0$ 时,$1/x \neq 0$,故有
$$\begin{cases} 2f(1/x) + f(x) = ax \\ 2f(x) + f(1/x) = a/x \end{cases},$$

消去 $f(1/x)$，得
$$3f(x) = \frac{2a}{x} - ax,$$

即
$$f(x) = \begin{cases} \dfrac{a(2-x^2)}{3x} & x \neq 0 \\ 0 & x = 0 \end{cases}.$$

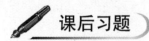 课后习题

一、选择题

1. $\varphi(x) = \begin{cases} 1 & |x| \leqslant 1 \\ x & |x| > 1 \end{cases}$，$f(x) = \sin x$，则 $x \in (-\infty, +\infty)$ 时，$\varphi[f(x)] = ($ $)$.

A. 1　　　　　B. x　　　　　C. $\sin x$　　　　　D. 不存在

2. 下列函数中为奇函数的是(　　).

A. $y = x^2 \tan(\sin x)$　　　　　　　B. $y = x^2 \cos\left(x + \dfrac{\pi}{4}\right)$

C. $y = \cos(\arctan x)$　　　　　　　D. $y = \sqrt{2^x - 2^{-x}}$

3. $f(x) = \begin{cases} \sin^3 x & -\pi \leqslant x < 0 \\ -\sin^3 x & 0 \leqslant x \leqslant \pi \end{cases}$，则此函数是(　　).

A. 单调减函数　　　B. 周期函数　　　C. 奇函数　　　D. 偶函数

4. 若 $f(x-1) = x^2 - x$，则函数 $f(x) = ($　　$)$.

A. $x^2 + x$　　　　　　　　　　　B. $x(x-1)$

C. $(x-1)^2 - (x-1)$　　　　　　　D. $(x+1)(x-2)$

二、填空题

1. 设 $f(x)$ 的定义域为 $[0,5]$，则 $f(x^2+1)$ 的定义域为_____.

2. 设 $g(x) = \begin{cases} 2-x & x \leqslant 0 \\ 2+x & x > 0 \end{cases}$，$f(x) = \begin{cases} x^2 & x \leqslant 0 \\ -x & x > 0 \end{cases}$，则 $g[f(x)] = $_____.

3. 设 $f\left(x + \dfrac{1}{x}\right) = x^2 + \dfrac{1}{x^2}$，求 $f(x) = $_____.

4. 设函数 $f(x) = \dfrac{1}{x+1}$，则 $f(f(x)) = $_____.

三、解答题

1. 设 $f(x) = \begin{cases} 1 & |x| < 1 \\ 0 & |x| = 1 \\ -1 & |x| > 1 \end{cases}$，$g(x) = e^x$，求 $f[g(x)]$ 和 $g[f(x)]$.

2. 判断 $f(x) = \dfrac{e^x - 1}{e^x + 1} \ln \dfrac{1-x}{1+x}$　$(-1 < x < 1)$ 的奇偶性.

3. 讨论函数 $f(x) = x + \ln x$ 在区间 $(0, +\infty)$ 上的单调性.

四、证明题

1. 证明定义在对称区间 $(-l, l)$ 上的任意函数可以表示为一个奇函数与一个偶函数之和.

2. 设 $f(x)$ 为 $(-l, l)$ 内的奇函数,若 $f(x)$ 在 $(0, l)$ 内单调增加,证明 $f(x)$ 在 $(-l, 0)$ 内也单调增加.

参考答案

一、1. A　2. A　3. D　4. A

二、1. $[-2, 2]$　2. $g[f(x)] = \begin{cases} 2+x^2 & x<0 \\ 2+x & x \geqslant 0 \end{cases}$　3. x^2-2　4. $\dfrac{x+1}{x+2}$

三、1. $f[g(x)] = \begin{cases} 1 & x<0 \\ 0 & x=0 \\ -1 & x>0 \end{cases}$, $g[f(x)] = \begin{cases} e & |x|<1 \\ 1 & |x|=1 \\ \dfrac{1}{e} & |x|>1 \end{cases}$　2. 偶函数　3. 单调增加

四、1. 提示:先待定一个奇函数和一个偶函数,再由奇偶条件求出两个待定函数.

2. 提示:可按单调函数的定义证明,注意利用函数的奇偶性.

第二讲　极限的概念及计算

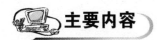 **主要内容**

一、数列极限(ε-N 定义)

设对于数列 $\{x_n\}$,如存在固定常数 A 满足:对任意 $\varepsilon > 0$,存在 $N > 0$,使当 $n > N$ 时,恒有 $|x_n - A| < \varepsilon$,则称 A 是数列 $\{x_n\}$ 的极限或称 $\{x_n\}$ 收敛于 A,记为 $\lim\limits_{n \to \infty} x_n = A$ 或 $x_n \to A(n \to \infty)$.

二、在 x_0 点函数极限定义

设对任意 $\varepsilon > 0$,存在 $\delta > 0$,使得当 $0 < |x - x_0| < \delta$ 时,恒有 $|f(x) - A| < \varepsilon$,则称 A 为 $f(x)$ 当 $x \to x_0$ 时的极限或简称 A 为 $f(x)$ 在 x_0 处的极限,记为 $\lim\limits_{x \to x_0} f(x) = A$ 或 $f(x) \to A(x \to x_0)$.

设对任意 $\varepsilon > 0$,存在 $\delta > 0$,使得当 $0 < x_0 - x < \delta$ 时,恒有 $|f(x) - A| < \varepsilon$,则称 A 为 $f(x)$ 在 x_0 处的左极限,记为 $\lim\limits_{x \to x_0^-} f(x) = A$ 或 $f(x_0 - 0) = A$.

设对任意 $\varepsilon > 0$,存在 $\delta > 0$,使得当 $0 < x - x_0 < \delta$ 时,恒有 $|f(x) - A| < \varepsilon$,则称 A 为 $f(x)$ 在 x_0 处的右极限,记为 $\lim\limits_{x \to x_0^+} f(x) = A$ 或 $f(x_0 + 0) = A$.

三、无穷小与无穷大

1. 无穷小与无穷大的定义

设 $\lim\limits_{x \to x_0} f(x) = 0$(或 $\lim\limits_{x \to \infty} f(x) = 0$),则称 $f(x)$ 当 $x \to x_0$(或 $x \to \infty$)时是无穷小,即以零为极限的变量称为自变量在某一变化过程的无穷小.

若当 $x \to x_0$ (或 $x \to \infty$) 时，$|f(x)|$ 无限增大，则称 $f(x)$ 当 $x \to x_0$ (或 $x \to \infty$) 时是无穷大.

2. 无穷小与无穷大的关系

在自变量的某个变化过程中，无穷大的倒数是无穷小，非零无穷小的倒数是无穷大.

3. 无穷小的性质

(1) 有限个无穷小的和、差、积还是无穷小.

(2) 有界函数与无穷小的乘积还是无穷小.

(3) $\lim\limits_{\substack{x \to x_0 \\ (x \to \infty)}} f(x) = A \Leftrightarrow f(x) = A + \alpha$，其中 α 为无穷小量，即 $\lim\limits_{\substack{x \to x_0 \\ (x \to \infty)}} \alpha = 0$.

(4) 若 $\alpha \sim \alpha_1, \beta \sim \beta_1$，则 $\lim \dfrac{\beta}{\alpha} = \lim \dfrac{\beta_1}{\alpha_1}$.

四、极限存在准则

(1) 单调有界数列必收敛.

(2) (夹逼准则) 若在 x_0 的某一去心领域内，恒有 $g(x) \leqslant f(x) \leqslant h(x)$ 且 $\lim\limits_{x \to x_0} g(x) = A$，$\lim\limits_{x \to x_0} h(x) = A$，则 $\lim\limits_{x \to x_0} f(x) = A$.

五、极限四则运算

设 $\lim f(x) = A, \lim g(x) = B$，则有

(1) $\lim [f(x) \pm g(x)] = \lim f(x) \pm \lim g(x) = A \pm B$.

(2) $\lim [f(x) \cdot g(x)] = \lim f(x) \cdot \lim g(x) = AB$.

(3) $\lim [kf(x)] = k \lim f(x) = kA (k$ 为常数$)$.

(4) $\lim \dfrac{f(x)}{g(x)} = \dfrac{\lim f(x)}{\lim g(x)} = \dfrac{A}{B} \quad (B \neq 0)$.

六、两个重要极限

(1) $\lim\limits_{x \to 0} \dfrac{\sin x}{x} = 1$.

(2) $\lim\limits_{x \to \infty} \left(1 + \dfrac{1}{x}\right)^x = e, \quad \lim\limits_{x \to 0} (1 + x)^{\frac{1}{x}} = e$.

七、无穷小比较

设 α, β 是在同一自变量的变化过程中的无穷小.

(1) 若 $\lim \dfrac{\alpha}{\beta} = 0$，则称 α 是 β 的高阶无穷小，记 $\alpha = o(\beta)$.

(2) 若 $\lim \dfrac{\alpha}{\beta} = \infty$，则称 α 是 β 的低阶无穷小.

(3) 若 $\lim \dfrac{\alpha}{\beta} = C \neq 0$，则称 α 是 β 的同阶无穷小.

(4) 若 $\lim \dfrac{\alpha}{\beta^k} = C \neq 0$，则称 α 是 β 的 k 阶无穷小 $(k > 0)$.

(5) 若 $\lim \dfrac{\alpha}{\beta} = 1$,则称 α 是 β 的等价无穷小,记为 $\alpha \sim \beta$.

常用的等价无穷小:当 $x \to 0$ 时,

$\sin x \sim x$, $\tan x \sim x$, $\mathrm{e}^x - 1 \sim x$, $\arcsin x \sim x$, $\arctan x \sim x$, $1 - \cos x \sim \dfrac{x^2}{2}$,

$\ln(1+x) \sim x$, $(1+x)^\alpha - 1 \sim \alpha x$($\alpha$ 为实数).

教学要求

➤ 掌握数列的基本概念,理解数列极限的定义,会利用数列极限的定义和性质证明简单数列的极限.

➤ 理解函数极限的定义,了解函数极限的性质,会利用函数极限的定义和性质证明简单函数的极限.

➤ 会求函数在一点处的左、右极限,了解函数在一点处极限存在的充要条件.

➤ 熟练掌握函数极限的运算法则和两个重要极限,会计算各种函数的极限.

➤ 理解等价无穷小概念,会进行无穷小比较,熟练掌握利用无穷小概念计算极限的方法.

重点例题

例 1 - 2 - 1　求极限 $\lim\limits_{x \to \infty}(\sqrt{x^2+1} - \sqrt{x^2-1})$.

解

$$
\begin{aligned}
\lim_{x \to \infty}(\sqrt{x^2+1} - \sqrt{x^2-1}) &= \lim_{x \to \infty} \frac{(\sqrt{x^2+1} - \sqrt{x^2-1})(\sqrt{x^2+1} + \sqrt{x^2-1})}{\sqrt{x^2+1} + \sqrt{x^2-1}} \\
&= \lim_{x \to \infty} \frac{(x^2+1) - (x^2-1)}{\sqrt{x^2+1} + \sqrt{x^2-1}} \\
&= \lim_{x \to \infty} \frac{2}{\sqrt{x^2+1} + \sqrt{x^2-1}} = 0.
\end{aligned}
$$

【点评】　对于 $\infty - \infty$,一般先采用通分、有理化等方法化简,然后再求极限.

例 1 - 2 - 2　设 $f(x) = \begin{cases} 5 - 3x & x < 1 \\ 3 - x & 1 \leqslant x < 2 \\ x - 5 & x \geqslant 2 \end{cases}$,考察极限 $\lim\limits_{x \to 1} f(x)$, $\lim\limits_{x \to 2} f(x)$.

解　$\lim\limits_{x \to 1^-} f(x) = \lim\limits_{x \to 1^-}(5 - 3x) = 2$, $\lim\limits_{x \to 1^+} f(x) = \lim\limits_{x \to 1^+}(3 - x) = 2$,

所以
$$\lim_{x \to 1} f(x) = 2.$$

$$\lim_{x \to 2^-} f(x) = \lim_{x \to 2^-}(3 - x) = 1, \lim_{x \to 2^+} f(x) = \lim_{x \to 2^+}(x - 5) = -3,$$

所以 $\lim\limits_{x \to 2} f(x)$ 不存在.

【点评】　分段函数分界点处的极限,要用左右极限来求.

例 1 - 2 - 3　已知 $\lim\limits_{x \to +\infty}(5x - \sqrt{ax^2 + bx + 1}) = 2$,求 a 和 b.

解　$\lim\limits_{x \to +\infty} (5x - \sqrt{ax^2 + bx + 1}) = 2$, 等式两边同除以 x 得

$$\lim_{x \to +\infty} \left(5 - \sqrt{a + \frac{b}{x} + \frac{1}{x^2}}\right) = 0,$$

所以　　　　　　$\lim\limits_{x \to +\infty} \sqrt{a + \dfrac{b}{x} + \dfrac{1}{x^2}} = \sqrt{a} = 5, \quad a = 25.$

又 $\lim\limits_{x \to +\infty} (5x - \sqrt{25x^2 + bx + 1}) = \lim\limits_{x \to +\infty} \dfrac{-bx - 1}{5x + \sqrt{25x^2 + bx + 1}}$

$$= \lim_{x \to +\infty} \frac{-b - \dfrac{1}{x}}{5 + \sqrt{25 + \dfrac{b}{x} + \dfrac{1}{x^2}}} = \frac{-b}{10} = 2,$$

所以 $b = -20$.

例 1-2-4　求极限 $\lim\limits_{x \to \infty} \dfrac{3x^3 - 5x^2 + 2}{7x^3 + 2x + 1}$.

解　原式 $= \lim\limits_{x \to \infty} \dfrac{3 - \dfrac{5}{x} + \dfrac{2}{x^3}}{7 + \dfrac{2}{x^2} + \dfrac{1}{x^3}} = \dfrac{3 - 0 + 0}{7 + 0 + 0} = \dfrac{3}{7}$.

【点评】　当 $x \to \infty$ 时, 分式的极限可用公式:

$$\lim_{x \to \infty} \frac{a_n x^n + a_{n-1} x^{n-1} + \cdots + a_1 x + a_0}{b_m x^m + b_{m-1} x^{m-1} + \cdots + b_1 x + b_0} = \begin{cases} \dfrac{a_n}{b_m} & \text{当 } n = m \\ \infty & \text{当 } n > m \\ 0 & \text{当 } n < m \end{cases}.$$

例 1-2-5　求极限 $\lim\limits_{n \to \infty} 2^n \tan \dfrac{x}{2^n}$.

解　　　　　$\lim\limits_{n \to \infty} 2^n \tan \dfrac{x}{2^n} = \lim\limits_{n \to \infty} x \dfrac{\tan \dfrac{x}{2^n}}{\dfrac{x}{2^n}} = x.$

例 1-2-6　求极限 $\lim\limits_{x \to 2} \dfrac{x^2 - 4}{\sin (x - 2)}$.

解　原式 $= \lim\limits_{x \to 2} \dfrac{(x-2)(x+2)}{\sin (x-2)} = \lim\limits_{x \to 2} (x+2) \dfrac{x-2}{\sin (x-2)} = 4 \cdot 1 = 4.$

【点评】　第一个重要极限公式 $\lim\limits_{x \to 0} \dfrac{\sin x}{x} = 1$ 有多种变化形式, 常见的有 $\lim\limits_{x \to 0} \dfrac{(\sin kx)^n}{(kx)^n} = 1$,

$\lim\limits_{x \to a} \dfrac{\sin \varphi(x)}{\varphi(x)} = 1$ (当 $\lim\limits_{x \to a} \varphi(x) = 0$ 时), 例 1-2-5、例 1-2-6 都用到第一个重要极限公式的变化形式.

例 1-2-7　求极限 $\lim\limits_{x \to 1} x^{\frac{1}{x-1}}$.

解　原式 $= \lim\limits_{x \to 1} [1 + (x-1)]^{\frac{1}{x-1}}$.

令 $y = x - 1$, 则上式 $= \lim\limits_{y \to 0} (1 + y)^{\frac{1}{y}} = \mathrm{e}.$

【点评】 第二个重要极限公式有变化形式 $\lim\limits_{x\to\infty}\left(1+\dfrac{1}{\Box}\right)^{\Box}=e$(注意 $\Box$ 中为该过程

下无穷大)和 $\lim\limits_{x\to0}(1+\Box)^{\frac{1}{\Box}}=e$(注意 $\Box$ 中为该过程下无穷小),本例利用第 2 种变化形式
求出此极限.

例 1-2-8 求极限 $\lim\limits_{x\to\infty}\left(\dfrac{x}{2+x}\right)^{3x+5}$.

解 原式 $=\lim\limits_{x\to\infty}\left(\dfrac{x}{2+x}\right)^{3x}\left(\dfrac{x}{2+x}\right)^{5}=\lim\limits_{x\to\infty}\left(\dfrac{x}{2+x}\right)^{3x}=\lim\limits_{x\to\infty}\left(\dfrac{1}{2/x+1}\right)^{3x}$

$$=\lim\limits_{x\to\infty}\dfrac{1}{\left(1+\dfrac{2}{x}\right)^{3x}}=\lim\limits_{x\to\infty}\dfrac{1}{\left(1+\dfrac{2}{x}\right)^{\frac{x}{2}\cdot6}}=e^{-6}.$$

【点评】 本例先分解出 $\lim\limits_{x\to\infty}\left(\dfrac{x}{2+x}\right)^{5}=1$,再利用 $\lim\limits_{x\to\infty}\left(\dfrac{x}{2+x}\right)^{3x}=\lim\limits_{x\to\infty}\dfrac{1}{\left(1+\dfrac{2}{x}\right)^{3x}}$ 求出

极限.

例 1-2-9 已知极限 $\lim\limits_{x\to\infty}\left(\dfrac{x+2a}{x-a}\right)^{x}=8$,求 a 值.

解 由于 $\lim\limits_{x\to\infty}\left(\dfrac{x+2a}{x-a}\right)^{x}=\lim\limits_{x\to\infty}\dfrac{\left(1+\dfrac{2a}{x}\right)^{x}}{\left(1-\dfrac{a}{x}\right)^{x}}=\dfrac{e^{2a}}{e^{-a}}=e^{3a}$,

所以 $e^{3a}=8$,因此 $a=\ln 2$.

例 1-2-10 求 $\lim\limits_{x\to0}\dfrac{3\sin x+x^{2}\cos\dfrac{1}{x}}{(1+\cos x)\ln(1+x)}$.

解 $1+\cos x\to2(x\to0),\ln(1+x)\sim x(x\to0)$.

$$原式=\lim\limits_{x\to0}\dfrac{3\sin x+x^{2}\cos\dfrac{1}{x}}{2x}=\dfrac{3}{2}\cdot\lim\limits_{x\to0}\dfrac{\sin x}{x}+\dfrac{1}{2}\cdot\lim\limits_{x\to0}x\cos\dfrac{1}{x}=\dfrac{3}{2}+0=\dfrac{3}{2}.$$

例 1-2-11 当 $x\to0$ 时,无穷小 $f(x)=\sin(\sin^{2}x)\cos x$ 与 $g(x)=3x^{2}+4x^{3}$ 是否
同阶?是否等价?

解 因为 $\lim\limits_{x\to0}\dfrac{f(x)}{g(x)}=\lim\limits_{x\to0}\dfrac{\sin(\sin^{2}x)\cos x}{3x^{2}+4x^{3}}$(因为 $x\to0$ 时,$\sin(\sin^{2}x)$ 与 $\sin^{2}x$ 等价)

$$=\lim\limits_{x\to0}\dfrac{\sin^{2}x\cdot\cos x}{3x^{2}+4x^{3}}=\lim\limits_{x\to0}\cos x\dfrac{x^{2}}{x^{2}(3+4x)}=\lim\limits_{x\to0}\cos x\dfrac{1}{3+4x}=\dfrac{1}{3},$$

所以当 $x\to0$ 时,$f(x)$ 与 $g(x)$ 是同阶无穷小而非等价无穷小.

【点评】 利用等价无穷小求极限时,必须是 $\lim\limits_{x\to0}\dfrac{\alpha\cdot f(x)}{g(x)}=\lim\limits_{x\to0}\dfrac{\beta\cdot f(x)}{g(x)}$,$\alpha\sim\beta(x\to0)$,而

$\lim\limits_{x\to 0}\dfrac{\alpha+f(x)}{g(x)}\neq\lim\limits_{x\to 0}\dfrac{\beta+f(x)}{g(x)}$，这一点务必请注意.

例 1 - 2 - 12　$\lim\limits_{n\to\infty}\left(\dfrac{1}{\sqrt{n^2+1}}+\dfrac{1}{\sqrt{n^2+2}}+\cdots+\dfrac{1}{\sqrt{n^2+n}}\right)$

解　$\dfrac{n}{\sqrt{n^2+n}}\leqslant\dfrac{1}{\sqrt{n^2+1}}+\dfrac{1}{\sqrt{n^2+2}}+\cdots+\dfrac{1}{\sqrt{n^2+n}}\leqslant\dfrac{n}{\sqrt{n^2+1}},$

$\lim\limits_{n\to\infty}\dfrac{n}{\sqrt{n^2+1}}=\lim\limits_{n\to\infty}\dfrac{1}{\sqrt{1+\dfrac{1}{n^2}}}=1,\lim\limits_{n\to\infty}\dfrac{n}{\sqrt{n^2+n}}=\lim\limits_{n\to\infty}\dfrac{1}{\sqrt{1+\dfrac{1}{n}}}=1,$

故由夹逼准则得$\lim\limits_{n\to\infty}\left(\dfrac{1}{\sqrt{n^2+1}}+\dfrac{1}{\sqrt{n^2+2}}+\cdots+\dfrac{1}{\sqrt{n^2+n}}\right)=1.$

例 1 - 2 - 13　证明数列 $x_1=\sqrt{6},x_2=\sqrt{6+\sqrt{6}},x_3=\sqrt{6+\sqrt{6+\sqrt{6}}},\cdots$ 的极限存在，并求极限值.

证明　运用数学归纳法证明此数列单调增加. 当 $n=1$ 时，

$$x_1=\sqrt{6}<\sqrt{6+\sqrt{6}}=x_2$$

成立；假定 $n=k$ 时，$x_k<x_{k+1}$，则当 $n=k+1$ 时，

$$x_{k+1}=\sqrt{6+x_k}<\sqrt{6+x_{k+1}}=x_{k+2}.$$

故当 $n\geqslant 1(n\in\mathbb{N})$ 时，$x_n<x_{n+1}$，此数列是单调增加的.

同理，由数学归纳法容易证明：对任意的自然数 n，都有 $x_n<3$，即数列有界，因此极限 $\lim\limits_{n\to\infty}x_n$ 存在. 设 $\lim\limits_{n\to\infty}x_n=a$，令 $n\to\infty$，对 $x_{n+1}=\sqrt{6+x_n}$ 两边同时取极限，得方程

$$a=\sqrt{6+a}\ \text{或}\ a^2-a-6=0,$$

得 $a=3$ 或 -2（因为 $x_n>0$，所以将负根舍去），故极限 $\lim\limits_{n\to\infty}x_n=3.$

例 1 - 2 - 14　求 $\lim\limits_{n\to\infty}\cos\dfrac{x}{2}\cos\dfrac{x}{2^2}\cdots\cos\dfrac{x}{2^n}(x\neq 0).$

解　$\lim\limits_{n\to\infty}\cos\dfrac{x}{2}\cos\dfrac{x}{2^2}\cdots\cos\dfrac{x}{2^n}=\lim\limits_{n\to\infty}\dfrac{\cos\dfrac{x}{2}\cos\dfrac{x}{2^2}\cdots\cos\dfrac{x}{2^n}\sin\dfrac{x}{2^n}}{\sin\dfrac{x}{2^n}}$

$=\lim\limits_{n\to\infty}\dfrac{\cos\dfrac{x}{2}\cos\dfrac{x}{2^2}\cdots\cos\dfrac{x}{2^{n-1}}\sin\dfrac{x}{2^{n-1}}}{2\sin\dfrac{x}{2^n}}=\cdots=\lim\limits_{n\to\infty}\dfrac{\sin x}{2^n\sin\dfrac{x}{2^n}}$

$=\dfrac{\sin x}{x}\lim\limits_{n\to\infty}\dfrac{\dfrac{x}{2^n}}{\sin\dfrac{x}{2^n}}=\dfrac{\sin x}{x}.$

课后习题

一、选择题

1. 设 $\lim\limits_{x \to 1} \dfrac{x^2 + bx + 6}{1 - x} = 5, b = (\quad)$.

A. 5　　　　　　B. -7　　　　　　C. -5　　　　　　D. 7

2. 下列极限存在的是 ( ).

A. $\lim\limits_{x \to \infty} \cos x$　　B. $\lim\limits_{x \to 0} \dfrac{1}{2^x - 1}$　　C. $\lim\limits_{x \to 0} 2^{\frac{1}{x}}$　　D. $\lim\limits_{x \to +\infty} \dfrac{1 - x^3}{1 + x^3}$

3. 下列等式中错误的是 ( ).

A. $\lim\limits_{x \to \infty} \dfrac{\sin x}{x} = 0$　　　　　　　　B. $\lim\limits_{x \to 0} (1 + x)^{\frac{1}{x}} = \mathrm{e}$

C. $\lim\limits_{x \to 0} \left(1 + \dfrac{1}{x}\right)^x = \mathrm{e}$　　　　　D. $\lim\limits_{x \to \infty} x \sin \dfrac{1}{x} = 1$

4. 极限 $\lim\limits_{n \to \infty} \left(1 + \dfrac{1}{2n}\right)^n$ 的值是 (　　).

A. e^2　　　　B. $\mathrm{e}^{-\frac{1}{2}}$　　　　C. $\mathrm{e}^{\frac{1}{2}}$　　　　D. e^{-2}

5. 极限 $\lim\limits_{x \to 0} \dfrac{1 - \cos 3x}{x \sin 3x}$ 的值 (　　).

A. 0　　　　　B. $\dfrac{1}{6}$　　　　　C. $\dfrac{2}{3}$　　　　　D. $\dfrac{3}{2}$

6. 当 $x \to 0$ 时, $\sin x (1 - \cos x)$ 是 x^2 (　　) 无穷小.

A. 高阶　　　　B. 低阶　　　　C. 同阶　　　　D. 等价

7. 当 $x \to 0$ 时, $\sqrt{1 + x} - 1$ 是 x 的 (　　).

A. 等价无穷小　　B. 同阶无穷小　　C. 高阶无穷小　　D. 低阶无穷小

二、填空题

1. 设当 $x \to +\infty$ 时, $\sin \dfrac{1}{x^4}$ 与 $\left(\dfrac{1}{x}\right)^k$ 是等价无穷小, 则 $k = $ _____.

2. $\lim\limits_{x \to \infty} \left(1 - \dfrac{2}{x}\right)^{3x} = $ _____.

3. $\lim\limits_{x \to \infty} \left(\dfrac{x - 2}{x + 1}\right)^x = $ _____.

4. $\lim\limits_{x \to 0} x \cot x = $ _____.

5. 当 $x \to 0$ 时, 设 $\sin x (1 - \cos x)$ 与 x^k 是同阶无穷小量, $k = $ _____.

6. $\lim\limits_{n \to \infty} 2^n \sin \dfrac{\pi}{2^{n-1}} = $ _____.

7. $\lim\limits_{x \to 0^+} \dfrac{1 - \mathrm{e}^{1/x}}{x + \mathrm{e}^{1/x}} = $ _____.

三、解答题

1. 设 $\lim\limits_{x \to \infty} \left(\dfrac{x^2}{1 + x} + ax + b\right) = 0$, 试求 a, b 的值.

2. 若 $\lim\limits_{x\to 1} f(x)$ 存在，且 $f(x) = x^2 + \dfrac{2x^2+1}{x+1} + 2\lim\limits_{x\to 1} f(x)$，求 $f(x)$.

3. 求极限 $\lim\limits_{x\to +\infty} (\sqrt{x^2+x} - x)$.

4. 求数列的极限 $\lim\limits_{n\to\infty} 2^n \sin\dfrac{\pi}{2^n}$.

5. 求极限 $\lim\limits_{x\to\infty} \left(\dfrac{x+2}{x-1}\right)^{3x}$.

6. 求极限 $\lim\limits_{x\to 0} \left(\dfrac{1}{1-2x}\right)^{\frac{3}{x}}$.

四、证明题

1. 试用夹逼准则求极限 $\lim\limits_{n\to\infty} n\left(\dfrac{1}{n^2+\pi} + \dfrac{1}{n^2+2\pi} + \cdots + \dfrac{1}{n^2+n\pi}\right)$.

2. 利用极限存在准则证明：$\lim\limits_{n\to\infty} \sqrt{1+1/n} = 1$.

3. 证明：当 $x \to 0$ 时，$\arctan x \sim x$.

📖 **参考答案**

一、1. B 2. D 3. C 4. C 5. D 6. A 7. B

二、1. 4 2. e^{-6} 3. e^{-3} 4. 1 5. 3 6. 2π 7. -1

三、1. $a = -1, b = 1$ 2. $f(x) = x^2 + \dfrac{2x^2+1}{x+1} - 5$ 3. $\lim\limits_{x\to +\infty} (\sqrt{x^2+x} - x) = \dfrac{1}{2}$

4. $\lim\limits_{n\to\infty} 2^n \sin\dfrac{\pi}{2^n} = \pi$ 5. $\lim\limits_{x\to\infty} \left(\dfrac{x+2}{x-1}\right)^{3x} = e^9$ 6. $\lim\limits_{x\to 0} \left(\dfrac{1}{1-2x}\right)^{\frac{3}{x}} = e^6$

四、1. 提示：$\dfrac{n^2}{n^2+n\pi} \leqslant n\left(\dfrac{1}{n^2+\pi} + \dfrac{1}{n^2+2\pi} + \cdots + \dfrac{1}{n^2+n\pi}\right) \leqslant \dfrac{n^2}{n^2+\pi}$. 两边 $n\to\infty$ 极限为 1.

2. 提示：$1 < \sqrt{1+1/n} \leqslant 1 + 1/n$，利用夹逼准则即证得.

3. 提示：令 $x = \tan t$，即 $t = \arctan x$.

第三讲　函数的连续性

💻 **主要内容**

一、函数 $y = f(x)$ 在点 x_0 连续的概念

定义 1　若函数 $y = f(x)$ 在点 x_0 满足三个条件：

(1) $f(x_0)$ 有意义；(2) $\lim\limits_{x\to x_0} f(x)$ 存在；(3) $f(x_0) = \lim\limits_{x\to x_0} f(x)$，则 $y = f(x)$ 在点 x_0 连续.

定义 2　若函数 $y = f(x)$ 在点 x_0 的增量 $\Delta y = f(x_0 + \Delta x) - f(x_0)$ 满足

$$\lim_{\Delta x \to 0} [f(x_0 + \Delta x) - f(x_0)] = 0,$$

则 $y = f(x)$ 在点 x_0 连续.

定义 3 若函数 $y = f(x)$ 在点 x_0 满足左极限 $\lim\limits_{x \to x_0^-} f(x) = f(x_0)$,则称 $y = f(x)$ 在点 x_0 左连续;若函数 $y = f(x)$ 在点 x_0 满足右极限 $\lim\limits_{x \to x_0^+} f(x) = f(x_0)$,则称 $y = f(x)$ 在点 x_0 右连续.

定理 若函数 $y = f(x)$ 在点 x_0 连续的充分和必要条件是 $y = f(x)$ 在 x_0 同时左连续和右连续.

二、$f(x)$ 在区间上的连续性

若函数 $y = f(x)$ 在区间上的每一点都连续,则 $y = f(x)$ 在区间上连续,称 $y = f(x)$ 是区间上的连续函数.

连续函数的几何意义:若函数 $y = f(x)$ 在区间上连续,则对应曲线 $y = f(x)$ 在区间上是一条不断开的曲线.

三、间断点的概念

函数 $y = f(x)$ 的不连续点称为间断点.若点 x_0 是函数 $y = f(x)$ 的间断点,则点 x_0 分成两大类:

1. 第一类间断点

(1) 可去间断点:若 $\lim\limits_{x \to x_0} f(x)$ 存在,则 x_0 是 $f(x)$ 的可去间断点.

(2) 跳跃间断点:若 $\lim\limits_{x \to x_0^-} f(x)$,$\lim\limits_{x \to x_0^+} f(x)$ 都存在,但不相等,则 x_0 是 $f(x)$ 的跳跃间断点.

2. 第二类间断点

(1) 无穷间断点:若 $\lim\limits_{x \to x_0^-} f(x)$,$\lim\limits_{x \to x_0^+} f(x)$ 至少有一个为无穷大,则 x_0 是 $f(x)$ 的无穷间断点.

(2) 振荡间断点:若 $\lim\limits_{x \to x_0} f(x)$ 不存在且不为无穷大,则 x_0 是 $f(x)$ 的振荡间断点.

若点 x_0 是函数 $y = f(x)$ 的间断点,则对应曲线 $y = f(x)$ 在点 x_0 点一定断开.

四、函数和、差、积、商和反函数与复合函数的连续性

若函数 $y = f(x)$,$y = g(x)$ 连续,则它们的和、差、积、商仍连续,它们的反函数与复合函数也连续.

若函数 $y = f(x)$ 是初等函数,则它们在定义区间上是连续的.

五、用闭区间上连续函数的性质

(1) 有界定理:若函数 $y = f(x)$ 在区间 $[a,b]$ 上连续,则 $y = f(x)$ 在 $[a,b]$ 上有界.

(2) 最大值和最小值定理:若函数 $y = f(x)$ 在区间 $[a,b]$ 上连续,则 $y = f(x)$ 在 $[a,b]$ 上一定有最大值 M 和最小值 m.

(3) 零点定理:若函数 $y = f(x)$ 在区间 $[a,b]$ 上连续,且 $f(a) \cdot f(b) < 0$,则至少有一

点 $\xi \in (a,b)$，使 $f(\xi) = 0$.

（4）介值定理：若函数 $y = f(x)$ 在区间 $[a,b]$ 上连续，则对于介于最大值 M 和最小值 m 之间的任意数 c，至少有一点 $\xi \in (a,b)$，使 $f(\xi) = c$.

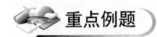 **教学要求**

➤ 熟练掌握 $f(x)$ 在点 x_0 的连续概念，会判别 $f(x)$ 在点 x_0 的连续性.

➤ 能求出 $f(x)$ 的间断点并判别出其类型，对 $f(x)$ 的可去间断点能修改成连续点.

➤ 了解连续函数的和、差、积、商的连续性；了解反函数和复合函数的连续性，熟练掌握初等函数在定义域上的连续概念，会求各类函数的连续区间.

➤ 掌握闭区间上连续函数的有界性与最大值和最小值定理、零点定理、介值定理，能熟练地运用上述定理证明连续函数的有关性质.

重点例题

例 1-3-1 设函数 $f(x) = \begin{cases} \dfrac{1}{x}\sin 2x & x < 0 \\ k & x = 0 \\ x\sin \dfrac{1}{x} + 2 & x > 0 \end{cases}$，求常数 k 的值，使函数 $f(x)$ 在其定义域内连续.

解 因为 $\displaystyle\lim_{x\to 0^-} f(x) = \lim_{x\to 0^-} \frac{\sin 2x}{x} = 2$，$\displaystyle\lim_{x\to 0^+} f(x) = \lim_{x\to 0^+}\left(x\sin\frac{1}{x} + 2\right) = 2$，

所以 $f(0) = k = f(0-0) = f(0+0) = 2$.

又 $x < 0$ 时，$f(x) = \dfrac{\sin 2x}{x}$，$x > 0$ 时，$f(x) = x\sin\dfrac{1}{x} + 2$ 都是初等函数，连续，即 $k = 2$.

【点评】 本例中，因为 $f(x)$ 在 $x = 0$ 处有左、右极限，并都等于 2，$f(0) = k$，所以由 $f(x)$ 在 $x = 0$ 连续，可得 $k = 2$.

例 1-3-2 设函数 $f(x) = \begin{cases} \dfrac{\sqrt{x+9}-3}{x} & x \neq 0 \\ k & x = 0 \end{cases}$ 在点 $x = 0$ 处连续，求常数 k.

解 因为 $f(x)$ 在 $x = 0$ 处连续，则由连续函数定义得 $\displaystyle\lim_{x\to 0} f(x) = f(0) = k$，

$\displaystyle\lim_{x\to 0} f(x) = \lim_{x\to 0} \frac{\sqrt{x+9}-3}{x} = \lim_{x\to 0} \frac{x}{x(\sqrt{x+9}+3)} = \lim_{x\to 0} \frac{1}{\sqrt{x+9}+3} = \frac{1}{6}$，

所以 $k = \dfrac{1}{6}$.

例 1-3-3 求函数 $f(x) = \dfrac{\tan x}{x}$ 的间断点，并判断其类型.

解 $f(x)$ 是初等函数，在它的定义域内 $f(x)$ 连续.

由于 $f(x)$ 在 $x=0$ 及 $x=k\pi+\dfrac{\pi}{2}(k=0,\pm1,\pm2,\cdots)$ 处无定义,所以其间断点为

$$x=0, x=k\pi+\frac{\pi}{2}(k=0,\pm1,\pm2,\cdots).$$

当 $x=0$ 时,$\lim\limits_{x\to0}\dfrac{\tan x}{x}=1$,所以 $x=0$ 为 $f(x)$ 的可去间断点.

当 $x=k\pi+\dfrac{\pi}{2}(k=0,\pm1,\pm2,\cdots)$ 时,$\lim\limits_{x\to k\pi+\frac{\pi}{2}}\dfrac{\tan x}{x}=\infty(k=0,\pm1,\pm2,\cdots)$,

所以 $x=k\pi+\dfrac{\pi}{2}(k=0,\pm1,\pm2,\cdots)$ 为 $f(x)$ 的无穷间断点.

例 1-3-4 求函数 $f(x)=\dfrac{\sin x}{|x|}$ 的间断点,并判断其类型.

解 易知 $f(x)$ 的间断点为 $x=0$,而

$$\lim_{x\to0^+}f(x)=\lim_{x\to0^+}\frac{\sin x}{|x|}=\lim_{x\to0^+}\frac{\sin x}{x}=1,$$

$$\lim_{x\to0^-}f(x)=\lim_{x\to0^-}\frac{\sin x}{|x|}=\lim_{x\to0^-}\left(-\frac{\sin x}{x}\right)=-1,$$

所以 $x=0$ 是 $f(x)$ 的跳跃间断点.

【点评】 判断 $f(x)$ 间断点的方法:

(1) 考查 $f(x)$ 在点 x_0 处有无定义,若 $f(x_0)$ 无定义,则 x_0 必为 $f(x)$ 的间断点.

(2) 考查 $\lim\limits_{x\to x_0}f(x)$ 是否存在,如果 $\lim\limits_{x\to x_0}f(x)$ 不存在,则 x_0 必为 $f(x)$ 的间断点.

(3) 如果 $\lim\limits_{x\to x_0}f(x)$ 存在,再考查 $\lim\limits_{x\to x_0}f(x)$ 是否等于 $f(x_0)$,如果 $\lim\limits_{x\to x_0}f(x)\neq f(x_0)$,则 x_0 必为 $f(x)$ 的间断点.

例 1-3-5 求极限 $\lim\limits_{x\to0}\dfrac{\sin 3x-2x^2+\tan^2 x}{\ln(1+x)}$.

解 原式 $=\lim\limits_{x\to0}\dfrac{\dfrac{\sin 3x}{x}-2x+\dfrac{\tan^2 x}{x}}{\dfrac{\ln(1+x)}{x}}=\lim\limits_{x\to0}\dfrac{\dfrac{\sin 3x}{3x}\cdot3-2x+\dfrac{\sin x}{x}\cdot\dfrac{\sin x}{\cos^2 x}}{\ln(1+x)^{\frac{1}{x}}}$

$$=\frac{\lim\limits_{x\to0}\left(\dfrac{\sin 3x}{3x}\cdot3-2x+\dfrac{\sin x}{x}\cdot\dfrac{\sin x}{\cos^2 x}\right)}{\lim\limits_{x\to0}\ln(1+x)^{\frac{1}{x}}}=\frac{3-0+1\times0}{\ln e}=3.$$

【点评】 若函数 $y=f[g(x)]$ 在 x_0 连续,则 $\lim\limits_{x\to x_0}f[g(x)]=f[\lim\limits_{x\to x_0}g(x)]$,例如 $\lim\limits_{x\to0}\ln(1+x)^{\frac{1}{x}}=\ln[\lim\limits_{x\to0}(1+x)^{\frac{1}{x}}]=\ln e$ 就是用了这个性质.

例 1-3-6 求极限 $\lim\limits_{x\to0}(1-3x)^{\frac{2}{\tan x}}$.

解 因为 $(1-3x)^{\frac{2}{\tan x}}=(1-3x)^{\frac{1}{-3x}\cdot\frac{-6x}{\tan x}}$,

所以 $$\lim_{x\to0}(1-3x)^{\frac{2}{\tan x}}=\lim_{x\to0}\left[(1-3x)^{-\frac{1}{3x}}\right]^{\frac{-6x}{\tan x}}=e^{-6}.$$

【点评】 本例也可采用幂指函数 $u(x)^{v(x)}$ 极限法,即

$$(1-3x)^{\frac{2}{\tan x}} = (1-3x)^{-\frac{1}{3x}\cdot\frac{-6x}{\tan x}} = \left[(1-3x)^{-\frac{1}{3x}}\right]^{\frac{-6x}{\tan x}},$$

因为 $\qquad \lim_{x\to 0}(1-3x)^{-\frac{1}{3x}} = e, \lim_{x\to 0}\frac{-6x}{\tan x} = -6,$

所以 $\qquad \lim_{x\to 0}(1-3x)^{\frac{2}{\tan x}} = e^{-6}.$

例 1-3-7 证明方程 $x = \sin x + 2$ 至少有一个小于 3 的正根.

证明 设 $f(x) = x - \sin x - 2$, $f(x)$ 在区间 $[0,3]$ 上连续,且 $f(0) = -2 < 0$, $f(3) = 1 - \sin 3 > 0$,故 $f(0)\cdot f(3) < 0$,由零点定理可知,必存在 $\xi \in (0,3)$,使 $f(\xi) = 0$,即方程 $x = \sin x + 2$ 至少有一个小于 3 的正根.

例 1-3-8 试证 $x = a\sin x + b$(其中 $a>0, b>0$)至少有一个不大于 $a+b$ 的正根.

证明 设 $f(x) = x - a\sin x - b$,显然它在 $(-\infty, +\infty)$ 内连续.

$f(a+b) = (a+b) - a\sin(a+b) - b = a[1 - \sin(a+b)].$

若 $\sin(a+b) = 1$,则 $f(a+b) = 0$.

于是 $a+b$ 是方程 $x = a\sin x + b$ 的一个不大于 $a+b$ 的正根.

若 $\sin(a+b) \neq 1$,则 $f(a+b) = a[1 - \sin(a+b)] > 0$, $f(0) = -b < 0$.

根据零点定理,至少存在一点 $\xi \in (0, a+b)$,使 $f(\xi) = 0$,即 ξ 是方程 $x = a\sin x + b$ 的一个小于 $a+b$ 的正根.

【点评】 证明方程 $f(x) = 0$ 在所给区间上有实根的问题,一般常用零点定理,而证明方程 $f(x) = 0$ 在所给区间上有唯一实根的问题还需证明 $f(x)$ 在所给区间上严格单调.

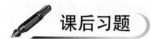 课后习题

一、选择题

1. 函数 $f(x)$ 在点 x_0 连续的充要条件是(　　).

A. $\lim_{x\to x_0} f(x)$ 存在

B. $\lim_{x\to x_0^+} f(x)$, $\lim_{x\to x_0^-} f(x)$ 及 $f(x_0)$ 均存在

C. $\lim_{\Delta x\to 0}\frac{f(x_0+\Delta x) - f(x_0)}{\Delta x}$ 存在

D. $\lim_{x\to x_0} f(x) = f(x_0)$

2. 设函数 $f(x) = \dfrac{3}{2+e^{\frac{1}{x}}}$,则 $x=0$ 是 $f(x)$ 的(　　).

A. 连续点 　　　　　　　　　　　　B. 可去间断点
C. 跳跃间断点 　　　　　　　　　　D. 其他间断点

3. 设函数 $f(x) = \begin{cases} \dfrac{1}{x-3} & x<1 \\ \ln x & x\geq 1 \end{cases}$,则 $f(x)$(　　).

A. 连续 　　　　　　　　　　　　　B. 有一间断点 $x=3$

C. 有一间断点 $x=1$　　　　　　　　D. 有 $x=0$ 和 $x=3$ 两个间断点

4. 设函数 $f(x)=\begin{cases} x^2\arctan\dfrac{1}{x^2} & x\neq 0 \\ a & x=0 \end{cases}$,在 $x=0$ 处连续,则 $a=($ 　　).

A. 0　　　　　　　　B. ∞　　　　　　　　C. 1　　　　　　　　D. $\dfrac{\pi}{2}$

5. 设函数 $f(x)=\begin{cases} e^x+\cos x & x<0 \\ 2a+x^2 & x\geqslant 0 \end{cases}$, $f(x)$ 在 $x=0$ 处连续,则 a 的值等于($ 　　).

A. 2　　　　　　　　B. 1　　　　　　　　C. $\dfrac{1}{2}$　　　　　　　　D. $-\dfrac{1}{2}$

6. 下列函数中不是初等函数的是(　　).

A. $y=\sin^2 x$　　　　　　　　　　　　B. $y=|x|$

C. $y=\begin{cases} \ln x & x\geqslant 1 \\ \dfrac{1}{x-3} & x<1 \end{cases}$　　　　　　D. $y=\sqrt{x^2}$

7. 下列叙述正确的是(　　).

A. 若函数 $f(x)$ 在 $[a,b]$ 上连续,则方程 $f(x)=0$ 必有实根

B. 若函数 $f(x)$ 在 (a,b) 内连续,则方程 $f(x)=0$ 必有实根

C. 若函数 $f(x)$ 在 $[a,b]$ 上连续,则 $f(x)$ 在 $[a,b]$ 上必可取得最值

D. 若函数 $f(x)$ 在 (a,b) 内连续,则 $f(x)$ 在 (a,b) 内必可取得最值

8. 方程 $x^3-3x+1=0$ 在区间 $(0,1)$ 内(　　).

A. 无实根　　　　　B. 有唯一实根　　　　C. 有两个实根　　　D. 有三个实根

二、填空题

1. 若函数 $f(x)=\begin{cases} x & x\leqslant 1 \\ ax^2-\dfrac{1}{2} & x>1 \end{cases}$,在 $(-\infty,+\infty)$ 上连续,则 $a=$ ＿＿＿＿.

2. 设 $f(x)=\dfrac{\csc x-\cot x}{x}(x\neq 0)$,要使 $f(x)$ 在 $x=0$ 处连续,则应重新定义 $f(0)=$ ＿＿＿＿.

3. $y=\dfrac{x^2-1}{x^2+3x+2}$ 的无穷间断点是＿＿＿＿.

4. 设函数 $f(x)=\begin{cases} x-1 & x\leqslant 1 \\ 3-x & x>1 \end{cases}$,则 $x=1$ 是 $f(x)$ 的＿＿＿＿间断点.

5. 设 $f(x)$ 在 $[a,b]$ 上连续,最大值为 M ,最小值为 m ,且 $M\neq m$,则 $f(x)$ 在 $[a,b]$ 上的值域为＿＿＿＿.

6. 函数 $y=\sqrt{5-4x}$ 在 $[-1,1]$ 上的最大值为＿＿＿＿,最小值为＿＿＿＿.

7. $\lim\limits_{a\to\frac{\pi}{4}}(\sin 2a)^3=$ ＿＿＿＿.

8. $\lim\limits_{x\to 0}\dfrac{\sqrt{x+1}-1}{x}=$ ＿＿＿＿.

三、解答题

1. 求下列函数的间断点,并判别类型:

(1) $y=\dfrac{x^2-1}{x^2-3x+2}$;

(2) $y=\dfrac{\sin(x-1)}{|x-1|}$;

(3) $f(x)=\begin{cases}\dfrac{1}{x-3} & x<1\\ \mathrm{e}^x & x\geqslant1\end{cases}$;

(4) $y=\dfrac{(x-1)\sin x}{|x|(x^2-1)}$.

2. 求下列函数的连续区间:

(1) $f(x)=\ln(x+1)+\arcsin\dfrac{1}{x}$;

(2) $y=\begin{cases}\mathrm{e}^x & x\geqslant0\\ 1+x & x<0\end{cases}$.

3. 求下列极限:

(1) $\lim\limits_{x\to\infty}\left(\dfrac{2x+3}{2x+1}\right)^{x+2}$;

(2) $\lim\limits_{x\to0}(1+3\tan^2 x)^{\cot^2 x}$;

(3) $\lim\limits_{x\to0}\dfrac{\arcsin(3x)}{\sqrt{1-x}-1}$;

(4) $\lim\limits_{x\to0}\dfrac{\mathrm{e}^{2x}-1}{1-\cos x}$.

4. 设 $f(x)=\begin{cases}\dfrac{\ln(x+1)}{1+x} & x>0\\ 2x+a & x\leqslant0\end{cases}$,在 $x=0$ 处连续,求 a 的值.

5. 设函数 $f(x)=\begin{cases}\mathrm{e}^x & x<0\\ a+x & x\geqslant0\end{cases}$,如何确定常数 a,使得 $f(x)$ 成为在 $(-\infty,+\infty)$ 内的连续函数.

四、证明题

1. 证明方程 $x^5-3x=1$ 至少有一个介于 1 和 2 之间的根.

2. 证明方程 $x^3-4x^2+1=0$ 在区间 $(0,1)$ 内至少有一个实根.

3. 设 $f(x)$ 为连续函数,$x_1,x_2(x_1<x_2)$ 是方程 $f(x)=0$ 的相邻两个根,又存在点 $c\in(x_1,x_2)$ 使 $f(c)>0$.试证:在 (x_1,x_2) 内 $f(x)>0$.

📖 参考答案

一、1. D　2. C　3. C　4. A　5. B　6. C　7. C　8. B

二、1. $\dfrac{3}{2}$　2. $\dfrac{1}{2}$　3. $x=-2$　4. 跳跃　5. $[m,M]$　6. 3;1　7. 1　8. $\dfrac{1}{2}$

三、1. (1) $x=1$,可去间断点,$x=2$,无穷间断点　(2) $x=1$,跳跃间断点　(3) $x=1$,跳跃间断点

(4) $x=0$,跳跃间断点,$x=1$,可去间断点,$x=-1$,无穷间断点

2. (1) $(-1,0)$、$(0,+\infty)$　(2) $(-\infty,+\infty)$

3. (1) e　(2) e^3　(3) -6　(4) ∞　4. $a=0$　5. $a=1$

四、1. 提示:在闭区间 $[1,2]$ 上利用零点定理.

2. 提示:在闭区间 $[0,1]$ 上利用零点定理.

3. 提示:反证法.

第二章

导数与微分

第一讲　导数的概念

主要内容

一、函数 $y=f(x)$ 在点 x_0 处的导数定义

若极限 $\lim\limits_{\Delta x \to 0} \dfrac{\Delta y}{\Delta x} = \lim\limits_{\Delta x \to 0} \dfrac{f(x_0 + \Delta x) - f(x_0)}{\Delta x} = \lim\limits_{x \to x_0} \dfrac{f(x) - f(x_0)}{x - x_0}$ 存在,则 $f(x)$ 在 x_0 可导,记为 $f'(x_0) = \lim\limits_{\Delta x \to 0} \dfrac{f(x_0 + \Delta x) - f(x_0)}{\Delta x} = \lim\limits_{x \to x_0} \dfrac{f(x) - f(x_0)}{x - x_0}$;若上述极限不存在,则 $f(x)$ 在 x_0 不可导.

二、函数 $y=f(x)$ 在 x_0 点的左、右导数概念

左导数: $f'_-(x_0) = \lim\limits_{\Delta x \to 0^-} \dfrac{\Delta y}{\Delta x} = \lim\limits_{\Delta x \to 0^-} \dfrac{f(x_0 + \Delta x) - f(x_0)}{\Delta x} = \lim\limits_{x \to x_0^-} \dfrac{f(x) - f(x_0)}{x - x_0}$.

右导数: $f'_+(x_0) = \lim\limits_{\Delta x \to 0^+} \dfrac{\Delta y}{\Delta x} = \lim\limits_{\Delta x \to 0^+} \dfrac{f(x_0 + \Delta x) - f(x_0)}{\Delta x} = \lim\limits_{x \to x_0^+} \dfrac{f(x) - f(x_0)}{x - x_0}$.

函数可导的充要条件: $f(x)$ 在 x_0 可导 $\Leftrightarrow f'_-(x_0) = f'_+(x_0)$.

三、函数 $y=f(x)$ 在任意点 x 的导数概念

若极限 $\lim\limits_{\Delta x \to 0} \dfrac{f(x + \Delta x) - f(x)}{\Delta x}$ 存在,则称为 $y=f(x)$ 在任意点 x 可导,记为 $f'(x) = \lim\limits_{\Delta x \to 0} \dfrac{f(x + \Delta x) - f(x)}{\Delta x}$,称为导函数,简称导数,$y=f(x)$ 的导数也可记为 y' 或 $\dfrac{\mathrm{d}y}{\mathrm{d}x}$.

在已知点 x_0 的导数 $f'(x_0)$ 称为导数值.

四、导数的几何意义

若函数 $y=f(x)$ 在 x_0 可导,则 $f'(x_0)$ 表示曲线 $y=f(x)$ 在点 $(x_0, f(x_0))$ 处的切线的

斜率.

切线方程：$y-f(x_0)=f'(x_0)(x-x_0)$.

法线方程：$y-f(x_0)=-\dfrac{1}{f'(x_0)}(x-x_0)$.

当 $f'(x_0)=0$ 时，切线方程：$y=f(x_0)$；法线方程：$x=x_0$.

五、可导与连续的关系

若函数 $y=f(x)$ 在 x_0 可导，则函数在该点 x_0 处连续；若函数 $y=f(x)$ 在 x_0 连续，但不一定可导；若函数 $y=f(x)$ 在 x_0 不连续，则一定不可导.

教学要求

➤ 熟练掌握导数的定义，会利用导数定义求解简单函数的导数.
➤ 了解函数可导的充要条件，会判断分段函数在分段点处的可导性.
➤ 理解导数的几何意义与物理意义，会求曲线的切线方程和法线方程.
➤ 理解函数的可导性与连续性之间的关系.

重点例题

例 2-1-1 用导数定义求函数 $y=\dfrac{1}{x^2}$ 在点 $x=2$ 处的导数.

解 $\dfrac{\Delta y}{\Delta x}=\dfrac{y(2+\Delta x)-y(2)}{\Delta x}=\dfrac{\frac{-4\Delta x-\Delta x^2}{2^2(2+\Delta x)^2}}{\Delta x}=\dfrac{-4-\Delta x}{16+16\Delta x+4\Delta x^2}$,

$$y'(2)=\lim_{\Delta x\to 0}\frac{\Delta y}{\Delta x}=\lim_{\Delta x\to 0}\frac{-4-\Delta x}{16+16\Delta x+4\Delta x^2}=-\frac{1}{4}.$$

【点评】 此题还有另一种方法：

$$y'(2)=\lim_{x\to 2}\frac{y(x)-y(2)}{x-2}=\lim_{x\to 2}\frac{\frac{1}{x^2}-\frac{1}{4}}{x-2}=\lim_{x\to 2}\frac{4-x^2}{4x^2(x-2)}=-\lim_{x\to 2}\frac{2+x}{4x^2}=-\frac{1}{4}.$$

例 2-1-2 用导数定义求函数 $f(x)=2^x$ 的导数 $f'(x)$.

解 $f'(x)=\lim_{\Delta x\to 0}\dfrac{f(x+\Delta x)-f(x)}{\Delta x}=\lim_{\Delta x\to 0}\dfrac{2^{x+\Delta x}-2^x}{\Delta x}=2^x\lim_{\Delta x\to 0}\dfrac{2^{\Delta x}-1}{\Delta x}$.

令 $2^{\Delta x}-1=t$，则 $\Delta x=\log_2(1+t)$，$\Delta x\to 0$ 时 $t\to 0$，所以

$$f'(x)=2^x\lim_{t\to 0}\frac{t}{\log_2(1+t)}=2^x\lim_{t\to 0}\frac{1}{\log_2(1+t)^{\frac{1}{t}}}=2^x\frac{1}{\log_2 e}=2^x\ln 2.$$

【点评】 用导数定义求导数 $f'(x)$ 只有一种方法：$f'(x)=\lim_{\Delta x\to 0}\dfrac{f(x+\Delta x)-f(x)}{\Delta x}$.

例 2 - 1 - 3 求 a,b 的值,使 $f(x)=\begin{cases} \sin a(x-1) & x\leqslant 1 \\ \ln x+b & x>1 \end{cases}$ 在 $x=1$ 可导.

解 为使 $f(x)$ 在 $x=1$ 可导,必须在 $x=1$ 连续,故

$$\lim_{x\to 1^+}f(x)=\lim_{x\to 1^+}(\ln x+b)=b,$$

所以 $f(1)=0$,即 $b=0$.

又因 $f'_-(1)=\lim_{x\to 1^-}\frac{f(x)-f(1)}{x-1}=\lim_{x\to 1^-}\frac{\sin a(x-1)-0}{x-1}=a,$

$f'_+(1)=\lim_{x\to 1^+}\frac{f(x)-f(1)}{x-1}=\lim_{x\to 1^+}\frac{\ln x+0-0}{x-1}=\lim_{x\to 1^+}\frac{\ln[1+(x-1)]}{x-1}=1.$

因此有 $a=1$,从而当 $a=1,b=0$ 时,$f(x)$ 在 $x=1$ 处可导.

【点评】 此题用到可导必连续的性质.

例 2 - 1 - 4 设函数 $f(x)$ 在 $x=1$ 处可导,且 $f'(1)=2$,求 $\lim_{x\to 1}\frac{f(4-3x)-f(2-x)}{x-1}$.

解 $\lim_{x\to 1}\frac{f(4-3x)-f(2-x)}{x-1}$

$=\lim_{x\to 1}\frac{f[1-3(x-1)]-f(1)-f[1-(x-1)]+f(1)}{x-1}$

$=\lim_{x\to 1}\frac{f[1-3(x-1)]-f(1)}{-3(x-1)}(-3)-\lim_{x\to 1}\frac{f[1-(x-1)]-f(1)}{-(x-1)}(-1)$

$=-3f'(1)+f'(1)=-4.$

【点评】 此题用导数定义求极限,首先加减 $f(1)$,然后配成:

$f'(1)=\lim_{x\to 1}\frac{f[1+a(x-1)]-f(1)}{a(x-1)}$ 形式,此形式等价于 $f'(1)=\lim_{\Delta x\to 0}\frac{f(1+\Delta x)-f(1)}{\Delta x}$.

例 2 - 1 - 5 设 $F(x)$ 在 $x=a$ 处连续,$g(x)=|x-a|F(x)$,讨论 $g(x)$ 在 $x=a$ 处的可导性.

解 $g'_-(a)=\lim_{x\to a^-}\frac{g(x)-g(a)}{x-a}=\lim_{x\to a^-}\frac{|x-a|F(x)}{x-a}=-F(a),$

$g'_+(a)=\lim_{x\to a^+}\frac{g(x)-g(a)}{x-a}=\lim_{x\to a^+}\frac{|x-a|F(x)}{x-a}=F(a).$

当 $F(a)=0$ 时,$g'_-(a)=g'_+(a)=0$,故 $g'(a)=0$.

当 $F(a)\neq 0$ 时,$g'_-(a)\neq g'_+(a)$,故 $g'(a)$ 不存在.

例 2 - 1 - 6 设曲线 $y=x^2+3x+1$ 上某点处的切线方程为 $y=mx$,试求 m 的值.

解 由于曲线 $y=f(x)$ 在点 $(x_0,f(x_0))$ 处的切线方程为

$$y-f(x_0)=f'(x_0)(x-x_0),$$

即 $\qquad y=f'(x_0)x+f(x_0)-f'(x_0)x_0.$

由题设条件应有 $\qquad f'(x_0)=m$ 且 $f(x_0)-f'(x_0)x_0=0$,

由于 $y'=2x+3$,从而 $f'(x_0)=2x_0+3$.

又 $\qquad f(x_0)=x_0^2+3x_0+1.$

从而有 $\qquad \begin{cases} 2x_0+3=m \\ x_0^2+3x_0+1-(2x_0+3)x_0=0 \end{cases}.$

解得 $x_0=\pm 1$,故当 $x_0=1$ 时,$m=5$;当 $x_0=-1$ 时,$m=1$.

【点评】 利用曲线 $y=f(x)$ 在点 $(x_0,f(x_0))$ 处的切线方程 $y=f'(x_0)x+f(x_0)-f'(x_0)x_0$,由条件可得 $f'(x_0)=m$,$f(x_0)-f'(x_0)x_0=0$,由方程组便可解得结果.

例 2 - 1 - 7 讨论函数 $y=\begin{cases} x^2\sin\dfrac{1}{x} & x\neq 0 \\ 0 & x=0 \end{cases}$ 在 $x=0$ 处的连续性与可导性.

解 由于 $y(0)=0$,$\lim\limits_{x\to 0}y=\lim\limits_{x\to 0}x^2\sin\dfrac{1}{x}=0$,所以 y 在 $x=0$ 处连续.

又 $\lim\limits_{x\to 0}\dfrac{y(x)-y(0)}{x-0}=\lim\limits_{x\to 0}\dfrac{x^2\sin\dfrac{1}{x}-0}{x}=\lim\limits_{x\to 0}x\sin\dfrac{1}{x}=0$,所以 y 在 $x=0$ 处可导.

课后习题

一、选择题

1. 设 $f(0)=0$,$f'(0)=1$,则 $\lim\limits_{x\to 0}\dfrac{f(2x)}{x}=($).

A. 2 　　　　　 B. $\dfrac{1}{2}$ 　　　　　 C. 1 　　　　　 D. $\dfrac{1}{4}$

2. 设 $f(x)$ 是可导函数,且 $\lim\limits_{h\to 0}\dfrac{f(x_0+2h)-f(x_0)}{h}=1$,则 $f'(x_0)=($).

A. 1 　　　　　 B. 0 　　　　　 C. 2 　　　　　 D. $\dfrac{1}{2}$

3. 设函数 $f(x)=\begin{cases} x^3 & x\geqslant 0 \\ x & x<0 \end{cases}$,则 $f(x)$ 在 $x=0$ 处的性质是( ).

A. 连续且可导 　　　　　　　　　 B. 连续但不可导
C. 既不连续也不可导 　　　　　　 D. 可导但不连续

4. 下列函数中在 $x=0$ 连续但不可导的是( ).

A. $y=|x-1|$ 　　　 B. $y=\dfrac{1}{x}$ 　　　 C. $y=\sqrt[3]{x}$ 　　　 D. $y=x^2$

5. 设 $f'(x_0)$,$f'(0)$ 均存在,以下四式中错误的一个是( ).

A. $f'(x_0)=\lim\limits_{\Delta x\to 0}\dfrac{f(x_0+\Delta x)-f(x_0)}{\Delta x}$ 　　　 B. $f'(x_0)=\lim\limits_{h\to 0}\dfrac{f(x_0+h)-f(x_0)}{h}$

C. $f'(x_0)=\lim\limits_{x\to x_0}\dfrac{f(x)-f(x_0)}{x-x_0}$ 　　　 D. $f'(0)=\lim\limits_{x\to 0}\dfrac{f(x)}{x}$

6. $f(x)=\dfrac{1}{3}x^3+\dfrac{1}{2}x^2+6x+1$ 的图形在点 $(0,1)$ 处的切线与 x 轴交点的坐标是（　）.

A. $\left(-\dfrac{1}{6},0\right)$ B. $(-1,0)$ C. $\left(\dfrac{1}{6},0\right)$ D. $(1,0)$

二、填空题

1. 设 $f'(x_0)=1$，则 $\lim\limits_{h\to 0}\dfrac{f(x_0+h)-f(x_0-h)}{h}=$ _____.

2. 设 $f'(x_0)=3$，则 $\lim\limits_{h\to 0}\dfrac{f(x_0-2h)-f(x_0)}{h}=$ _____.

3. 设 $f(x)=\arctan x$，则 $\lim\limits_{\Delta x\to 0}\dfrac{f(1+\Delta x)-f(1)}{\Delta x}=$ _____.

4. 设 $f(x)$ 在 $x=1$ 处可导且 $f'(1)=2$，则 $\lim\limits_{x\to 0}\dfrac{f(1-x)-f(1+x)}{x}=$ _____.

5. 曲线 $y=\sqrt{x}$ 在 $x=1$ 处的切线方程为 _____.

6. 曲线 $y=\sqrt{x}$ 在 $x=1$ 处的法线方程为 _____.

三、解答题

1. 设 $f(x)=10x^2$，试按定义求 $f'(-1)$.

2. 用导数定义求 $f(x)=\ln(1+x)$ 在 $x=0$ 处的导数 $f'(0)$.

3. 用导数定义推导 $f(x)=\dfrac{1}{x}$ 的导数 $f'(x)$.

4. 设函数 $f(x)=\begin{cases}x^2 & x\leqslant 1 \\ ax+b & x>1\end{cases}$，为了使 $f(x)$ 在 $x=1$ 处连续且可导，a,b 应取什么值？

5. 设 $f(x)=\begin{cases}\sin x & x<0 \\ \ln(ax+b) & x\geqslant 0\end{cases}$，在 $(-\infty,+\infty)$ 上可导，求 a,b 的值.

6. 求曲线 $y=x^3$ 在点 $(1,1)$ 处的切线方程及法线方程.

四、证明题

证明：双曲线 $xy=a^2$ 上任一点处的切线与两坐标轴构成的三角形的面积都等于 $2a^2$.

📖 参考答案

一、1. A　2. D　3. B　4. C　5. D　6. A

二、1. 2　2. -6　3. $\dfrac{1}{2}$　4. -4　5. $y=\dfrac{1}{2}x+\dfrac{1}{2}$　6. $y=-2x+3$

三、1. 提示：用导数定义 $f'(-1)=\lim\limits_{\Delta x\to 0}\dfrac{f(-1+\Delta x)-f(-1)}{\Delta x}$　2. 略　3. 提示：用导数定义 $f'(x)=\lim\limits_{\Delta x\to 0}\dfrac{f(x+\Delta x)-f(x)}{\Delta x}$　4. $a=2,b=-1$　5. $a=1,b=1$　6. 切线方程为 $y=3x-2$，法线方程为 $y=-\dfrac{1}{3}x+\dfrac{4}{3}$

四、提示：首先可以得到双曲线在任一点 (x_0,y_0) 处的切线斜率为 $-\dfrac{a^2}{x_0^2}$，继而可得切线方程 $\dfrac{x}{2x_0}+\dfrac{y}{2y_0}=1$，求出切线在坐标轴上的截距后表示出面积即可得结论.

第二讲 函数的求导法则

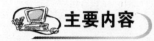 **主要内容**

一、导数的四则运算法则

设函数 $u=u(x),v=v(x)$ 可导,则有

$(u\pm v)'=u'\pm v',(uv)'=u'v+uv',(au)'=au',\left(\dfrac{u}{v}\right)'=\dfrac{u'v-uv'}{v^2}.$

二、复合函数的求导法则

设函数 $y=f[\phi(x)]$,由 $y=f(u),u=\phi(x)$ 复合而成,且都可导,则

$\dfrac{dy}{dx}=\dfrac{dy}{du}\cdot\dfrac{du}{dx}$ 或 $\dfrac{dy}{dx}=f'(u)\phi'(x)$.

若函数 $y=f(u),u=\phi(v),v=\psi(x)$,则复合函数的导数为

$\dfrac{dy}{dx}=\dfrac{dy}{du}\cdot\dfrac{du}{dv}\cdot\dfrac{dv}{dx}$ 或 $\dfrac{dy}{dx}=f'(u)\phi'(v)\psi'(x)$.

三、反函数的求导法则

设函数 $x=f(y)$ 的反函数是 $y=g(x)$,若 $x=f(y)$ 可导,则 $y=g(x)$ 也可导,且

$\dfrac{dy}{dx}=\dfrac{1}{\dfrac{dx}{dy}}$ 或 $g'(x)=\dfrac{1}{f'(y)}$.

四、基本初等函数的导数公式

(1) $(C)'=0$;

(2) $(x^u)'=ux^{u-1}$;

(3) $(\sin x)'=\cos x$;

(4) $(\cos x)'=-\sin x$;

(5) $(\tan x)'=\sec^2 x$;

(6) $(\cot x)'=-\csc^2 x$;

(7) $(\sec x)'=\sec x\tan x$;

(8) $(\csc x)'=-\csc x\cot x$;

(9) $(a^x)'=a^x\ln a$;

(10) $(e^x)'=e^x$;

(11) $(\log_a x)'=\dfrac{1}{x\ln a}$;

(12) $(\ln x)'=\dfrac{1}{x}$;

(13) $(\arcsin x)'=\dfrac{1}{\sqrt{1-x^2}}$;

(14) $(\arccos x)'=-\dfrac{1}{\sqrt{1-x^2}}$;

(15) $(\arctan x)'=\dfrac{1}{1+x^2}$;

(16) $(\text{arccot } x)'=-\dfrac{1}{1+x^2}$.

五、高阶导数

对函数 $y=f(x)$ 的一阶导数 $y'=f'(x)$ 再求一次导数,则称为函数的二阶导数,记为 y''

或 $f''(x)$ 或 $\dfrac{\mathrm{d}^2 y}{\mathrm{d}x^2}$.

对函数 $y=f(x)$ 的 $n-1$ 阶导数 $y^{(n-1)}=f^{(n-1)}(x)$ 再求一次导数,则称为函数的 n 阶导数,记为

$$y^{(n)}=(y^{(n-1)})' \text{ 或 } \frac{\mathrm{d}^n y}{\mathrm{d}x^n}=\frac{\mathrm{d}}{\mathrm{d}x}\left(\frac{\mathrm{d}^{n-1} y}{\mathrm{d}x^{n-1}}\right).$$

二阶或二阶以上的导数称为高阶导数.

六、莱布尼茨求导公式

设函数 $u=u(x),v=v(x)$ 具有 n 阶导数,则

$$(uv)^{(n)}=\sum_{k=0}^{n}\mathrm{C}_n^k u^{(n-k)} v^{(k)}.$$

函数 $u=u(x),v=v(x)$ 的莱布尼茨求导公式可记忆为: $(u+v)^n=\sum_{k=0}^{n}\mathrm{C}_n^k u^{n-k} v^k$.

教学要求

➢ 熟记基本初等函数的导数公式,会推导基本初等函数的导数公式.
➢ 掌握函数的四则运算求导法则,熟练掌握复合函数求导法则,掌握抽象函数的求导方法.
➢ 理解高阶导数的概念,熟练掌握求二阶导数的方法.
➢ 会求简单函数的 n 阶导数,了解莱布尼茨求导公式.

重点例题

例 2-2-1 求函数 $y=\left(\arcsin \dfrac{x}{2}\right)^2$ 的导数.

解 $y'=2\arcsin \dfrac{x}{2}\left(\arcsin \dfrac{x}{2}\right)'=\dfrac{2\arcsin \dfrac{x}{2}}{\sqrt{1-\left(\dfrac{x}{2}\right)^2}}\left(\dfrac{x}{2}\right)'=\dfrac{2\arcsin \dfrac{x}{2}}{\sqrt{4-x^2}}$.

【点评】 小心漏掉 $\left(\dfrac{x}{2}\right)'$.

例 2-2-2 求函数 $y=\ln\left(x+\sqrt{1+x^2}\right)$ 的导数.

解 用复合函数求导法求导

$$y'=\frac{1}{x+\sqrt{1+x^2}}(x+\sqrt{1+x^2})'=\frac{1}{x+\sqrt{1+x^2}}\left(1+\frac{2x}{2\sqrt{1+x^2}}\right)=\frac{1}{\sqrt{1+x^2}}.$$

【点评】 复合函数求导法可以理解成:

(复合函数的导数)=(外函数的导数)·(剩余部分待求导形式).

本例中,外函数为 $y=\ln u$,剩余部分为 $u=x+\sqrt{1+x^2}$.

例 2-2-3 求函数 $y=[\ln(\arctan e^{-x})]^2$ 的导数.

解 用复合函数的求导法求导

$$y'=2\ln(\arctan e^{-x})[\ln(\arctan e^{-x})]'$$

$$=2\ln(\arctan e^{-x})\frac{1}{\arctan e^{-x}}(\arctan e^{-x})'$$

$$=2\ln(\arctan e^{-x})\frac{1}{\arctan e^{-x}}\frac{1}{1+e^{-2x}}(e^{-x})'$$

$$=2\ln(\arctan e^{-x})\frac{1}{\arctan e^{-x}}\frac{1}{1+e^{-2x}}e^{-x}(-1)$$

$$=-\frac{2e^x\ln(\arctan e^{-x})}{(1+e^{2x})\arctan e^{-x}}.$$

例 2-2-4 设函数 $f(x)$ 可导,求 $y=f^2(x)+f(x^2)$ 的导数.

解 $$y'=[f^2(x)]'+[f(x^2)]'=2f(x)f'(x)+f'(x^2)\cdot(x^2)'$$
$$=2f(x)f'(x)+2xf'(x^2).$$

【点评】 这是抽象函数(用函数符号 $f(x^2)$ 表示的函数称为抽象函数)的求导问题,而 $f(x^2)$ 又是复合函数,所以应用复合函数的求导公式可得.

例 2-2-5 设 $y=x\arctan x$,求 $y''|_{x=0}$.

解 $$y'=(x)'\arctan x+x(\arctan x)'=\arctan x+\frac{x}{1+x^2},$$

$$y''=\frac{1}{1+x^2}+\frac{1+x^2-2x^2}{(1+x^2)^2}=\frac{2}{(1+x^2)^2},$$

$$y''|_{x=0}=2.$$

【点评】 先求一阶导数,再求二阶导数,最后代入 $x=0$ 即可.

例 2-2-6 设 $f''(x)$ 存在,$y=f(xe^{-x})$,求 $\dfrac{d^2y}{dx^2}$.

解 $$\frac{dy}{dx}=f'(xe^{-x})\cdot(xe^{-x})'=f'(xe^{-x})\cdot(e^{-x}-xe^{-x}),$$

$$\frac{d^2y}{dx^2}=f''(xe^{-x})\cdot(e^{-x}-xe^{-x})^2+f'(xe^{-x})\cdot[-e^{-x}+xe^{-x}-e^{-x}]$$

$$=f''(xe^{-x})(e^{-x}-xe^{-x})^2+f'(xe^{-x})(xe^{-x}-2e^{-x}).$$

例 2-2-7 设函数 $f(x)=\begin{cases}ax^2+bx+c & x<0 \\ \ln(1+x) & x\geqslant 0\end{cases}$,问 a,b,c 等于什么值时 $f''(0)$ 存在?

解 因为 $f''(0)$ 存在,所以 $f'(0)$ 存在,且 $f(x)$ 在 $x=0$ 连续,于是

$$\lim_{x\to 0}f(x)=f(0)=0.$$

可得 $c=0$,又因为 $f'(0)$ 存在,所以 $f'_-(0)=f'_+(0)$,而

$$f'_-(0)=\lim_{x\to 0^-}\frac{ax^2+bx-0}{x}=b,\quad f'_+(0)=\lim_{x\to 0^+}\frac{\ln(1+x)-0}{x}=1,$$

所以 $b=1$，因此 $f'(x)=\begin{cases} 2ax+1 & x<0 \\ \dfrac{1}{1+x} & x\geqslant 0 \end{cases}$.

再由 $f''(0)$ 存在，可得 $f''_-(0)=f''_+(0)$，且

$$f''_-(0)=\lim_{x\to 0^-}\frac{2ax+1-1}{x}=2a,\quad f''_+(0)=\lim_{x\to 0^+}\frac{\dfrac{1}{1+x}-1}{x}=-1,$$

从而 $2a=-1,a=-\dfrac{1}{2}$，所以 $a=-\dfrac{1}{2}$，$b=1$，$c=0$ 时，$f''(0)$ 存在.

例 2-2-8　设 $y^{(n-2)}=x\cos x$，求 $y^{(n)}$.

解
$$y^{(n-1)}=(x\cos x)'=\cos x-x\sin x,$$
$$y^{(n)}=-\sin x-\sin x-x\cos x=-2\sin x-x\cos x.$$

【点评】　已知 y 的 $n-2$ 阶导数，再求 $y^{(n-2)}$ 的二阶导数即可.

例 2-2-9　设函数 $y=\ln(x+1)$，求 $y^{(n)}$.

解　$y'=\dfrac{1}{x+1}$，　$y''=\dfrac{-1}{(x+1)^2}$，　$y'''=\dfrac{(-1)(-2)}{(x+1)^3}$，

$y^{(4)}=\dfrac{(-1)(-2)(-3)}{(x+1)^4}$，$\cdots$，由此可推得

$y^{(n)}=\dfrac{(-1)(-2)(-3)\cdots[-(n-1)]}{(x+1)^n}=(-1)^{n-1}\dfrac{(n-1)!}{(x+1)^n}(n=1,2,3,\cdots)$.

例 2-2-10　设 $y=x^2\sin 2x$，利用莱布尼茨公式求 50 阶导数 $y^{(50)}$.

解　设 $u=x^2$，$v=\sin 2x$，则 $y=uv$.

$$u'=2x,u''=2,u^{(k)}=0(k=3,4,5\cdots).$$

$$v'=2\cos 2x,v''=-2^2\sin 2x,v'''=-2^3\cos 2x,v^{(4)}=2^4\sin 2x,\cdots$$

$$v^{(48)}=2^{48}\sin 2x,v^{(49)}=2^{49}\cos 2x,v^{(50)}=-2^{50}\sin 2x.$$

$$y^{(50)}=\sum_{i=0}^{50}C_n^i u^{(i)}v^{(50-i)}$$

$$=v^{(50)}u+50v^{(49)}u'+\frac{50\times(50-1)}{2!}v^{(48)}u''$$

$$=-2^{50}\sin 2x\cdot x^2+50\times 2^{49}\cos 2x\cdot 2x+49\times 25\cdot 2^{48}\sin 2x\cdot 2$$

$$=-2^{50}x^2\sin 2x+100\times 2^{49}x\cos 2x+2450\times 2^{48}\sin 2x.$$

【点评】　计算 $y=uv$ 的 n 阶导数时，先分别求出 $u^{(k)}$，$v^{(k)}$，再用莱布尼茨公式得到 $y^{(n)}=(uv)^{(n)}$.

课后习题

一、选择题

1. 设 $y=\cos^2 2x$，则 $y'=$（　　）.

A. $2\cos 2x$ 　　　　B. $-\sin 4x$ 　　　　C. $-2\sin 4x$ 　　　　D. $-4\sin 4x$

2. $y=e^{2x}$ 在 $x=0$ 处的切线方程为（　　）.

A. $y=\dfrac{1}{2}x-1$ 　　　B. $y=x-1$ 　　　　C. $y=2x-1$ 　　　　D. $y=2x+1$

3. 经过点 $(1,2)$ 且任意点 (x,y) 的切线斜率为 $2x$ 的曲线方程是（　　）.

A. $y=2x$ 　　　　B. $y=x^2+1$ 　　　　C. $y=2x+1$ 　　　　D. $y=x^2-1$

4. 若 $y=x^2\ln x$，则 $y''=$（　　）.

A. $2\ln x$ 　　　　B. $2\ln x+1$ 　　　　C. $2\ln x+2$ 　　　　D. $2\ln x+3$

5. 若 $y=\cos x$，则 $y^{(7)}=$（　　）.

A. $\sin x$ 　　　　B. $\cos x$ 　　　　C. $-\sin x$ 　　　　D. $-\cos x$

6. $y=\dfrac{1}{1-2x}$，则 $y'''=$（　　）.

A. $\dfrac{6}{(1-2x)^4}$ 　　　B. $-\dfrac{6}{(1-2x)^4}$ 　　　C. $\dfrac{48}{(1-2x)^4}$ 　　　D. $-\dfrac{48}{(1-2x)^4}$

二、填空题

1. 设曲线 $y=x\ln x$，则曲线平行于直线 $2x+2y+3=0$ 的切线方程为_____.

2. 设 $y(x)=\sin^2 x+\sin^2 a$，则 $y''(x)=$_____.

3. 设 $y=f(e^x)$ 且 $f(u)$ 具有二阶导数，则 $y''=$_____.

4. 设 $y^{(n-2)}=\ln(x-1)$，则 $y^{(n)}=$_____.

5. 设函数 $y=\sin x$，则七阶导数 $y^{(7)}=$_____.

6. 设 $f(\sqrt{x})=\sin x$，则导数 $f'(x)=$_____.

三、解答题

1. 求下列函数的一阶导数：

(1) 设 $y=x^3+\dfrac{7}{x^4}-\dfrac{2}{x}+12$，求 y'；

(2) 设 $y=\dfrac{\ln(1-2x)}{x}$，求 y'；

(3) 设 $y=(\arcsin x)^2$，求 y'；

(4) $y=\cot\sqrt{x}-\sin a^x+a^a\ (a>0)$，求 y'；

(5) 设 $s=\dfrac{1+\sin x}{1+\cos x}$，求 s'；

(6) 设 $y=x\tan x^2$，求 $\dfrac{\mathrm{d}y}{\mathrm{d}x}$；

(7) 设 $y=\ln(\sec x+\tan x)$，求 $\dfrac{\mathrm{d}y}{\mathrm{d}x}$；

(8) 设 $y=\arctan e^{3x}$，求 $\dfrac{\mathrm{d}y}{\mathrm{d}x}$；

(9) $y=\ln(\tan^3 x)+\dfrac{x\sin x}{1-\sin x}$，求 y'；

(10) $y=\sqrt{1+e^{3x}}+\dfrac{\sin 2x}{1-x}$，求 y'.

2. 求曲线 $y=2\sin x+x^2$ 上横坐标为 $x=0$ 的点处的切线方程和法线方程.

3. 求曲线 $y=\cos x$ 上点 $\left(\dfrac{\pi}{3},\dfrac{1}{2}\right)$ 处的切线方程和法线方程.

4. 求下列函数的二阶导数：

(1) $y=2x^2+\ln x$，求 y''；　　　　　　　(2) $y=x\cos x$，求 y''；

(3) $y=(1+x^2)\arctan x$，求 y''；　　　　(4) $y=xe^{x^2}$，求 y''.

5. 求下列函数的 n 阶导数：

(1) 设 $y=\ln(1-2x)$，求 $y^{(n)}$；　　　　(2) 设 $y=x\ln x+x^2$，求 $y^{(n)}$；

(3) $y=xe^x$，求 $y^{(n)}$；　　　　　　　(4) $y=\sin^2 x$，求 $y^{(n)}$.

6. 利用莱布尼茨公式求下列高阶导数：

(1) $y=e^x\cos x$，求 $y^{(4)}$；　　　　　(2) $y=x^2\sin 2x$，求 $y^{(20)}$.

参考答案

一、1. C　2. D　3. B　4. D　5. A　6. C

二、1. $y=-x-e^{-2}$　2. $y''=2\cos 2x$　3. $y''=e^xf'(e^x)+e^{2x}f''(e^x)$　4. $y^{(n)}=-\dfrac{1}{(x-1)^2}$

5. $y^{(7)}=-\cos x$　6. $f'(x)=2x\cos x^2$

三、1. (1) $y'=3x^2-\dfrac{28}{x^5}+\dfrac{2}{x^2}$　(2) $y'=\dfrac{-2x-(1-2x)\ln(1-2x)}{x^2(1-2x)}$　(3) $y'=\dfrac{2\arcsin x}{\sqrt{1-x^2}}$　(4) $y=$

$-\dfrac{1}{2\sqrt{x}}(\csc\sqrt{x})^2-a^x\ln a\cos a^x$　(5) $s'=\dfrac{\sin x+\cos x+1}{(1+\cos x)^2}$　(6) $\dfrac{dy}{dx}=\tan x^2+2x^2\sec^2 x^2$　(7) $\dfrac{dy}{dx}=\sec x$

(8) $\dfrac{dy}{dx}=\dfrac{3e^{3x}}{1+e^{6x}}$　(9) $y'=\dfrac{3\sec^2 x}{\tan x}+\dfrac{\sin x-\sin^2 x+x\cos x}{(1-\sin x)^2}$　(10) $y'=\dfrac{3e^{3x}}{2\sqrt{1+e^{3x}}}+$

$\dfrac{2\cos 2x+\sin 2x-2x\cos 2x}{(1-x)^2}$

2. 切线方程：$y=2x$，法线方程：$y=-\dfrac{1}{2}x$

3. 切线方程：$y=\dfrac{1}{2}+\dfrac{\sqrt{3}}{6}\pi-\dfrac{\sqrt{3}}{2}x$，法线方程：$y=\dfrac{1}{2}-\dfrac{2\sqrt{3}}{9}\pi+\dfrac{2\sqrt{3}}{3}x$

4. (1) $y'=4x+\dfrac{1}{x}$，$y''=4-\dfrac{1}{x^2}$　(2) $y'=\cos x-x\sin x$，$y''=-2\sin x-x\cos x$　(3) $y'=$

$2x\arctan x+1$，$y''=2\arctan x+\dfrac{2x}{1+x^2}$　(4) $y'=e^{x^2}+2x^2e^{x^2}$，$y''=6xe^{x^2}+4x^3e^{x^2}$

5. (1) $y^{(n)}=\dfrac{2^n(n-1)!}{(1-2x)^n}$　(2) $y'=\ln x+1+2x$，$y''=\dfrac{1}{x}+2$，$y^{(n)}=(-1)^n\dfrac{(n-2)!}{x^{n-1}}$（$n\geqslant 3$）

(3) $y^{(n)}=e^x(n+x)$　(4) $y^{(n)}=2^{n-1}\sin\left[2x+(n-1)\dfrac{\pi}{2}\right]$

6. (1) $y^{(4)}=-4e^x\cos x$　(2) $y^{(20)}=2^{20}x^2\sin 2x-40\cdot 2^{19}x\cos 2x-380\cdot 2^{18}\sin 2x$

第三讲　隐函数及由参数方程所确定的函数的导数

主要内容

一、求由方程 $F(x,y)=0$ 确定的隐函数的导数

对方程 $F(x,y)=0$ 两端 x 求导，注意 $y=y(x)$，解出 $\dfrac{dy}{dx}=g(x,y)$.

对 $\dfrac{\mathrm{d}y}{\mathrm{d}x}$ 中的 x 再求一次导,注意 $y=y(x)$,得到 $\dfrac{\mathrm{d}^2 y}{\mathrm{d}x^2}=h(x,y)$.

二、求由参数方程 $\begin{cases} x=\varphi(t) \\ y=\psi(t) \end{cases}$ 确定的隐函数的导数

一阶导数
$$\frac{\mathrm{d}y}{\mathrm{d}x}=\frac{\psi'(t)}{\varphi'(t)}.$$

二阶导数
$$\frac{\mathrm{d}^2 y}{\mathrm{d}x^2}=\frac{\psi''(t)\varphi'(t)-\psi'(t)\varphi''(t)}{[\varphi'(t)]^3}.$$

求参数方程的二阶导数时,不要死记公式,要掌握方法.

三、对数求导法

幂指函数 $y=u^v$ 的导数:两边取对数 $\ln y=v\ln u$,对方程两边 x 求导后得

$$y'=u^v\left(v'\ln u+\frac{vu'}{u}\right).$$

对其他复杂的幂函数或指数函数也可采用对数求导法求导数.

教学要求

➢ 熟练掌握求隐函数的一阶、二阶导数的方法.
➢ 熟练掌握求参数方程的一阶、二阶导数的方法.
➢ 熟练掌握对数求导法,会求幂指函数的导数,会利用对数求导法求复杂函数的导数.

重点例题

例 2-3-1 设函数 $y=f(x)$ 由方程 $y\sin x-\cos(x-y)=0$ 确定,求 y'.

解 对方程两边 x 求导得

$$y'\sin x+y\cos x+\sin(x-y)(1-y')=0,$$

$$y'=\frac{y\cos x+\sin(x-y)}{\sin(x-y)-\sin x}.$$

例 2-3-2 求由方程 $b^2 x^2+a^2 y^2=a^2 b^2$ 所确定的隐函数的二阶导数 $\dfrac{\mathrm{d}^2 y}{\mathrm{d}x^2}$.

解 对方程两边 x 求导得

$$2xb^2+2a^2 yy'=0,\quad y'=-\frac{b^2 x}{a^2 y},$$

于是
$$y''=-\frac{b^2}{a^2}\cdot\frac{y-xy'}{y^2}=-\frac{b^4}{a^2 y^3}.$$

例 2-3-3 设函数 $y=y(x)$ 是由方程 $x-y+\dfrac{1}{2}\sin y=0$ 确定,求 $\dfrac{\mathrm{d}^2 y}{\mathrm{d}x^2}$.

解 对方程两边 x 求导得 $\qquad 1-y'+\dfrac{1}{2}y'\cos y=0.$

得一阶导数 $y'=\dfrac{\mathrm{d}y}{\mathrm{d}x}=\dfrac{2}{2-\cos y}$,进一步求导,得

$$y''=\frac{\mathrm{d}^2 y}{\mathrm{d}x^2}=\frac{-2(2-\cos y)'}{(2-\cos y)^2}=-\frac{2(0+y'\sin y)}{(2-\cos y)^2}=-\frac{4\sin y}{(2-\cos y)^3}.$$

例 2 - 3 - 4 设函数 $y=x^{\arccos x}$,求 y'.

解 原式两边取对数得 $\qquad \ln y=\arccos x\ln x,$

两边对 x 求导得 $\qquad \dfrac{y'}{y}=-\dfrac{1}{\sqrt{1-x^2}}\ln x+\dfrac{\arccos x}{x},$

$$y'=y\left(-\frac{1}{\sqrt{1-x^2}}\ln x+\frac{\arccos x}{x}\right)=x^{\arccos x}\left(-\frac{1}{\sqrt{1-x^2}}\ln x+\frac{\arccos x}{x}\right).$$

【点评】 对幂指函数必须采用对数求导法,两边取对数后看成隐函数,用隐函数求导法求出导数后,必须把 $y=f(x)$ 代入,幂指函数的导数最终是 x 的函数.

例 2 - 3 - 5 设函数 $y=\sqrt[x]{\dfrac{x(x^2-1)}{(x-2)^2}}$,求 y'.

解 原式两边取对数得

$$\ln y=\frac{1}{x}\left[\ln x+\ln(x^2-1)-2\ln(x-2)\right],$$

两边对 x 求导得

$$\frac{y'}{y}=-\frac{1}{x^2}\left[\ln x+\ln(x^2-1)-2\ln(x-2)\right]+\frac{1}{x}\left(\frac{1}{x}+\frac{2x}{x^2-1}-\frac{2}{x-2}\right),$$

$$y'=\sqrt[x]{\frac{x(x^2-1)}{(x-2)^2}}\left[-\frac{1}{x^2}\ln\frac{x(x^2-1)}{(x-2)^2}+\frac{1}{x^2}+\frac{2}{x^2-1}-\frac{2}{x(x-2)}\right].$$

【点评】 有些函数不是幂指函数,但也能用对数求导法,对数求导法能起到简化计算的作用.

例 2 - 3 - 6 设 $y=\sqrt{x}+x^{\sin x}$,求 y'.

解 令 $u=x^{\sin x},y=\sqrt{x}+u$,则 $y'=\dfrac{1}{2\sqrt{x}}+u',$

对 $u=x^{\sin x}$ 两边取对数,得 $\qquad \ln u=\ln x^{\sin x}=\sin x\ln x,$

两边对 x 求导,得 $u'=u\left(\cos x\ln x+\dfrac{\sin x}{x}\right)=x^{\sin x}\left(\cos x\ln x+\dfrac{\sin x}{x}\right),$

所以 $\qquad y'=\dfrac{1}{2\sqrt{x}}+x^{\sin x}\left(\cos x\ln x+\dfrac{\sin x}{x}\right).$

例 2 - 3 - 7 求参数方程所确定的函数 $\begin{cases} x=\dfrac{3t}{1+t^2} \\ y=\dfrac{t^3}{1+t^2} \end{cases}$ 在 $t=2$ 处的切线方程和法线方程.

解 $\qquad x|_{t=2}=\dfrac{6}{5},y|_{t=2}=\dfrac{8}{5},$

$$\frac{\mathrm{d}y}{\mathrm{d}x}=\frac{3t^2(1+t^2)-2t^4}{3(1+t^2)-6t^2}=\frac{3t^2+t^4}{3-3t^2},$$

$$\frac{\mathrm{d}y}{\mathrm{d}x}\bigg|_{t=2}=-\frac{28}{9}.$$

切线方程：$y-\frac{8}{5}=-\frac{28}{9}\left(x-\frac{6}{5}\right)$，即 $y=\frac{16}{3}-\frac{28}{9}x$.

法线方程 $y-\frac{8}{5}=\frac{9}{28}\left(x-\frac{6}{5}\right)$，即 $y=\frac{9}{28}x+\frac{17}{14}$.

例 2-3-8 设函数 f 具有二阶导数，且 $f'\neq1$，求方程 $x^2\mathrm{e}^y=\mathrm{e}^{f(y)}$ 确定的隐函数 $y=y(x)$ 的一、二阶导数.

解 方程两边取对数得 $\qquad 2\ln x+y=f(y)$，

对方程两边 x 求导得 $\qquad \dfrac{2}{x}+y'=f'(y)y'$, $\hfill(*)$

可解得 $\qquad y'=\dfrac{2}{x[f'(y)-1]}.$

对（*）式两边 x 再求导得

$$-\frac{2}{x^2}+y''=f''(y)(y')^2+f'(y)y'',$$

解得 $\quad y''=-\dfrac{2}{x^2[f'(y)-1]}-\dfrac{f''(y)(y')^2}{f'(y)-1}=-\dfrac{2}{x^2[f'(y)-1]}-\dfrac{4f''(y)}{x^2[f'(y)-1]^3}.$

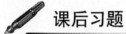 **课后习题**

一、选择题

1. 曲线 $2\mathrm{e}^x-2\cos y-1=0$ 上点 $\left(0,\dfrac{\pi}{3}\right)$ 处的切线的斜率等于（　　）.

A. $\dfrac{2}{\sqrt{3}}$ 　　　　B. $-\dfrac{2}{\sqrt{3}}$ 　　　　C. 2 　　　　D. $\dfrac{1}{2}$

2. 设方程 $xy+\mathrm{e}^y-1=0$，确定 $y=f(x)$，则 $y'=$（　　）.

A. $-\dfrac{y}{\mathrm{e}^y}$ 　　　B. $-\dfrac{x+y}{\mathrm{e}^y}$ 　　　C. $-\dfrac{y}{\mathrm{e}^y+x}$ 　　　D. $-\dfrac{x}{\mathrm{e}^y+x}$

3. 设参数方程 $\begin{cases}x=3\mathrm{e}^{-t}\\ y=2\mathrm{e}^t\end{cases}$，则 $\dfrac{\mathrm{d}^2y}{\mathrm{d}x^2}=$（　　）.

A. $\dfrac{2}{3}\mathrm{e}^{2t}$ 　　　　B. $-\dfrac{2}{3}\mathrm{e}^{2t}$ 　　　　C. $-\dfrac{4}{9}\mathrm{e}^{3t}$ 　　　　D. $\dfrac{4}{9}\mathrm{e}^{3t}$

4. 求下列函数的导数时，不一定用对数求导法的是（　　）.

A. $y=(1+x)^x$ 　　　　　　　　B. $y=\sqrt[5]{(1+x)(2+x^2)}$

C. $y=x^x+\sqrt{x}$ 　　　　　　　D. $y=\mathrm{e}^x+\left(\dfrac{2}{x}\right)^x$

二、填空题

1. $y^2-x^2-\dfrac{3}{2}xy=0$，则 $\dfrac{\mathrm{d}y}{\mathrm{d}x}\bigg|_{x=2}=$ _____.

2. 设函数 $y=f(x)$ 由方程 $xy+e^x-e^y=0$ 所确定,则 $\dfrac{dy}{dx}=$ _____.

3. 设 $y+\ln y-2x=0$,则 $\dfrac{dy}{dx}=$ _____.

4. 设 $\begin{cases} x=t^2 \\ y=3t+t^3 \end{cases}$,则 $\dfrac{dy}{dx}=$ _____, $\dfrac{d^2y}{dx^2}=$ _____.

三、解答题

1. 求下列隐函数的导数:

(1) 设方程 $x^2y=y+e^y$ 确定 $y=f(x)$,求 y';

(2) 设方程 $\sqrt[x]{y}=\sqrt[y]{x}$ 确定 $y=f(x)$,求 y';

(3) 设方程 $y\sin x-\cos(x-y)=0$ 确定 $y=f(x)$,求 y';

(4) 设方程 $y=1+xe^y$ 确定 $y=f(x)$,求 y',y''.

2. 求下列参数方程的导数:

(1) 设 $\begin{cases} x=\theta(1-\sin\theta) \\ y=\theta\cos\theta \end{cases}$,求 $\dfrac{dy}{dx}$;

(2) 方程为 $\begin{cases} x=\ln\sqrt{1+t^2} \\ y=\arctan t \end{cases}$,求 $\dfrac{dy}{dx},\dfrac{d^2y}{dx^2}$;

(3) 设参数方程 $\begin{cases} x=\dfrac{t^2}{2} \\ y=1-t \end{cases}$,求 $\dfrac{dy}{dx},\dfrac{d^2y}{dx^2}$;

(4) 设 $\begin{cases} x=\ln(1+t^2) \\ y=t-\arctan t \end{cases}$,求 $\dfrac{dy}{dx},\dfrac{d^2y}{dx^2}$.

3. 利用对数求导法求下列函数的导数:

(1) $y=x^{\ln x}$,求 y';

(2) $y=x^{\sin x}(x>0)$,求 y';

(3) 设 $f(x)=\left(1+\dfrac{1}{x}\right)^x$,求 $f'\left(\dfrac{1}{2}\right)$;

(4) 设 $y=x^{\sqrt{x}}$,求 y';

(5) 设 $y=\sin\sqrt{3}x+x^x$,求 y'.

4. 求曲线 $\begin{cases} x=2e^t \\ y=e^{-t} \end{cases}$ 在 $t=0$ 相应点处的切线方程和法线方程.

5. 求曲线 $y^3=e^x$ 在点 $(0,1)$ 处的切线方程和法线方程.

参考答案

一、1. B　2. C　3. D　4. B

二、1. $-\dfrac{1}{2}$ 或 2　2. $\dfrac{y+e^x}{e^y-x}$　3. $\dfrac{2y}{1+y}$　4. $\dfrac{3+3t^2}{2t},\dfrac{3t^2-3}{4t^3}$

三、1. (1) $y'=\dfrac{2xy}{1+e^y-x^2}$　(2) $y'=\dfrac{xy+y^2\ln y}{xy+x^2\ln y}$　(3) $y'=\dfrac{y\cos x+\sin(x-y)}{\sin(x-y)-\sin x}$　(4) $y'=\dfrac{e^y}{1-xe^y}$,

$y''=\dfrac{2(e^y)^2}{(1-xe^y)^2}+\dfrac{x(e^y)^3}{(1-xe^y)^3}$

2. (1) $\dfrac{\mathrm{d}y}{\mathrm{d}x}=\dfrac{\cos\theta-\theta\sin\theta}{1-\sin\theta-\theta\cos\theta}$ (2) $\dfrac{\mathrm{d}y}{\mathrm{d}x}=\dfrac{1}{t},\dfrac{\mathrm{d}^2y}{\mathrm{d}x^2}=-\dfrac{1+t^2}{t^3}$ (3) $\dfrac{\mathrm{d}y}{\mathrm{d}x}=-\dfrac{1}{t},\dfrac{\mathrm{d}^2y}{\mathrm{d}x^2}=\dfrac{1}{t^3}$ (4) $\dfrac{\mathrm{d}y}{\mathrm{d}x}=\dfrac{t}{2},\dfrac{\mathrm{d}^2y}{\mathrm{d}x^2}=\dfrac{1+t^2}{4t}$

3. (1) $y'=2x^{\ln x-1}\ln x$ (2) $y'=x^{\sin x}\left(\cos x\ln x+\dfrac{\sin x}{x}\right)$ (3) $f'\left(\dfrac{1}{2}\right)=\sqrt{3}\left(\dfrac{1}{2}\ln 3-\dfrac{2}{3}\right)$ (4) $y'=x^{\sqrt{x}}\dfrac{\ln x+2}{2\sqrt{x}}$ (5) $y'=\sqrt{3}\cos\sqrt{3}x+x^x(\ln x+1)$

4. 切线方程 $y=-\dfrac{1}{2}x+2$,法线方程 $y=2x-3$

5. 切线方程 $y=\dfrac{1}{3}x+1$,法线方程 $y=1-3x$

第四讲 函数的微分

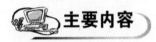 **主要内容**

一、函数 $y=f(x)$ 在点 x_0 处微分的定义

若函数 $y=f(x)$ 增量可表示为

$$\Delta y=f(x_0+\Delta x)-f(x_0)=A\Delta x+o(\Delta x).$$

其中 A 与 x_0 有关而与 Δx 无关,则称 $y=f(x)$ 在点 x_0 处可微,$A\Delta x$ 称为 $y=f(x)$ 在点 x_0 处的微分,记作 $\mathrm{d}y$.

二、微分与导数的关系

$f(x)$ 在 x_0 处可微 $\Leftrightarrow f(x)$ 在 x_0 处可导,且 $\mathrm{d}y=f'(x_0)\Delta x$ 或 $\mathrm{d}y=f'(x_0)\mathrm{d}x$;函数 $y=f(x)$ 在任意点 x 的微分 $\mathrm{d}y=f'(x)\mathrm{d}x$.

三、微分的运算法则

$$\mathrm{d}(\alpha u+\beta v)=\alpha\,\mathrm{d}u+\beta\,\mathrm{d}v,$$

$$\mathrm{d}(uv)=v\,\mathrm{d}u+u\,\mathrm{d}v,$$

$$\mathrm{d}\left(\dfrac{u}{v}\right)=\dfrac{v\,\mathrm{d}u-u\,\mathrm{d}v}{v^2}.$$

微分形式的不变性:若 $y=f[u(x)]$,则 $\mathrm{d}y=f'(u)\mathrm{d}u$.

四、微分的应用

微分近似公式:当 $|\Delta x|$ 充分小时,$f(x_0+\Delta x)\approx f(x_0)+f'(x_0)\Delta x$.

常用的微分近似公式:当 $|x|$ 充分小时,有

(1) $\sqrt[n]{1+x}\approx 1+\dfrac{x}{n}$;(2) $\mathrm{e}^x\approx 1+x$;(3) $\ln(1+x)\approx x$;(4) $\sin x\approx x$(x 用弧度表示).

教学要求

➢ 理解函数微分的定义，掌握可微的条件，了解微分的几何意义.

➢ 熟练掌握微分基本公式以及微分的运算法则（包括微分形式的不变性），会求各类函数的微分.

➢ 会用微分近似公式进行近似计算，能推导常用的微分近似公式.

重点例题

例 2-4-1 设 $y=y(x)$ 是由方程 $2y-x=(x-y)\ln(x-y)$ 确定的隐函数，求 dy.

解 对方程两边 x 求导得 $2y'-1=(1-y')\ln(x-y)+(x-y)\dfrac{1-y'}{x-y}$,

解得
$$y'=\frac{2+\ln(x-y)}{3+\ln(x-y)},$$

从而
$$dy=\frac{2+\ln(x-y)}{3+\ln(x-y)}dx.$$

【点评】 此题还有另一种解法，对方程求微分得

$$2dy-dx=(dx-dy)\ln(x-y)+dx-dy,$$

把 dy,dx 提出得

$$dy[3+\ln(x-y)]=[2+\ln(x-y)]dx,$$

便得到
$$dy=\frac{2+\ln(x-y)}{3+\ln(x-y)}dx.$$

例 2-4-2 设 $y=\ln(1+3^{-x})$,求 dy.

解 $\quad y'=\dfrac{(1+3^{-x})'}{1+3^{-x}}=-\dfrac{3^{-x}\ln 3}{1+3^{-x}}, \quad dy=-\dfrac{3^{-x}\ln 3}{1+3^{-x}}dx.$

例 2-4-3 设函数 $y=[\ln(1-x)]^2$,求微分 dy.

解 $\quad dy=2\ln(1-x)d[\ln(1-x)]=2\ln(1-x)\dfrac{1}{1-x}d(1-x)$

$$=2\ln(1-x)\frac{1}{1-x}(-1)dx=\frac{2}{x-1}\ln(1-x)dx.$$

【点评】 此题是利用微分形式的不变性计算得到的.

例 2-4-4 求 $\tan 136°$ 的近似值（保留三位小数）.

解 令 $f(x)=\tan x,x_0=\dfrac{3\pi}{4},\Delta x=\dfrac{\pi}{180}$,则

$$\tan 136°=\tan\left(\frac{3\pi}{4}+\frac{\pi}{180}\right)=f(x_0+\Delta x)\approx f(x_0)+f'(x_0)\Delta x$$

$$=\tan\frac{3\pi}{4}+\sec^2\frac{3\pi}{4}\cdot\left(\frac{\pi}{180}\right)=-1+2\times\frac{\pi}{180}$$

$$\approx -1 + 0.034\,9 = -0.965.$$

例 2 - 4 - 5　求 $\sqrt[3]{996}$ 的近似值(保留三位小数).

解　令 $f(x) = \sqrt[3]{x}$,$\sqrt[3]{996} = 10 \times \sqrt[3]{1 - \dfrac{4}{1\,000}}$,$x_0 = 1$,$\Delta x = -\dfrac{4}{1\,000}$,

$$\sqrt[3]{1 - \frac{4}{1\,000}} = f(x_0 + \Delta x) \approx f(x_0) + f'(x_0)\Delta x = \sqrt[3]{1} + \frac{1}{3\sqrt[3]{1^2}}\left(-\frac{4}{1\,000}\right)$$

$$= 1 + \frac{-4}{3 \times 1\,000} = 1 - 0.001\,333\,3 = 0.998\,666\,7,$$

$$\sqrt[3]{996} = 10 \times \sqrt[3]{1 - \frac{4}{1\,000}} = 9.987.$$

【点评】　微分近似公式的条件是 $|\Delta x|$ 充分小,一般要求 $|\Delta x|$ 接近于 0 或小于 1,此题 $\Delta x = -\dfrac{4}{1\,000}$,符合要求.

课后习题

一、选择题

1. 函数 $f(x)$ 在 $[a,b]$ 上可导的充分条件是 $f(x)$ 在 $[a,b]$ 上(　　).

A. 有界　　　　　　B. 连续　　　　　　C. 有定义　　　　　　D. 可微

2. 设 $f\left(\dfrac{1}{x}\right) = \dfrac{1}{x+1}$,则 $\mathrm{d}[f(x)] = ($　　$)$.

A. $\dfrac{1}{(1+x)^2}\mathrm{d}x$　　　　　　　　　　B. $-\dfrac{1}{(1+x)^2}\mathrm{d}x$

C. $\dfrac{x}{(1+x)^2}\mathrm{d}x$　　　　　　　　　　D. $-\dfrac{x}{(1+x)^2}\mathrm{d}x$

3. $\dfrac{\mathrm{d}(\ln x)}{\mathrm{d}\sqrt{x}} = ($　　$)$.

A. $\dfrac{2}{x}$　　　　　B. $\dfrac{2}{\sqrt{x}}$　　　　　C. $\dfrac{2}{x\sqrt{x}}$　　　　　D. $\dfrac{1}{x\sqrt{x}}$

4. 下列说法正确的是(　　).

A. $f(x)$ 在 x 处连续必可导

B. $f(x)$ 在点 $(x, f(x))$ 处存在切线,则必在 x 处可导

C. $f(x)$ 在 x 处可微必定连续

D. $f(x)$ 在区间 I 上单调递增,则其导数在 I 上也递增

二、填空题

1. $\mathrm{d}(\underline{\hspace{3cm}}) = \mathrm{e}^{-2x}\mathrm{d}x$,$\mathrm{d}(\underline{\hspace{3cm}}) = \dfrac{1}{\sqrt{x}}\mathrm{d}x$.

2. $y = \dfrac{\sin 2x}{1-x}$,则 $\mathrm{d}y = \underline{\hspace{3cm}}$.

3. 函数 $y = \mathrm{e}^{-x}\cos(3-x)$ 的微分 $\mathrm{d}y = \underline{\hspace{3cm}}$.

4. 设 $y = x + \sqrt{1-x^2}\arccos x$，则 $dy =$ _____ .

三、解答题

1. $y = \dfrac{\ln(x^2-3)}{1-x}$，求 dy.

2. 设 $y = \sin x^2 \sin^2 x$，求 dy.

3. 设 $y = \dfrac{x}{\sqrt{x^2+1}}$，求 dy.

4. 设 $y = x^2 f(e^{\frac{1}{x}})$，$f(x)$ 可微，求 dy.

5. 设 $y = \ln(x + \sqrt{x^2+1})$，求 dy.

6. 设 $xy^2 + e^y = \cos(x+y)$ 确定 $y = f(x)$，求 dy.

四、证明题

当 $|x|$ 较小时，证明下列近似公式：

1. $\ln(1+x) \approx x$.

2. $\dfrac{1}{1+x} \approx 1-x$.

五、求下列近似值

1. $\cos 29°$.

2. $\sqrt[6]{65}$.

📖 参考答案

一、1. D　2. A　3. B　4. C

二、1. $-\dfrac{1}{2}e^{-2x}$，$2\sqrt{x}$　2. $\dfrac{2\cos 2x(1-x) + \sin 2x}{(1-x)^2}dx$　3. $e^{-x}[-\cos(3-x) + \sin(3-x)]dx$

4. $-\dfrac{x}{\sqrt{1-x^2}}\arccos x\,dx$

三、1. $dy = \left[\dfrac{2x}{(1-x)(x^2-3)} + \dfrac{\ln(x^2-3)}{(1-x)^2}\right]dx$　2. $dy = (2x\cos x^2\sin^2 x + \sin x^2\sin 2x)dx$

3. $dy = \dfrac{1}{(x^2+1)^{\frac{3}{2}}}dx$　4. $dy = \left[2xf\left(e^{\frac{1}{x}}\right) - e^{\frac{1}{x}}f'\left(e^{\frac{1}{x}}\right)\right]dx$　5. $dy = \dfrac{1}{\sqrt{x^2+1}}dx$

6. $dy = \dfrac{-\sin(x+y) - y^2}{2xy + e^y + \sin(x+y)}dx$

四、1. 提示：$f(x) = \ln(1+x)$，$f(0) = \ln(1+0) = 0$，$f'(0) = \dfrac{1}{1+0} = 1$，$|\Delta x| = |x-0| = |x|$，$f(x) = \ln(1+x) \approx 0 + x = x$.　2. 略

五、1. $\dfrac{1}{2} + \dfrac{\sqrt{3}\pi}{360}$　2. $\dfrac{385}{192}$

第三章

 微分中值定理与导数的应用

第一讲　微分中值定理及洛必达法则

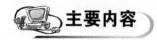 主要内容

一、微分中值定理

罗尔定理:若函数 $f(x)$ 满足以下条件:

(1) $f(x)$ 在闭区间 $[a,b]$ 上连续;

(2) $f(x)$ 在开区间 (a,b) 内可导;

(3) $f(a) = f(b)$.

则至少存在一点 $\xi \in (a,b)$,使 $f'(\xi) = 0$(即方程 $f'(x) = 0$ 在 (a,b) 内至少有一实根).

罗尔定理的几何意义:在满足条件(1)(2)(3)的曲线弧$\overset{\frown}{AB}$上,至少有一点在该点处曲线的切线平行于 x 轴(如图3-1).

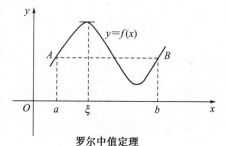

罗尔中值定理

图 3-1

拉格朗日中值定理:若函数 $f(x)$ 满足以下条件:

(1) $f(x)$ 在闭区间 $[a,b]$ 上连续;

(2) $f(x)$ 在开区间 (a,b) 内可导.

则至少存在一点 $\xi \in (a,b)$,使

$$f'(\xi) = \frac{f(b) - f(a)}{b - a}.$$

拉格朗日中值定理的几何意义:在满足(1)(2)的曲线段$\overset{\frown}{AB}$上,至少有一点处的切线平行于弦 AB(如图3-2).

柯西中值定理:若函数 $f(x)$,$F(x)$ 满足以下条件:

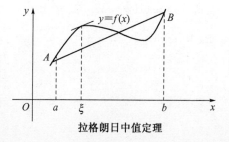

拉格朗日中值定理

图 3-2

(1) $f(x), F(x)$ 在闭区间 $[a, b]$ 上连续；

(2) 在开区间 (a, b) 内可导，且 $F'(x) \neq 0$.

则至少存在一点 $\xi \in (a, b)$，使 $\dfrac{f(b) - f(a)}{F(b) - F(a)} = \dfrac{f'(\xi)}{F'(\xi)}$ 成立.

二、泰勒中值定理

若函数 $f(x)$ 在含有 x_0 的某个开区间 (a, b) 内具有直到 $n+1$ 阶的导数，则 $f(x)$ 可以表示为

$$f(x) = f(x_0) + f'(x_0)(x - x_0) + \frac{f''(x_0)}{2!}(x - x_0)^2 + \cdots + \frac{f^{(n)}(x_0)}{n!}(x - x_0)^n + R_n(x),$$

$$(3-1)$$

其中
$$R_n(x) = \frac{f^{(n+1)}(\xi)}{(n+1)!}(x - x_0)^{n+1} \qquad (\xi \text{ 介于 } x_0 \text{ 与 } x \text{ 之间}). \qquad (3-2)$$

公式 $(3-1)$ 称为 $f(x)$ 按 $x - x_0$ 展开的 n 阶泰勒公式，$R_n(x)$ 的表达式 $(3-2)$ 称为拉格朗日余项.

拉格朗日余项也可写成 $R_n(x) = o[(x - x_0)^n] \quad (x \to x_0).$ $\qquad (3-3)$

表达式 $(3-3)$ 称为皮亚诺型余项.

当 $x_0 = 0$ 时的泰勒公式

$$f(x) = f(0) + f'(0)x + \frac{f''(0)}{2!}x^2 + \cdots + \frac{f^{(n)}(0)}{n!}x^n + R_n(x)$$

称为麦克劳林公式.

三、常用的几个函数的麦克劳林公式

$$e^x = 1 + x + \frac{x^2}{2!} + \cdots + \frac{x^n}{n!} + o(x^n), x \in (-\infty, +\infty);$$

$$\sin x = x - \frac{x^3}{3!} + \frac{x^5}{5!} - \frac{x^7}{7!} \cdots + (-1)^n \frac{x^{2n+1}}{(2n+1)!} + o(x^{2n+1}), x \in (-\infty, +\infty);$$

$$\cos x = 1 - \frac{x^2}{2!} + \frac{x^4}{4!} - \frac{x^6}{6!} \cdots + (-1)^n \frac{x^{2n}}{(2n)!} + o(x^{2n}), x \in (-\infty, +\infty);$$

$$\ln(1 + x) = x - \frac{x^2}{2} + \frac{x^3}{3} - \cdots + (-1)^n \frac{x^{n+1}}{n+1} + o(x^{n+1}), x \in (-1, 1];$$

$$\frac{1}{1 - x} = 1 + x + x^2 + \cdots + x^n + o(x^n), x \in (-1, 1).$$

四、洛比达法则

1. "$\dfrac{0}{0}$","$\dfrac{\infty}{\infty}$"型未定式

若 $f(x),F(x)$ 满足：

(1) $\lim\limits_{x\to a}f(x)=0,\lim\limits_{x\to a}F(x)=0(\lim\limits_{x\to a}f(x)=\infty,\lim\limits_{x\to a}F(x)=\infty)$；

(2) $f(x),F(x)$ 在 a 的某一邻域内可导，且 $F'(x)\neq 0$；

(3) $\lim\limits_{x\to a}\dfrac{f'(x)}{F'(x)}$ 存在或为无穷大.

则有
$$\lim\limits_{x\to a}\dfrac{f(x)}{F(x)}=\lim\limits_{x\to a}\dfrac{f'(x)}{F'(x)}.$$

2. "$\infty-\infty$","$\infty\cdot 0$"型未定式

对"$\infty-\infty$"型采用通分、有理化等方法变成"$\dfrac{0}{0}$"或"$\dfrac{\infty}{\infty}$"型，然后再求极限.

对"$\infty\cdot 0$"型采用倒数方法变成"$\infty\cdot 0$"$=$"$\dfrac{0}{\frac{1}{\infty}}$"或"$\infty\cdot 0$"$=$"$\dfrac{\infty}{\frac{1}{0}}$"型，然后再求极限.

3. "1^{∞}","0^{0}","∞^{0}"型未定式

采用对数极限法，变成"$\dfrac{0}{0}$","$\dfrac{\infty}{\infty}$"型后再求极限.

教学要求

➢ 理解罗尔定理、拉格朗日中值定理，了解定理的证明和几何意义，注意定理中函数应满足的条件.

➢ 了解柯西中值定理及其几何意义.

➢ 会利用中值定理推证一些命题，会求罗尔中值点、拉格朗日中值点.

➢ 熟练掌握用洛必达法则来计算 $\dfrac{0}{0}$ 型及 $\dfrac{\infty}{\infty}$ 型的极限，熟练掌握将 $0\cdot\infty,\infty-\infty,1^{\infty}$，

$0^{\infty},\infty^{0}$ 等未定式转化为 $\dfrac{0}{0}$ 型或 $\dfrac{\infty}{\infty}$ 型未定式，再利用洛必达法则进行计算.

➢ 了解泰勒公式的原理及作用，会把初等函数展开成泰勒公式形式和麦克劳林公式形式.

重点例题

例 3-1-1 验证罗尔定理对函数 $y=\ln\sin x$ 在区间 $\left[\dfrac{\pi}{6},\dfrac{5\pi}{6}\right]$ 上的正确性.

解 函数 $f(x)=\ln\sin x$ 在 $\left[\dfrac{\pi}{6},\dfrac{5\pi}{6}\right]$ 上连续，在 $\left(\dfrac{\pi}{6},\dfrac{5\pi}{6}\right)$ 内可导.

又 $f\left(\dfrac{\pi}{6}\right) = \ln\dfrac{1}{2}$, $f\left(\dfrac{5\pi}{6}\right) = \ln\dfrac{1}{2}$, 即 $f\left(\dfrac{\pi}{6}\right) = f\left(\dfrac{5\pi}{6}\right)$.

故 $f(x)$ 在 $\left[\dfrac{\pi}{6},\dfrac{5\pi}{6}\right]$ 上满足罗尔定理条件,则至少存在一点 $\xi \in \left(\dfrac{\pi}{6},\dfrac{5\pi}{6}\right)$,使 $f'(\xi) = 0$.

又 $f'(x) = \cot x$,令 $f'(x) = 0$ 得 $x = n\pi + \dfrac{\pi}{2}$ $(n = 0, \pm 1, \pm 2, \cdots)$,

取 $n = 0$ 得
$$\xi = \dfrac{\pi}{2} \in \left(\dfrac{\pi}{6},\dfrac{5\pi}{6}\right).$$

因此罗尔定理对 $y = \ln\sin x$ 在 $\left[\dfrac{\pi}{6},\dfrac{5\pi}{6}\right]$ 上是正确的.

【点评】 验证罗尔定理正确与否,要验证定理的条件是否满足,若条件满足,还要求出结论中的 ξ 值.

例 3 - 1 - 2 证明:方程 $x^5 - 5x + 1 = 0$ 有且仅有一个小于 1 的正实根.

证明 令 $f(x) = x^5 - 5x + 1$,则 $f(x)$ 在 $[0,1]$ 上连续且有
$$f(0) = 1 > 0, f(1) = -3 < 0.$$

所以由介值定理知,存在 $x_0 \in (0,1)$,使得 $f(x_0) = 0$,即为方程小于 1 的正实根.

设另有 $x_1 \in (0,1)$,$x_0 \neq x_1$,使得 $f(x_1) = 0$.

因为 $f(x)$ 在 x_0,x_1 之间满足罗尔定理条件,至少存在一个 ξ(在 x_0,x_1 之间),使得 $f'(\xi) = 0$,但与 $f'(x) = 5x^4 - 5 < 0$ $(x \in (0,1))$ 矛盾,所以方程有且仅有一个小于 1 的实根.

【点评】 利用导数讨论方程的根或函数的零点是比较常见的应用. 通常是先用连续函数的介值定理、罗尔定理等证明根的存在性;再用函数的单调性、极值、最值研究方程的根的个数,罗尔定理常常用于反证法证明根的唯一性.

例 3 - 1 - 3 设函数 $f(x)$ 在 $[0,1]$ 上连续,在 $(0,1)$ 内可导,证明:至少存在一点 $\xi \in (0,1)$,使 $f'(\xi) = 2\xi[f(1) - f(0)]$.

证明 分析:结论可变形为 $\dfrac{f(1) - f(0)}{1 - 0} = \dfrac{f'(\xi)}{2\xi} = \dfrac{f'(x)}{(x^2)'}\Big|_{x=\xi}$.

设 $g(x) = x^2$,则 $f(x)$,$g(x)$ 在 $[0,1]$ 上满足柯西中值定理的条件,所以在 $(0,1)$ 内至少存在一点 ξ,有 $\dfrac{f(1) - f(0)}{1 - 0} = \dfrac{f'(\xi)}{2\xi}$,即 $f'(\xi) = 2\xi[f(1) - f(0)]$.

例 3 - 1 - 4 求函数 $y = \sqrt{x} + 1$ 在区间 $[1,3]$ 上的拉格朗日中值点 ξ.

解 设 $f(x) = \sqrt{x} + 1$,易知 $f(x)$ 在 $[1,3]$ 上连续,在 $(1,3)$ 内可导,因而所求拉格朗日中值点 ξ 一定存在. 由 $f'(x) = \dfrac{1}{2\sqrt{x}}$ 及 $f(3) - f(1) = f'(\xi) \cdot (3-1)$,可得

$$\dfrac{1}{2\sqrt{\xi}} = \dfrac{\sqrt{3}-1}{2}, \xi = \left(\dfrac{1}{\sqrt{3}-1}\right)^2 = \left(\dfrac{\sqrt{3}+1}{2}\right)^2 = \dfrac{2+\sqrt{3}}{2}.$$

【点评】 先确定存在性,再求出导数后代入公式,解得 ξ.

例 3-1-5 证明当 $x>0$ 时,$\dfrac{x}{1+x} < \ln(1+x) < x$.

证明 设 $f(x) = \ln(1+x)$,$f(x)$ 在 $[0,x]$ 上满足拉格朗日定理的条件,所以

$$f(x) - f(0) = f'(\xi)(x-0) \quad (0<\xi<x),$$

因为 $f(0) = 0$,$f'(x) = \dfrac{1}{1+x}$,由上式得

$$\ln(1+x) = \frac{x}{1+\xi}.$$

又因为

$$0<\xi<x \Rightarrow 1<1+\xi<1+x \Rightarrow \frac{1}{1+x} < \frac{1}{1+\xi} < 1,$$

所以 $\dfrac{x}{1+x} < \dfrac{x}{1+\xi} < x$,即 $\dfrac{x}{1+x} < \ln(1+x) < x$.

【点评】 利用中值定理证明不等式的关键是正确选择辅助函数及有关区间.

例 3-1-6 求证:当 $x \geqslant 1$ 时,$\arctan x - \dfrac{1}{2}\arccos \dfrac{2x}{1+x^2} = \dfrac{\pi}{4}$.

证明 令 $f(x) = \arctan x - \dfrac{1}{2}\arccos \dfrac{2x}{1+x^2} - \dfrac{\pi}{4}$,则

$$f'(x) = \frac{1}{1+x^2} + \frac{1}{2} \cdot \frac{1}{\sqrt{1-\left(\dfrac{2x}{1+x^2}\right)^2}} \cdot \frac{2(1+x^2)-4x^2}{(1+x^2)^2}$$

$$= \frac{1}{1+x^2} + \frac{1}{2} \cdot \frac{1+x^2}{x^2-1} \cdot \frac{2(1-x^2)}{(1+x^2)^2} \equiv 0 \quad (x>1).$$

而 $f(x)$ 在 $[1,+\infty)$ 上连续,所以 $f(x)$ 在 $[1,+\infty)$ 上为常数,故 $f(x) = f(1) = 0$,

即

$$\arctan x - \frac{1}{2}\arccos \frac{2x}{1+x^2} = \frac{\pi}{4}.$$

例 3-1-7 求 $f(x) = xe^x$ 在 $x=0$ 处的 n 阶带皮亚诺余项的麦克劳林公式.

解 由于 $f(x) = xe^x$,$f'(x) = e^x(x+1)$,$f''(x) = e^x(x+2)$,$\cdots$,$f^{(n)}(x) = e^x(x+n)$,

所以

$$f(0) = 0,\ f'(0) = 1,\ f''(0) = 2,\ \cdots,\ f^{(n)}(0) = n.$$

因此

$$f(x) = f(0) + f'(0)x + \frac{f''(0)}{2!}x^2 + \cdots + \frac{f^{(n)}(0)}{n!}x^n + o(x^n)$$

$$= 0 + x + \frac{2}{2!}x^2 + \cdots + \frac{n}{n!}x^n + o(x^n)$$

$$= x + \frac{1}{1!}x^2 + \cdots + \frac{1}{(n-1)!}x^n + o(x^n).$$

例 3-1-8 设 $f(x)$ 在 $[1,+\infty)$ 上二次可微,且 $f(0) = -1$,$f'(0) > 0$,又当 $x>0$ 时,$f''(x) > 0$. 求证:方程 $f(x) = 0$ 在 $(0,+\infty)$ 内有且仅有一个根.

证明 将 $f(x)$ 在 $x_0 = 0$ 处作泰勒展开,

$$f(x) = f(0) + f'(0)x + \frac{f''(\xi)}{2!}x^2, \xi \in (0, x).$$

由于 $f(0) = -1, f'(0) > 0$，且当 $x > 0$ 时有 $f''(x) > 0$，所以

$$f(x) \geqslant f(0) + f'(0)x = -1 + f'(0)x,$$

显然存在一个 $x_1 > 0$，可使 $f'(0)x_1 - 1 > 0$，即 $f(x_1) \geqslant f'(0)x_1 - 1 > 0$.

而 $f(0) = -1 < 0$，由零点定理可知，存在一点 $\xi \in (0, x_1)$，使 $f(\xi) = 0$，即方程 $f(x) = 0$ 在 $(0, +\infty)$ 上有一个根.

由于 $f''(x) > 0$，所以 $f'(x)$ 是严格单调上升的. 当 $x > 0$ 时，$f'(x) > f'(0) > 0$. 由此可得 $f(x)$ 在 $(0, +\infty)$ 上是严格上升的，故 $f(x)$ 在 $(0, +\infty)$ 上只有一个零点，即方程 $f(x) = 0$ 在 $(0, +\infty)$ 上仅有一个根.

【点评】 若函数 $f(x)$ 二阶可导，可以考虑使用泰勒公式.

例 3-1-9 求下列函数极限：

(1) $\displaystyle\lim_{x \to 0} \frac{\sin x(1 - \cos x)}{x^2(1 - e^x)}$;   (2) $\displaystyle\lim_{x \to 1}\left(\frac{1}{\ln x} - \frac{1}{x - 1}\right)$;

(3) $\displaystyle\lim_{x \to 0^+}(\cot x)^{\frac{1}{\ln x}}$;   (4) $\displaystyle\lim_{x \to 0}\left(\frac{e^x + e^{2x} + \cdots + e^{nx}}{n}\right)^{\frac{1}{x}}$（其中 n 是给定的自然数）.

解 (1) 这是 $\left(\dfrac{0}{0}\right)$ 型未定式.

$$\lim_{x \to 0}\frac{\sin x(1 - \cos x)}{x^2(1 - e^x)} = \lim_{x \to 0}\frac{\sin x}{x}\lim_{x \to 0}\frac{1 - \cos x}{x(1 - e^x)} = \lim_{x \to 0}\frac{1 - \cos x}{x(1 - e^x)}$$

$$= \lim_{x \to 0}\frac{\sin x}{1 - e^x - xe^x} = \lim_{x \to 0}\frac{\cos x}{-2e^x - xe^x} = -\frac{1}{2}.$$

(2) 这是 $(\infty - \infty)$ 型未定式，化为 $\left(\dfrac{0}{0}\right)$ 计算.

$$\lim_{x \to 1}\left(\frac{1}{\ln x} - \frac{1}{x - 1}\right) = \lim_{x \to 1}\frac{x - 1 - \ln x}{(x - 1)\ln x} = \lim_{x \to 1}\frac{1 - \dfrac{1}{x}}{\dfrac{x - 1}{x} + \ln x} = \lim_{x \to 1}\frac{\dfrac{1}{x^2}}{\dfrac{1}{x^2} + \dfrac{1}{x}} = \frac{1}{2}.$$

(3) 这是 (∞^0) 型未定式，化为 $\left(\dfrac{\infty}{\infty}\right)$ 计算.

$$\lim_{x \to 0^+}(\cot x)^{\frac{1}{\ln x}} = e^{\ln(\cot x)\frac{1}{\ln x}} = e^{\frac{1}{\ln x}\ln(\cot x)},$$

而

$$\lim_{x \to 0^+}\frac{1}{\ln x} \cdot \ln(\cot x) = \lim_{x \to 0^+}\frac{\ln(\cot x)}{\ln x} = -1,$$

所以

$$\lim_{x \to 0^+}(\cot x)^{\frac{1}{\ln x}} = \lim_{x \to 0^+}e^{\frac{1}{\ln x}\ln(\cot x)} = e^{-1}.$$

(4) 这是 (1^∞) 型未定式，用对数极限法.

令 $y = \left(\dfrac{e^x + e^{2x} + \cdots + e^{nx}}{n}\right)^{\frac{1}{x}}$，则 $\ln y = \dfrac{1}{x}\ln\dfrac{e^x + e^{2x} + \cdots + e^{nx}}{n}$.

$$\lim_{x\to 0}\ln y = \lim_{x\to 0}\frac{\ln(e^x + e^{2x} + \cdots + e^{nx}) - \ln n}{x} = \lim_{x\to 0}\frac{e^x + 2e^{2x} + \cdots + ne^{nx}}{e^x + e^{2x} + \cdots + e^{nx}}$$

$$= \frac{1 + 2 + \cdots + n}{n} = \frac{n+1}{2},$$

所以 $$\lim_{x\to 0}\left(\frac{e^x + e^{2x} + \cdots + e^{nx}}{n}\right)^{\frac{1}{x}} = e^{\frac{n+1}{2}}.$$

【点评】 利用洛必达法则时必须首先将极限化为"$\dfrac{0}{0}$"或"$\dfrac{\infty}{\infty}$"型，计算过程中可联合等价代换、重要极限等方法，以简化计算.

例 3-1-10 讨论函数 $f(x) = \begin{cases} \left[\dfrac{(1+x)^{\frac{1}{x}}}{e}\right]^{\frac{1}{x}} & x > 0 \\ e^{-\frac{1}{2}} & x \leqslant 0 \end{cases}$ 在点 $x = 0$ 处的连续性.

解 $$\lim_{x\to 0^+}f(x) = \lim_{x\to 0^+}\left[\frac{(1+x)^{\frac{1}{x}}}{e}\right]^{\frac{1}{x}} = \exp\lim_{x\to 0^+}\frac{1}{x}\left[\ln(1+x)^{\frac{1}{x}} - 1\right]$$

$$= \exp\lim_{x\to 0^+}\frac{\ln(1+x) - x}{x^2} = \exp\lim_{x\to 0^+}\frac{\dfrac{1}{1+x} - 1}{2x}$$

$$= \exp\lim_{x\to 0^+}\frac{-1}{2(1+x)} = e^{-\frac{1}{2}},$$

$$\lim_{x\to 0^-}f(x) = e^{-\frac{1}{2}}, \quad f(0) = e^{-\frac{1}{2}},$$

故 $f(x)$ 在 $x = 0$ 处连续.

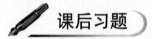 **课后习题**

一、选择题

1. 设 $f(x)$ 在 $[a,b]$ 上连续，在 (a,b) 内可导，记(I)：在 (a,b) 内 $f'(x) \equiv 0$ 与(J)：在 (a,b) 内，$f(x) = f(a)$，则(I)是(J)的（　　）.

  A. 充分但非必要条件   B. 必要但非充分条件

  C. 充要条件   D. 既非充分又非必要条件

2. 在区间 $[-1,1]$ 上满足罗尔定理条件的函数是（　　）.

  A. $f(x) = \dfrac{\sin x}{x}$ B. $f(x) = (x+1)^2$

  C. $f(x) = x^{\frac{2}{3}}$ D. $f(x) = x^2 + 1$

3. 使函数 $f(x) = \sqrt[3]{x^2(1-x^2)}$ 满足罗尔定理条件的区间是（　　）.

  A. $[-1,1]$ B. $[0,1]$ C. $[-2,2]$ D. $\left[-\dfrac{3}{5}, \dfrac{4}{5}\right]$

4. 设当 $x \to 0$ 时，$e^x - (ax^2 + bx + 1)$ 是比 x^2 高阶的无穷小，则有（　　）.

A. $a = \dfrac{1}{2}, b = 1$　　　B. $a = b = 1$　　　C. $a = -\dfrac{1}{2}, b = 1$　　D. $a = -1, b = 1$

5. 当 $x \to 0$ 时，$e^x - \cos x$ 是 x^2 的（　　）.

A. 等阶无穷小量　　　　　　　　　B. 低阶无穷小量

C. 高阶无穷小量　　　　　　　　　D. 同阶但非等价的无穷小量

6. $\lim\limits_{x \to 0} (1 - \tan x)^{2\cot x} = ($　　$)$.

A. e^{-2}　　　　　　　B. e^2　　　　　　　C. 4　　　　　　　D. $\dfrac{1}{4}$

二、填空题

1. 函数 $f(x) = x\sqrt{3-x}$ 在 $[0, 3]$ 上满足罗尔定理的条件，罗尔中值点 $\xi = $ ＿＿＿＿＿＿＿.

2. $y = px^2 + qx + r$ 在区间 $[a, b]$ 上的拉格朗日中值点 $\xi = $ ＿＿＿＿＿＿＿.

3. $\lim\limits_{x \to 0} \dfrac{\ln \cos x}{\sin x} = $ ＿＿＿＿＿＿＿.

4. $\lim\limits_{x \to \infty} \dfrac{2x - \sin x}{3\cos x + 3x} = $ ＿＿＿＿＿＿＿.

5. $\lim\limits_{x \to 0} \dfrac{x}{e^x - e^{-x}}$ 的值等于 ＿＿＿＿＿＿＿.

6. 设 $a > 0$，则 $\lim\limits_{x \to +\infty} \dfrac{\ln x}{x^a} = $ ＿＿＿＿＿＿＿.

三、解答题

1. 求极限 $\lim\limits_{x \to 0} \dfrac{\tan x - x}{x - \sin x}$.

2. 计算极限 $\lim\limits_{x \to 0} \dfrac{e^{\cos x} - e}{x^2}$.

3. 求 $\lim\limits_{x \to 0^+} x^{\sin x}$.

4. 求极限 $\lim\limits_{x \to +\infty} x\left(\dfrac{\pi}{2} - \arctan x\right)$.

5. 求极限 $\lim\limits_{x \to 0} \dfrac{\ln(1 + x^2)}{\sec x - \cos x}$.

6. 求极限 $\lim\limits_{x \to 1} x^{\frac{1}{x-1}}$.

四、证明题

1. 证明：当 $x \to 0$ 时，$x + \ln(1 - x)$ 与 $-\dfrac{x^2}{2}$ 是等价无穷小.

2. 证明：当 $x \geqslant 1$ 时，有 $2\arctan x + \arcsin \dfrac{2x}{1 + x^2} = \pi$.

3. 证明：$\arctan x + \text{arccot}\, x = \dfrac{\pi}{2}$.

4. 设 $\varphi(x)$ 在 $[0, 1]$ 上可导，$f(x) = (x-1)\varphi(x)$，求证：存在 $x_0 \in (0, 1)$，使 $f'(x_0) = \varphi(0)$.

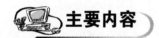 **参考答案**

一、1. C 2. D 3. B 4. A 5. B 6. A

二、1. 2 2. $\dfrac{a+b}{2}$ 3. 0 4. $\dfrac{2}{3}$ 5. $\dfrac{1}{2}$ 6. 0

三、1. $\lim\limits_{x\to 0}\dfrac{\tan x-x}{x-\sin x}=\lim\limits_{x\to 0}\dfrac{\sec^2 x-1}{1-\cos x}=2$ 2. $\lim\limits_{x\to 0}\dfrac{e^{\cos x}-e}{x^2}=\lim\limits_{x\to 0}\dfrac{-\sin xe^{\cos x}}{2x}=-\dfrac{e}{2}$ 3. 原式 $=$

$\lim\limits_{x\to 0^+}e^{\sin x\ln x}=e^0=1$ 4. 原式 $=\lim\limits_{x\to +\infty}\dfrac{\dfrac{\pi}{2}-\arctan x}{\dfrac{1}{x}}=\lim\limits_{x\to +\infty}\dfrac{x^2}{1+x^2}=1$ 5. 原式 $=\lim\limits_{x\to 0}\dfrac{\ln(1+x^2)}{\sin^2 x}\cdot$

$\cos x=\lim\limits_{x\to 0}\dfrac{\dfrac{2x}{1+x^2}}{2\sin x\cos x}\cdot\lim\limits_{x\to 0}\cos x=1$ 6. 原式 $=\lim\limits_{x\to 1}(1+(x-1))^{\frac{1}{x-1}}$，令 $y=x-1$，则上式 $=$

$\lim\limits_{y\to 0}(1+y)^{\frac{1}{y}}=e.$

四、1. 提示：根据等价无穷小的定义，将两个函数作商，用洛必达法则证明极限为 1.

2. 提示：令 $f(x)=2\arctan x+\arcsin\dfrac{2x}{1+x^2}$，证明该函数为常数函数，可通过常数的导数为零得到，另外注意端点处的情况.

3. 提示：方法同上.

4. 提示：对函数 $f(x)=(x-1)\varphi(x)$ 证明其满足拉格朗日中值定理条件.

第二讲　导数的应用

主要内容

一、函数单调性的判别

设函数 $f(x)$ 在闭区间 $[a,b]$ 上连续，在开区间 (a,b) 内可导，则有

(1) 若在 (a,b) 内 $f'(x)>0$，则函数 $f(x)$ 在 $[a,b]$ 上单调增加.

(2) 若在 (a,b) 内 $f'(x)<0$，则函数 $f(x)$ 在 $[a,b]$ 上单调减少.

二、函数的极值和最值

(1) 驻点的定义：满足 $f'(x)=0$ 的点 x 称为函数 $f(x)$ 的驻点.

(2) 极值的必要条件：设函数 $f(x)$ 在点 x_0 处可导，且在 x_0 处取得极值，则 $f'(x_0)=0$，即点 x_0 为驻点.

(3) 极值的充分条件：

➤ 第一充分条件

设函数 $f(x)$ 在 x_0 的某一邻域内可导，且 $f'(x_0)=0$. 若在该邻域内：

当 $x<x_0$ 时，$f'(x)<0$，当 $x>x_0$ 时，$f'(x)>0$，则 $f(x)$ 在 x_0 处取得极小值.

当 $x<x_0$ 时，$f'(x)>0$，当 $x>x_0$ 时，$f'(x)<0$，则 $f(x)$ 在 x_0 处取得极大值.

当 $x<x_0$ 或 $x>x_0$ 时，$f'(x)$ 不改变符号，则 $f(x)$ 在 x_0 处不取得极值.

➤ 第二充分条件

设函数 $f(x)$ 在点 x_0 处有 $f''(x_0)\neq0$ 且 $f'(x_0)=0$，则 x_0 是函数 $f(x)$ 的极值点：$f''(x_0)>0$ 时，$f(x_0)$ 为极小值；$f''(x_0)<0$ 时，$f(x_0)$ 为极大值.

(4) 函数最值的求法：闭区间上的连续函数必有最大值和最小值，且最大值和最小值各有一个.

设 $f(x)$ 在 $[a,b]$ 上连续，$x_1,x_2,\cdots,x_n$ 是 $f(x)$ 的驻点或使 $f'(x)$ 不存在的点，则 $f(a)$，$f(x_1),\cdots,f(x_n)$，$f(b)$ 中最大(小)者为 $f(x)$ 在 $[a,b]$ 上的最大(小)值.

三、函数的凹凸性与拐点

1. 曲线的凹凸性

凹弧：曲线在曲线上任一点的切线的上方；凸弧：曲线在曲线上任一点的切线的下方.

判别法：设 $f(x)$ 在 $[a,b]$ 上连续，在 (a,b) 内二阶可导，若在 (a,b) 内 $f''(x)>0$，则曲线 $y=f(x)$ 在 $[a,b]$ 上是凹的；若在 (a,b) 内 $f''(x)<0$，则曲线 $y=f(x)$ 在 $[a,b]$ 上是凸的.

2. 拐点

连续曲线 $y=f(x)$ 上凹弧与凸弧的分界点称作曲线的拐点.

必要条件：若 $(x_0,f(x_0))$ 是曲线 $y=f(x)$ 上的一个拐点，且 $f''(x_0)$ 存在，则 $f''(x_0)=0$.

充分条件：设 x_0 是 $f(x)$ 的一个 $f''(x)=0$ 或 $f''(x)$ 不存在的点，若在 x_0 的两侧 $f''(x)$ 异号，则 $(x_0,f(x_0))$ 是 $f(x)$ 的一个拐点.

四、函数的渐近线

若 $\lim\limits_{x\to x_0}f(x)=\infty$，则 $x=x_0$ 是函数 $y=f(x)$ 的垂直渐近线.

若 $\lim\limits_{\substack{x\to+\infty\\(x\to-\infty)}}f(x)=A$，则 $y=A$ 是函数 $y=f(x)$ 的水平渐近线，且水平渐近线最多有两条.

若 $\lim\limits_{x\to\infty}\dfrac{f(x)}{x}=k\neq0$，$\lim\limits_{x\to\infty}[f(x)-kx]=b$，则 $y=kx+b$ 是函数 $y=f(x)$ 的斜渐近线.

五、曲率

(1) 曲率公式：$k=\dfrac{|y''|}{(1+y'^2)^{3/2}}$，曲率概念刻画了曲线的弯曲程度.

(2) 曲率半径：$\rho=\dfrac{1}{k}$.

教学要求

➤ 熟练掌握利用导数判别函数的单调性的方法，会用单调性证明一些不等式.

➤ 理解曲线的凹凸性概念及几何意义，熟练掌握利用导数来判别曲线的凹凸性，会求曲线的凹凸区间和拐点.

> 理解函数极值及最值概念,熟练掌握极值的必要条件和充分条件,会求各类函数的极值和最值.

> 能用极值概念解答实际应用问题.

> 掌握求曲线的水平和垂直渐近线方法,会利用函数性质和导数作简单函数的图形.

> 了解弧微分、曲线的曲率定义及计算公式,会求一些简单曲线在某一点的曲率和曲率半径.

 **重点例题**

例 3-2-1 求函数 $f(x) = x^3 - 3x^2 - 9x + 5$ 的单调区间和极值.

解 函数的定义域为 $(-\infty, +\infty)$,$f'(x) = 3x^2 - 6x - 9 = 3(x+1)(x-3)$.

令 $f'(x) = 0$,得驻点 $x_1 = -1, x_2 = 3$,列表讨论.

x	$(-\infty, -1)$	-1	$(-1, 3)$	3	$(3, +\infty)$
$f'(x)$	$+$	0	$-$	0	$+$
$f(x)$	增加	极大值	减少	极小值	增加

由上表可知,函数 $f(x)$ 在 $(-\infty, -1)$,$(3, +\infty)$ 内单调增加,在 $(-1, 3)$ 内单调减少,在 -1 处有极大值 10,在 3 处有极小值 -22.

例 3-2-2 求函数 $y = x^2 - \ln x^2$ 的单调区间和极值.

解 函数的定义域为 $(-\infty, 0) \bigcup (0, +\infty)$,由于 $y' = 2x - \dfrac{2}{x} = \dfrac{2}{x}(x+1)(x-1)$,驻点 $x = -1, x = 1$,不可导点 $x = 0$.

所以当 $x \in (-\infty, -1)$ 时,$y' < 0$;$x \in (-1, 0)$ 时,$y' > 0$;$x \in (0, 1)$ 时,$y' < 0$;$x \in (1, +\infty)$ 时,$y' > 0$. 故 $(-\infty, -1) \bigcup (0, 1)$ 是函数的单调减区间,$(-1, 0) \bigcup (1, +\infty)$ 是函数的单调增区间.

函数在 $x = -1$ 处取到极小值 $y(-1) = 1$,在 $x = 1$ 处也取到极小值 $y(1) = 1$.

【点评】 判别极值的方法有两种,一种是一阶判别法,就是利用单调性来判别;另一种是二阶判别法,就是利用二阶导数值的正、负性来判别.本例中,$y'' = 2 + \dfrac{2}{x^2}$,$y''(-1) = 4$,$y''(1) = 4$,用二阶判别法可知 $y = x^2 - \ln x^2$ 在 $x = -1, x = 1$ 时,函数 y 取到极小值 1.

例 3-2-3 求下列函数的最大值和最小值:

(1) $y = 2x^3 - 3x^2$,$-1 \leqslant x \leqslant 4$;

(2) $y = x + \sqrt{1-x}$,$-5 \leqslant x \leqslant 1$.

解 (1) $y' = 6x^2 - 6x = 6x(x-1)$,令 $y' = 0$,得 $x_1 = 0, x_2 = 1$,

因为 $$y(0) = 0, y(1) = -1,$$
$$y(-1) = -5, y(4) = 80,$$

所以在 $[-1, 4]$ 上最大值为 $y(4) = 80$,最小值为 $y(-1) = -5$.

(2) $y' = 1 - \dfrac{1}{2\sqrt{1-x}}$. 令 $y' = 0$，得 $\sqrt{1-x} = \dfrac{1}{2}$，即

$$x = \frac{3}{4}, y\left(\frac{3}{4}\right) = \frac{5}{4}.$$

又 $\qquad\qquad y(-5) = \sqrt{6} - 5, y(1) = 1,$

所以在 $[-5,1]$ 上最大值为 $y\left(\dfrac{3}{4}\right) = \dfrac{5}{4}$，最小值为 $y(-5) = \sqrt{6} - 5$.

例 3-2-4 证明下列各不等式：

(1) 当 $x > 0$ 时，$1 + x\ln(x + \sqrt{1+x^2}) > \sqrt{1+x^2}$.

(2) 当 $0 < x < \dfrac{\pi}{2}$ 时，$\sin x + \tan x > 2x$.

解 (1) 设 $f(x) = 1 + x\ln(x + \sqrt{1+x^2}) - \sqrt{1+x^2}$，则

$$f'(x) = \ln(x + \sqrt{1+x^2}) + \frac{x}{x + \sqrt{1+x^2}} \cdot \left(1 + \frac{1}{2\sqrt{1+x^2}} \cdot 2x\right) - \frac{1}{2\sqrt{1+x^2}} \cdot 2x$$

$$= \ln(x + \sqrt{1+x^2}) + \frac{x}{x + \sqrt{1+x^2}} \cdot \frac{x + \sqrt{1+x^2}}{\sqrt{1+x^2}} - \frac{x}{\sqrt{1+x^2}}$$

$$= \ln(x + \sqrt{1+x^2}) > 0.$$

因此，$f(x)$ 在区间 $[0, +\infty)$ 上单调增加，所以当 $x > 0$ 时，$f(x) > f(0) = 0$，

即 $\quad 1 + x\ln(x + \sqrt{1+x^2}) > \sqrt{1+x^2}$.

(2) 设 $f(x) = \sin x + \tan x - 2x$，$f'(x) = \cos x + \sec^2 x - 2$，

$$f''(x) = -\sin x + 2\sec^2 x\tan x = \sin x(2\sec^3 x - 1) > 0, x \in \left(0, \frac{\pi}{2}\right).$$

因此，$f'(x)$ 在 $\left[0, \dfrac{\pi}{2}\right]$ 上单调增加，故当 $x \in \left(0, \dfrac{\pi}{2}\right)$，$f'(x) > f'(0) = 0$，从而 $f(x)$ 在 $\left[0, \dfrac{\pi}{2}\right]$ 上单调增加，即 $f(x) > f(0) = 0$，也即 $\sin x + \tan x > 2x, x \in \left(0, \dfrac{\pi}{2}\right)$.

例 3-2-5 求下列函数凹和凸的区间及拐点：

(1) $y = xe^{-x}$；

(2) $y = a - \sqrt[3]{x-b}$.

解 (1) $y' = e^{-x} - xe^{-x}$，$y'' = (x-2)e^{-x}$.

由 $y'' = 0$ 得 $x = 2$，则函数的凸区间为：$(-\infty, 2)$，凹区间为：$(2, +\infty)$. 函数的拐点为：$(2, 2e^{-2})$.

(2) $y' = -\dfrac{1}{3}(x-b)^{-\frac{2}{3}}$ $\quad (x \neq b)$，

$$y'' = \frac{2}{9}(x-b)^{-\frac{5}{3}} = \frac{2}{9(x-b)^{\frac{5}{3}}} \quad (x \neq b).$$

则当 $x < b$ 时，$y'' < 0$；当 $x > b$ 时，$y'' > 0$；当 $x = b$ 时，y'' 不存在，$y(b) = a$.

故在$(-\infty,b]$上是凸的,在$[b,+\infty)$上是凹的,(b,a)是曲线的拐点.

例3-2-6 求下列曲线的水平渐近线和铅直渐近线方程.

(1) $y = \dfrac{1}{x^2-4x-5}$;

(2) $y = \dfrac{e^x}{1+x}$.

解 (1) $\lim\limits_{x\to\infty}\dfrac{1}{x^2-4x-5}=0,\lim\limits_{x\to-1}\dfrac{1}{x^2-4x-5}=\infty,\lim\limits_{x\to5}\dfrac{1}{x^2-4x-5}=\infty$.

所以 $x=-1,x=5$ 是曲线的铅直渐近线,$y=0$ 是曲线的水平渐近线.

(2) $\lim\limits_{x\to-\infty}\dfrac{e^x}{1+x}=0,\lim\limits_{x\to-1}\dfrac{e^x}{1+x}=\infty$.

所以 $x=-1$ 是曲线的铅直渐近线,$y=0$ 是曲线的水平渐近线.

例3-2-7 试确定方程 $3x^4-4x^3-6x^2+12x-20=0$ 有几个实根和这些根所在的区间.

解 $f(x)=3x^4-4x^3-6x^2+12x-20$ 在$(-\infty,+\infty)$内连续,则
$$f'(x)=12x^3-12x^2-12x+12=12(x-1)^2(x+1).$$

当 $x<-1$ 时,$f'(x)<0$;当 $x>-1$ 且 $x\neq1$ 时,$f'(x)>0$. 所以 $f(x)$ 在$(-\infty,-1)$上单调减少,在$(-1,+\infty)$上单调增加.

而 $f(-1)=-31<0,\lim\limits_{x\to\pm\infty}f(x)=+\infty$,所以 $f(x)$ 在 $(-\infty,-1)$ 及 $(-1,+\infty)$ 分别有一个零点,即原方程有两个实根,分别在 $(-\infty,-1)$ 和 $(-1,+\infty)$ 内.

例3-2-8 将长度为 l 的铁丝分成两段,一段弯成正方形,另一段弯成一个圆周. 问两段各为多长时,才能使所得正方形与圆面积之和最小?

解 设弯成正方形的一段长为 x,另一段长为 $l-x$,则面积之和为
$$S=\frac{1}{16}x^2+\frac{1}{4\pi}(l-x)^2 \quad (0<x<l),$$
$$S'=\frac{1}{8}x-\frac{1}{2\pi}(l-x).$$

令 $S'=0$,得$(0,l)$,内驻点 $x_0=\dfrac{4}{\pi+4}l$,由于 $S''=\dfrac{1}{8}+\dfrac{1}{2\pi}>0$,因此 $S''(x_0)>0$,因为 x_0 为唯一驻点且为极小值点,而问题中所求面积之和最小客观存在,故 $x=x_0$ 时,$S(x_0)$ 为最小值,所以当两段分别为 $\dfrac{4}{\pi+4}l,\dfrac{\pi}{\pi+4}l$ 时,面积之和最小.

【点评】 首先建立函数关系 $y=f(x)$ 并写出定义域;其次求出函数 $f(x)$ 的驻点 x_0;最后如果驻点 x_0 唯一且为极大值点(或极小值点),并由实际问题的背景可以确定函数 $f(x)$ 在定义区间内必有最大值(或最小值),则可以断定 $f(x_0)$ 就是最大值(或最小值).

例3-2-9 求曲线 $\begin{cases} x=a\cos^3t \\ y=a\sin^3t \end{cases}$ 在 t_0 处的曲率及曲率半径.

解 $$\frac{\mathrm{d}y}{\mathrm{d}x}=\frac{3a\sin^2t\cos t}{3a\cos^2t(-\sin t)}=-\tan t,$$

$$\frac{d^2 y}{dx^2} = \frac{d}{dt}\left(\frac{dy}{dx}\right)\bigg/\frac{dx}{dt} = \frac{-\sec^2 t}{3a\cos^2 t(-\sin t)} = \frac{1}{3a\cos^4 t \sin t}.$$

故在 t_0 处曲率为

$$k = \frac{\left|\dfrac{d^2 y}{dx^2}\right|}{\left[1+\left(\dfrac{dy}{dx}\right)^2\right]^{3/2}}\Bigg|_{t=t_0} = \left|\frac{1}{3a\cos^4 t_0 \sin t_0 (1+\tan^2 t_0)^{3/2}}\right| = \left|\frac{2}{3a\sin 2t_0}\right|,$$

曲率半径 $\rho = \dfrac{|3a\sin 2t_0|}{2}$.

课后习题

一、选择题

1. 函数 $f(x)$ 在 $x=x_0$ 处连续,若 x_0 为 $f(x)$ 的极值点,则必有(　　).

A. $f'(x_0) = 0$　　　　　　　　　B. $f'(x_0) \neq 0$

C. $f'(x_0) = 0$ 或 $f'(x_0)$ 不存在　　　D. $f'(x_0)$ 不存在

2. 设 $f(x) = a\sin x + \dfrac{1}{3}\sin 3x$ 在 $x=\dfrac{\pi}{3}$ 处取极值,则 $a=$(　　).

A. 2　　　　　　B. -2　　　　　　C. $\dfrac{1}{2}$　　　　　　D. $-\dfrac{1}{2}$

3. 方程 $x^3 - 3x + 1 = 0$ 在区间 $(0,1)$ 内(　　).

A. 无实根　　　　　　　　　　B. 有唯一实根

C. 有两个实根　　　　　　　　D. 有三个实根

4. 若 $(x_0, f(x_0))$ 为连续曲线 $y=f(x)$ 上的凹弧与凸弧分界点,则(　　).

A. $(x_0, f(x_0))$ 必为曲线的拐点　　　B. $(x_0, f(x_0))$ 必定为曲线的驻点

C. x_0 为 $f(x)$ 的极值点　　　　　　D. x_0 必定不是 $f(x)$ 的极值点

5. $y = x\mathrm{e}^{-2x}$ 的凹区间是(　　).

A. $(-\infty, 2)$　　　B. $(-\infty, -2)$　　　C. $(1, +\infty)$　　　D. $(-1, +\infty)$

6. 函数 $y = x\mathrm{e}^{-x}$ 在 $(1, +\infty)$ 内的图形是(　　).

A. 以 $\left(2, \dfrac{2}{\mathrm{e}^2}\right)$ 为拐点且下降的曲线　　B. 以 $y=0$ 为渐近线且向上凹的曲线

C. 向上凸且下降的曲线　　　　　　D. 以 $\left(2, \dfrac{2}{\mathrm{e}^2}\right)$ 拐点且上升的曲线

7. 设曲线 $y = \dfrac{3x+2}{x-2}$,则水平渐近线(　　).

A. $y = -\dfrac{2}{3}$　　　　B. $y=2$　　　　C. $y=3$　　　　D. $y=0$

8. 设 $f(x_0) > 0, f'(x_0) = 0, f''(x_0)$ 存在,且 $f''(x_0) + f(x_0) = -1$,则(　　).

A. x_0 是 $f(x)$ 的极大值点　　　　B. x_0 是 $f(x)$ 的极小值点

C. x_0 不是 $f(x)$ 的极值点　　　　D. 不能断定 x_0 是否为极值点

二、填空题

1. 函数 $y = 2x^3 + x^2 - 4x + 3$ 的单调减少区间是＿＿＿＿＿＿.

2. 曲线 $y = \mathrm{e}^{-\frac{x^2}{8}}$ 的凸区间＿＿＿＿＿＿.

3. 曲线 $y = 2x^3 + 3x^2 - 12x + 14$ 的拐点坐标是＿＿＿＿＿＿.

4. 曲线 $y = \dfrac{1}{1+\mathrm{e}^x}$ 的所有水平渐近线为＿＿＿＿＿＿.

5. $y = x\mathrm{e}^{1/x^2}$ 的铅直渐近线是＿＿＿＿＿＿.

三、解答题

1. 求函数 $y = 2x^3 + x^2 - 4x + 3$ 的单调区间、凹凸区间、拐点.

2. 讨论函数 $f(x) = \dfrac{\ln x}{x}$ 的单调性和凹凸性.

3. a, b 为何值时, 点 $(1, 3)$ 为曲线 $y = ax^3 + bx^2$ 的拐点?

4. 求函数 $y = \ln(1 + x^2)$ 的凹凸区间和拐点.

5. 求函数 $y = x^4 - 8x^2 + 2$ 在区间 $[-1, 3]$ 上的最大值与最小值.

6. 试确定常数 a, b, c 的值, 使曲线 $y = x^3 + ax^2 + bx + c$ 在 $x = 2$ 处取到极值, 且与直线 $y = -3x + 3$ 相切于点 $(1, 0)$.

7. 求数列 $\{\sqrt[n]{n}\}$ 的最大项.

8. 要造一圆柱形油罐, 体积为 V, 底半径 r 和高 h 为多少时, 才能使表面积最小? 这时底直径与高之比为多少?

9. 某地区防空洞截面拟建成矩形加半圆形, 截面积为 $5\ \mathrm{m}^2$. 底宽 x 为多少时才能使截面的周长最小, 从而使建造时所用的材料最省?

10. 试确定曲线 $y = ax^3 + bx^2 + cx + d$ 中的 a, b, c, d, 使得 $x = -2$ 处曲线有水平切线, $(1, -10)$ 为拐点, 且点 $(-2, 44)$ 在曲线上.

四、证明题

1. 证明: 当 $x > 0$ 时, 有 $1 + \dfrac{1}{2}x > \sqrt{1+x}$.

2. 证明: 当 $x \geqslant 0$ 时, $x - \dfrac{x^3}{6} \leqslant \sin x$.

3. 证明: 若 $x > 0$, 则 $\ln(1+x) > \dfrac{x}{1+x}$.

4. 证明: 当 $x \in \left(0, \dfrac{\pi}{2}\right)$ 时, $x > \sin x \cos x$.

5. 证明: 当 $x > 1$ 时, $2\sqrt{x} > 3 - \dfrac{1}{x}$.

6. 证明: 方程 $x^5 - 3x = 1$ 仅有一个根介于 1 和 2 之间.

7. 若 $x > 0$, 证明: $x^2 + \ln(1+x)^2 > 2x$.

$\square\!\square$ **参考答案**

一、1. C　2. A　3. B　4. A　5. C　6. A　7. C　8. A

二、1. $\left(-1, \dfrac{2}{3}\right)$　2. $[-2, 2]$　3. $\left(-\dfrac{1}{2}, \dfrac{41}{2}\right)$　4. $y=0, y=1$　5. $x=0$

三、1. 单调增 $(-\infty,-1)\cup\left(\frac{2}{3},+\infty\right)$，单调减 $\left(-1,\frac{2}{3}\right)$，凸区间为 $\left(-\infty,-\frac{1}{6}\right)$，凹区间为 $\left(-\frac{1}{6},+\infty\right)$，拐点为 $\left(-\frac{1}{6},3\frac{37}{54}\right)$

2. 函数在 $(0,e)$ 上为单调递增、凸函数，在 $(e,\sqrt{e^3})$ 上为单调递减、凸函数，在 $(\sqrt{e^3},+\infty)$ 上为单调递减、凹函数，$\left(\sqrt{e^3},\frac{3}{2\sqrt{e^3}}\right)$ 为拐点

3. $a=-3/2, b=9/2$

4. 函数在 $(-\infty,-1)$ 与 $(1,+\infty)$ 内是凸的，在 $(-1,1)$ 内是凹的，点 $(-1,\ln 2)$、点 $(1,\ln 2)$ 为曲线的拐点

5. 最大值为 11，最小值为 -14

6. $\begin{cases}a=-3\\b=0\\c=2\end{cases}$

7. 数列 $\{\sqrt[n]{n}\}$ 有最大项 $\sqrt[3]{3}$

8. $h=2\sqrt[3]{\frac{V}{2\pi}}, d:h=1:1$

9. 底宽为 $\sqrt{40/(4+\pi)}\approx 2.366$ m 时，截面的周长最小

10. 由题意，$y(-2)=44, y'(-2)=0, y(1)=-10, y''(1)=0$，解方程组可得 $a=1, b=-3, c=-24, d=16$.

四、1. 提示：构造函数 $f(x)=1+x/2-\sqrt{1+x}$，利用单调性证明不等式.

2. 提示：构造函数 $f(x)=x-\frac{x^3}{6}-\sin x$，利用单调性证明不等式.

3. 提示：构造函数 $F(x)=\ln(1+x)-\frac{x}{1+x}(x\geq 0)$，则 $F(x)$ 在 $x\geq 0$ 的范围中是可导的，且 $F(0)=0$，单调上升的. 对于任意的 $x>0$，有 $F(x)>F(0)=0$，即 $\ln(1+x)>\frac{x}{1+x}$.

4. 提示：构造函数 $F(x)=x-\sin x\cos x=x-\frac{1}{2}\sin 2x$，函数 $F(x)$ 在区间 $\left(0,\frac{\pi}{2}\right)$ 上单调增函数，即为 $x>\sin x\cos x$.

5. 提示：构造函数 $f(x)=2\sqrt{x}-3+\frac{1}{x}$，利用单调性证明不等式.

6. 提示：构造函数 $f(x)=x^5-3x-1$，则 $f(1)=-3<0, f(2)=25>0$. 利用函数单调性和介值定理知方程 $x^5-3x=1$ 仅有一个根介于 1 和 2 之间.

7. 提示：构造函数 $f(x)=x^2+\ln(1+x)^2-2x$，利用单调性证明不等式.

第四章

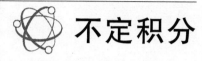 不定积分

第一讲　不定积分的概念与性质

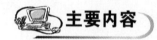 **主要内容**

一、原函数的概念

若任取 $x \in I$，有 $F'(x) = f(x)$ 或 $dF(x) = f(x)dx$，则函数 $F(x)$ 称为 $f(x)$ 在区间 I 上的一个原函数，$F(x) + C$（其中 C 为任意常数）称为 $f(x)$ 的全体原函数.

若函数 $f(x)$ 有原函数，则 $f(x)$ 有无穷多个原函数，任意两个原函数之差等于一常数.

二、不定积分的定义

函数 $f(x)$ 的全体原函数 $F(x) + C$ 称为 $f(x)$ 的不定积分，记作 $\int f(x)dx = F(x) + C$，其中 $f(x)$ 称为被函数，x 称为积分变量，C 称为任意常数.

三、不定积分的几何意义

设函数 $F(x)$ 为 $f(x)$ 的一个原函数，则从几何上看，$y = F(x)$ 表示平面上的一条曲线，称之为 $f(x)$ 的积分曲线，不定积分 $\int f(x)dx = F(x) + C$ 在几何上表示一族积分曲线，这族积分曲线中的任何一条曲线对应于横坐标 x 处的点的切线都相互平行，且切线的斜率等于 $f(x)$.

四、不定积分的性质

性质 1　$\int [f(x) \pm g(x)]dx = \int f(x)dx \pm \int g(x)dx$.

性质 2　$\int kf(x)dx = k\int f(x)dx$.

性质 3　$\left[\int f(x)dx\right]' = [F(x) + C]' = f(x)$ 或 $d\left[\int f(x)dx\right] = f(x)dx$.

性质 4 $\int dF(x) = \int F'(x)dx = \int f(x)dx = F(x) + C$ 或 $\int F'(x)dx = \int f(x)dx = F(x) + C$.

五、基本积分公式

(1) $\int k dx = kx + C$ (k 是常数)；

(2) $\int x^a dx = \dfrac{x^{a+1}}{1+a} + C$ $(\alpha \neq -1)$；

(3) $\int \dfrac{1}{x} dx = \ln|x| + C$；

(4) $\int \dfrac{1}{1+x^2} dx = \arctan x + C$；

(5) $\int \dfrac{1}{\sqrt{1-x^2}} dx = \arcsin x + C$；

(6) $\int \cos x dx = \sin x + C$；

(7) $\int \sin x dx = -\cos x + C$；

(8) $\int \dfrac{1}{\cos^2 x} dx = \tan x + C$；

(9) $\int \dfrac{1}{\sin^2 x} dx = -\cot x + C$；

(10) $\int e^x dx = e^x + C$；

(11) $\int a^x dx = \dfrac{a^x}{\ln a} + C$；

(12) $\int \sec x \tan x dx = \sec x + C$；

(13) $\int \csc x \cot x dx = -\csc x + C$.

六、不定积分的基本积分法

直接利用不定积分的基本公式、性质和初等数学公式求不定积分的方法，主要用于求简单函数的不定积分.

教学要求

➤理解原函数与不定积分的概念及其相互关系，知道不定积分的几何意义.
➤熟练掌握不定积分的性质.
➤熟练掌握不定积分的基本公式，会用不定积分的基本公式求简单函数的不定积分.

重点例题

例 4-1-1 设函数 $f(x) = \sin 3x + 3x^3 - 5$，求 $f(x)$ 的全体原函数.

解 因为 $\left(-\dfrac{1}{3}\cos 3x + \dfrac{3}{4}x^4 - 5x\right)' = \sin 3x + 3x^3 - 5 = f(x)$，

所以 $f(x)$ 的一个原函数为 $F(x) = -\dfrac{1}{3}\cos 3x + \dfrac{3}{4}x^4 - 5x$，

全体原函数为 $F(x) + C = -\dfrac{1}{3}\cos 3x + \dfrac{3}{4}x^4 - 5x + C$.

例 4 - 1 - 2 设 $f(x)$ 的一个原函数为 $x\cos 2x$，试求 $f(x)$.

解 由题设，$x\cos 2x$ 是 $f(x)$ 的一个原函数，由原函数的概念得

$$f(x) = (x\cos 2x)' = \cos 2x - 2x\sin 2x.$$

例 4 - 1 - 3 设 e^{x^2} 为 $f(x)$ 的一个原函数，试求不定积分 $\int e^{-x^2} f(x)\mathrm{d}x$.

解 由题设 e^{x^2} 为 $f(x)$ 的一个原函数，于是

$$f(x) = (e^{x^2})' = 2xe^{x^2},$$

故 $$\int e^{-x^2} f(x)\mathrm{d}x = \int e^{-x^2}(2xe^{x^2})\mathrm{d}x = \int 2x\mathrm{d}x = x^2 + C.$$

【点评】 已知 $F(x)$ 为 $f(x)$ 的原函数，可得以下两个结论：

(1) $f(x) = F'(x)$；

(2) $\int f(x)\mathrm{d}x = F(x) + C.$

此例用结论 (1)，求出 $f(x)$ 即可.

例 4 - 1 - 4 设曲线通过点 $(1,2)$，且其上任一点处的切线斜率等于 $3x^2 - 1$，求此曲线的方程.

解 设所求的曲线方程为 $y = f(x)$，由题意知任一点 (x,y) 处的切线斜率为 $y' = 3x^2 - 1$，即 $f(x)$ 是 $3x^2 - 1$ 的一个原函数. 因为

$$\int (3x^2 - 1)\mathrm{d}x = x^3 - x + C,$$

所以 $$f(x) = x^3 - x + C.$$

又曲线通过点 $(1,2)$，由 $2 = 1 - 1 + C$，得 $C = 2$，于是所求曲线方程为 $y = x^3 - x + 2$.

【点评】 设曲线方程为 $y = f(x)$，已知任一点 (x,y) 处的切线斜率为 $y' = f'(x)$，两边积分得 $y = f(x) + C$，将 $f(a)$ 代入方程后求出常数 C 即可.

例 4 - 1 - 5 计算 $\int \dfrac{\cos 2x}{\cos x + \sin x}\mathrm{d}x$.

解 $$\int \frac{\cos 2x}{\cos x + \sin x}\mathrm{d}x = \int \frac{\cos^2 x - \sin^2 x}{\cos x + \sin x}\mathrm{d}x = \int (\cos x - \sin x)\mathrm{d}x$$

$$= \int \cos x\mathrm{d}x - \int \sin x\mathrm{d}x = \sin x + \cos x + C.$$

例 4 - 1 - 6 计算 $\int \dfrac{1}{x^2(1+x^2)}\mathrm{d}x$.

解 $$\int \frac{1}{x^2(1+x^2)}\mathrm{d}x = \int \left(\frac{1}{x^2} - \frac{1}{1+x^2}\right)\mathrm{d}x = \int \frac{1}{x^2}\mathrm{d}x - \int \frac{1}{1+x^2}\mathrm{d}x$$

$$= -\frac{1}{x} - \arctan x + C.$$

【点评】 本例用 $\dfrac{1}{x^2(1+x^2)} = \dfrac{1+x^2-x^2}{x^2(1+x^2)} = \dfrac{1}{x^2} - \dfrac{1}{1+x^2}$，拆成两个简单分式之和再积分，此题对很多积分有借鉴作用.

例 4 - 1 - 7 计算 $\int (x+\sqrt{x}) \sqrt[4]{x}\,dx$.

解 $\int (x+\sqrt{x}) \sqrt[4]{x}\,dx = \int (x^{\frac{5}{4}} + x^{\frac{3}{4}})\,dx = \frac{4}{9} x^{\frac{9}{4}} + \frac{4}{7} x^{\frac{7}{4}} + C.$

课后习题

一、选择题

1. 函数 e^{-x} 的一个原函数是( ).

A. e^{-x} 　　　 B. $-e^{-x}$ 　　　 C. e^x 　　　 D. $-e^x$

2. 下列函数中原函数为 $\ln |ax|\,(a \neq 0)$ 的是( ).

A. $\dfrac{1}{ax}$ 　　　 B. $\dfrac{1}{x}$ 　　　 C. $\dfrac{a}{x}$ 　　　 D. ax

3. 下列各组函数是同一函数的原函数的是( ).

A. $\dfrac{1}{2}\sin^2 x$ 与 $\dfrac{1}{4}\cos 2x$ 　　　 B. $\ln x$ 与 $\ln(2+x)$

C. $\arcsin(2x-1)$ 与 $-2\arcsin\sqrt{1-x}$ 　　　 D. $\dfrac{1}{2}\sin^2 x$ 与 $-\dfrac{1}{4}\cos 2x$

4. 设 $f'(x)$ 是连续函数,则 $d\int f'(x)\,dx = ($ 　).

A. $f(x)$ 　　　 B. $f'(x)$

C. $f(x)\,dx$ 　　　 D. $f'(x)\,dx$

5. 若 $\int df(x) = \int dg(x)$,则一定有( ).

A. $f(x) = g(x)$ 　　　 B. $f'(x) = g'(x)$

C. $df(x) = dg(x)$ 　　　 D. $d\int f'(x)\,dx = d\int g'(x)\,dx$

6. 设 $f(x) = k\tan 2x$ 的一个原函数是 $\dfrac{2}{3}\ln(\cos 2x)$,则常数 $k=($ 　).

A. $-\dfrac{2}{3}$ 　　　 B. $\dfrac{2}{3}$ 　　　 C. $-\dfrac{4}{3}$ 　　　 D. $\dfrac{4}{3}$

二、填空题

1. 设 $\int f(x)\,dx = \ln(1+x^2) + C$,则 $f(x) = $ _____.

2. 若 $\int f(x)\,dx = e^{-x} + C$,则 $f'(x) = $ _____.

3. 若 $f(x)$ 的某个原函数为函数 $x + \sin 2x$,则 $f'(x) = $ _____.

4. $\int \dfrac{1}{x^4}\,dx = $ _____.

5. $\int \dfrac{x^2}{x-1}\,dx = $ _____.

三、解答题

1. $\int \left(\dfrac{1}{x} + \dfrac{1}{x^2} \right) dx.$ 　　　 2. $\int \left(\sqrt{x} + \dfrac{1}{\sqrt{x}} \right) dx.$

3. $\int\left(1+\dfrac{1}{\sin^2 x}\right)\mathrm{d}x.$　　　　4. $\int \tan^2 x\,\mathrm{d}x.$

5. $\int(2-x^2)^2\,\mathrm{d}x.$　　　　6. $\int\dfrac{x^2}{1+x^2}\mathrm{d}x.$

7. $\int\dfrac{3x^4+3x^2+1}{x^2+1}\mathrm{d}x.$　　　　8. $\int\dfrac{1+x+x^2}{x(1+x^2)}\mathrm{d}x.$

9. $\int\sqrt{1+\sin 2x}\,\mathrm{d}x\left(0\leqslant x\leqslant\dfrac{\pi}{2}\right).$　　　　10. $\int\dfrac{1}{\sin^2 x\cos^2 x}\mathrm{d}x.$

📖 参考答案

一、1. B　2. B　3. D　4. D　5. D　6. C

二、1. $\dfrac{2x}{1+x^2}$　2. e^{-x}　3. $-4\sin 2x$　4. $-\dfrac{1}{3x^3}+C$　5. $\dfrac{1}{2}x^2+x+\ln|x-1|+C$

三、1. $\ln|x|-\dfrac{1}{x}+C$　2. $\dfrac{2}{3}x^{\frac{3}{2}}+2\sqrt{x}+C$　3. $x-\cot x+C$　4. $\tan x-x+C$　5. $4x-\dfrac{4}{3}x^3+\dfrac{1}{5}x^5+C$　6. $x-\arctan x+C$　7. $x^3+\arctan x+C$　8. $\ln|x|+\arctan x+C$　9. $\sin x-\cos x+C$
10. $\tan x-\cot x+C$

第二讲　不定积分的换元法和分部积分法

💻 主要内容

一、第一类换元法（凑微分法）

设 $\int f(u)\mathrm{d}u=F(u)+C,$ 则 $\int f[\phi(x)]\mathrm{d}\phi(x)=F[\phi(x)]+C.$

求不定积分 $\int g(x)\mathrm{d}x$ 时，先把 $g(x)\mathrm{d}x$ 化成 $f[\phi(x)]\mathrm{d}\phi(x)$ 形式，再利用 $\int f(u)\mathrm{d}u=F(u)+C,$ 得到 $\int g(x)\mathrm{d}x=\int f[\phi(x)]\mathrm{d}\phi(x)=F[\phi(x)]+C.$

常用的凑微分形式：

(1) $\mathrm{d}x=\mathrm{d}(x+b)=\dfrac{1}{a}\mathrm{d}(ax+b)(a\neq0);$　(2) $x^n\mathrm{d}x=\dfrac{1}{n+1}\mathrm{d}(x^{n+1}+b);$

(3) $\mathrm{e}^x\mathrm{d}x=\mathrm{d}(\mathrm{e}^x);$　　　　(4) $\dfrac{1}{x}\mathrm{d}x=\mathrm{d}(\ln x);$

(5) $\sin x\mathrm{d}x=-\mathrm{d}(\cos x);$　　　　(6) $\cos x\mathrm{d}x=\mathrm{d}(\sin x);$

(7) $\dfrac{1}{\cos^2 x}\mathrm{d}x=\mathrm{d}(\tan x);$　　　　(8) $\dfrac{1}{\sin^2 x}\mathrm{d}x=-\mathrm{d}(\cot x);$

(9) $\dfrac{1}{\sqrt{1-x^2}}\mathrm{d}x=\mathrm{d}(\arcsin x);$　　　　(10) $\dfrac{1}{1+x^2}\mathrm{d}x=\mathrm{d}(\arctan x).$

凑微分法一般适用于被积函数是复合函数的情况.

二、第二类换元法

设 $x=\psi(t)$ 是单调的可导函数，$f[\psi(t)]\psi'(t)$ 具有原函数 $G(t)$，则有换元公式：

$$\int f(x)\mathrm{d}x=\int f[\psi(t)]\psi'(t)\mathrm{d}t=G(t)+C=G[\psi^{-1}(x)]+C,$$

其中 $\psi^{-1}(x)$ 是 $x=\psi(t)$ 的反函数.

常用换元形式：

被积函数中含 $\sqrt{a^2-x^2}$，令 $x=a\sin t$；

被积函数中含 $\sqrt{a^2+x^2}$，令 $x=a\tan t$；

被积函数中含 $\sqrt{x^2-a^2}$，令 $x=a\sec t$；

被积函数中含 $\sqrt[n]{ax+b}$，令 $x=\dfrac{1}{a}(t^n-b)$.

换元形式是三角变换时，为保证单调性，变量 t 一般是锐角，此方法常适用于带根式的函数.

三、分部积分法

分部积分公式：设 $u(x),v(x)$ 可导，则有 $\int u\mathrm{d}v=uv-\int u'v\mathrm{d}x$.

选择 u,v 的基本方法：

1. 降幂法 $\int x^n\mathrm{e}^{\alpha x}\mathrm{d}x,\int x^n\sin\alpha x\mathrm{d}x$

令 $u=x^n,\mathrm{d}v=\mathrm{d}\mathrm{e}^{\alpha x}$ 或 $u=x^n,\mathrm{d}v=\mathrm{d}\cos\alpha x$.

2. 升幂法 $\int x^n\ln x\mathrm{d}x,\int x^n\arctan x\mathrm{d}x$

令 $u=\ln x$ 或 $u=\arctan x,\mathrm{d}v=\mathrm{d}x^{n+1}$.

3. 循环法 $\int\mathrm{e}^{\alpha x}\sin bx\mathrm{d}x$ 等

一般把 $\mathrm{e}^{\alpha x}$ 凑成 $\mathrm{d}v$，两次利用分部积分法后，转化为一个方程.

分部积分法是最常用的积分方法之一，关键在于 u,v 的选择，u,v 的选取要考虑两个因素：(1) v 要容易求得；(2) $\int u'v\mathrm{d}x$ 要比 $\int u\mathrm{d}v$ 容易积分.

教学要求

➤ 理解第一类换元积分法的思想方法，熟练掌握利用凑微分法求不定积分的方法.

➤ 掌握第二换元积分法的思想方法，理解两类换元法的区别，能根据 $\int f(x)\mathrm{d}x$ 的形式准确换元,熟练掌握利用第二类换元法计算不定积分的方法.

> 理解分部积分法的思想方法,熟练掌握利用分部积分法求解常见类型不定积分的方法.

重点例题

例 4 - 2 - 1 计算 $\int \dfrac{1-x}{\sqrt{9-4x^2}}\mathrm{d}x$.

解
$$\int \frac{1-x}{\sqrt{9-4x^2}}\mathrm{d}x = \int \frac{1}{\sqrt{9-4x^2}}\mathrm{d}x - \int \frac{x}{\sqrt{9-4x^2}}\mathrm{d}x$$

$$= \frac{1}{2}\int \frac{1}{\sqrt{1-\left(\frac{2}{3}x\right)^2}}\mathrm{d}\left(\frac{2}{3}x\right) + \frac{1}{8}\int \frac{1}{\sqrt{9-4x^2}}\mathrm{d}(9-4x^2)$$

$$= \frac{\arcsin\left(\frac{2x}{3}\right)}{2} + \frac{\sqrt{9-4x^2}}{4} + C.$$

例 4 - 2 - 2 计算 $\int \dfrac{1+\ln x}{(x\ln x)^2}\mathrm{d}x$.

解 $\displaystyle\int \frac{1+\ln x}{(x\ln x)^2}\mathrm{d}x = \int \frac{(x\ln x)'}{(x\ln x)^2}\mathrm{d}x = \int \frac{\mathrm{d}(x\ln x)}{(x\ln x)^2} = -\frac{1}{x\ln x} + C.$

【点评】 本例中用 $\displaystyle\int \frac{f'(x)}{[f(x)]^2}\mathrm{d}x = \int \frac{\mathrm{d}[f(x)]}{[f(x)]^2} = -\frac{1}{f(x)} + C$,这是很常见的一种积分方法.类似地还有 $\displaystyle\int \frac{1}{f(x)}\mathrm{d}f(x) = \ln|f(x)| + C, \int \sqrt{f(x)}\mathrm{d}f(x) = \frac{2}{3}[f(x)]^{\frac{3}{2}} + C$ 等.

例 4 - 2 - 3 计算 $\int x\sin^2 x\mathrm{d}x$.

解 $\displaystyle\int x\sin^2 x\mathrm{d}x = \int x\frac{1-\cos 2x}{2}\mathrm{d}x = \frac{1}{2}\int x\mathrm{d}x - \frac{1}{2}\int x\cos 2x\mathrm{d}x$

$$= \frac{1}{4}x^2 - \frac{1}{4}\int x\mathrm{d}\sin 2x = \frac{1}{4}x^2 - \frac{1}{4}\left(x\sin 2x - \int \sin 2x\mathrm{d}x\right)$$

$$= \frac{1}{4}x^2 - \frac{1}{4}x\sin 2x + \frac{1}{4}\int \sin 2x\mathrm{d}x = \frac{1}{4}x^2 - \frac{1}{4}x\sin 2x - \frac{1}{8}\cos 2x + C.$$

【点评】 被积函数含有三角函数的偶次幂 $\sin^2 x$ 或 $\cos^2 x$,一般应先降幂:$\sin^2 x = \dfrac{1-\cos 2x}{2}$ 或 $\cos^2 x = \dfrac{1+\cos 2x}{2}$.本例中化成 $\int x\cos 2x\mathrm{d}x$ 后再用分部积分法即可.

例 4 - 2 - 4 计算 $\int x^2\mathrm{e}^x\mathrm{d}x$.

解 $\displaystyle\int x^2\mathrm{e}^x\mathrm{d}x = \int x^2\mathrm{d}\mathrm{e}^x = x^2\mathrm{e}^x - 2\int x\mathrm{e}^x\mathrm{d}x = x^2\mathrm{e}^x - 2\int x\mathrm{d}\mathrm{e}^x$

$$= x^2\mathrm{e}^x - 2\left(x\mathrm{e}^x - \int \mathrm{e}^x\mathrm{d}x\right) = x^2\mathrm{e}^x - 2x\mathrm{e}^x + 2\mathrm{e}^x + C.$$

【**点评**】 本例被积函数是 $x^2 e^x$，须用分部积分法. 用一次分部积分法后，被积函数仍有 $\int x e^x dx$，则再用一次分部积分法. 对于被积函数是 $x^n e^x$，须用 n 次分部积分法.

例 4-2-5 计算 $\int \dfrac{1}{\sqrt{e^x+1}} dx$.

解 令 $\sqrt{e^x+1}=t$，即 $x=\ln(t^2-1)$，$dx=\dfrac{2t}{t^2-1}dt$.

于是 $\displaystyle\int \frac{1}{\sqrt{e^x+1}}dx = \int \frac{1}{t}\cdot\frac{2t}{t^2-1}dt = \int \frac{2dt}{(t-1)(t+1)} = \int\left(\frac{1}{t-1}-\frac{1}{t+1}\right)dt$

$$= \int \frac{1}{t-1}d(t-1) - \int \frac{1}{t+1}d(t+1) = \ln|t-1|-\ln|t+1|+C$$

$$= \ln|\sqrt{e^x+1}-1|-\ln|\sqrt{e^x+1}+1|+C.$$

【**点评**】 此题是属于无理函数的不定积分，需要把根式去掉. 对于被积函数含有 e^x 项时，往往可直接作代换：$e^x=t$，被积函数中的根式化为 $\sqrt{t+1}$，可再作代换 $\sqrt{t+1}=u$，最终消去根式. 当然，也可把上面的两步合并成一步，直接令 $\sqrt{e^x+1}=t$ 更简单.

例 4-2-6 计算 $\int \dfrac{x^2}{\sqrt{1-x^2}} dx$.

解 设 $x=\sin t$，$t\in\left(0,\dfrac{\pi}{2}\right)$，代入得

$$\int \frac{x^2}{\sqrt{1-x^2}}dx = \int \frac{\sin^2 t}{\sqrt{1-\sin^2 t}}d\sin t = \int \frac{\sin^2 t\cos t}{\cos t}dt = \int \sin^2 t dt = \frac{1}{2}\int(1-\cos 2t)dt$$

$$= \frac{1}{2}t - \frac{1}{4}\sin 2t + C = \frac{1}{2}t - \frac{1}{2}\sin t\cos t + C$$

$$= \frac{1}{2}\arcsin x - \frac{1}{2}x\sqrt{1-x^2} + C.$$

【**点评**】 对三角代换可构造一个直角三角形（如图 4-1），对边为 x，邻边为 $\sqrt{1-x^2}$，斜边为 1，得 $\cos t=\sqrt{1-x^2}$，$t=\arcsin x$，所以得此结论.

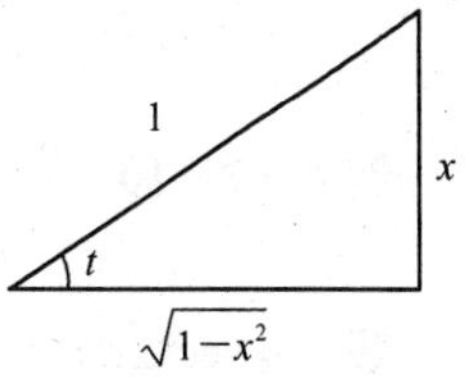

例 4-2-7 计算 $\int \dfrac{1}{x\sqrt{x^2-1}} dx$.

图 4-1

解 当 $x>0$ 时，令 $x=\sec t$，$t\in\left(0,\dfrac{\pi}{2}\right)$，代入得

$$\int \frac{1}{x\sqrt{x^2-1}}dx = \int \frac{d\sec t}{\sec t\sqrt{\sec^2 t-1}}$$

$$= \int \frac{\sec t\cdot\tan t dt}{\sec t\cdot\tan t} = \int dt = t+C = \arccos\frac{1}{x}+C.$$

当 $x<0$ 时，令 $x=-u(u>0)$，

$$\int \frac{1}{x\sqrt{x^2-1}}\mathrm{d}x = \int \frac{1}{-u\sqrt{(-u)^2-1}}\mathrm{d}(-u) = \int \frac{1}{u\sqrt{u^2-1}}\mathrm{d}u$$

$$= \arccos\frac{1}{u} + C = \arccos\frac{1}{-x} + C.$$

综合可得

$$\int \frac{1}{x\sqrt{x^2-1}}\mathrm{d}x = \arccos\frac{1}{|x|} + C.$$

例 4 - 2 - 8 已知 $f(x)$ 二阶连续可导,试求 $\int xf''(2x-1)\mathrm{d}x$.

解 令 $u = 2x-1$,即 $x = \dfrac{u+1}{2}$, $\mathrm{d}x = \dfrac{1}{2}\mathrm{d}u$,所以

$$\int xf''(2x-1)\mathrm{d}x = \int \frac{1}{2}(u+1)f''(u) \cdot \frac{1}{2}\mathrm{d}u = \frac{1}{4}\int(u+1)f''(u)\mathrm{d}u = \frac{1}{4}\int(u+1)\mathrm{d}f'(u)$$

$$= \frac{1}{4}\left[(u+1)f'(u) - \int f'(u)\mathrm{d}u\right] = \frac{1}{4}\left[(u+1)f'(u) - f(u)\right] + C$$

$$= \frac{x}{2}f'(2x-1) - \frac{1}{4}f(2x-1) + C.$$

【点评】 被积函数为半抽象函数 $xf''(2x-1)$,且 $f''(2x-1)$ 中含有中间变量,此类问题一般均应先变量代换,令中间变量 $u = 2x-1$,化简后再计算积分.

例 4 - 2 - 9 已知 $f(x)$ 的一个原函数为 xe^{2x},求 $\int xf'(x)\mathrm{d}x$.

解 由分部积分公式得 $\int xf'(x)\mathrm{d}x = \int x\mathrm{d}f(x) = xf(x) - \int f(x)\mathrm{d}x.$

因为 $\int f(x)\mathrm{d}x = xe^{2x} + C_1$, $f(x) = (xe^{2x} + C_1)' = e^{2x} + 2xe^{2x}$,

所以 $\int xf'(x)\mathrm{d}x = x(e^{2x} + 2xe^{2x}) - xe^{2x} - C_1 = 2x^2e^{2x} + C(C = -C_1).$

例 4 - 2 - 10 计算 $\int \sec^3 x\mathrm{d}x$.

解 $\int \sec^3 x\mathrm{d}x = \int \sec x\mathrm{d}\tan x = \sec x\tan x - \int \sec x(\sec^2 x - 1)\mathrm{d}x$

$$= \sec x\tan x - \int \sec^3 x\mathrm{d}x + \int \sec x\mathrm{d}x$$

$$= \sec x\tan x + \ln|\sec x + \tan x| - \int \sec^3 x\mathrm{d}x.$$

先移项到左边,再两边同除以 2,便得

$$\int \sec^3 x\mathrm{d}x = \frac{1}{2}(\sec x\tan x + \ln|\sec x + \tan x|) + C.$$

【点评】 此题用分部积分法后出现方程 $\int f(x)\mathrm{d}x = g(x) - \int f(x)\mathrm{d}x$，利用循环法可得

$\int f(x)\mathrm{d}x = \frac{1}{2}g(x) + C$.

例 4 - 2 - 11 计算 $\int \mathrm{e}^{\sqrt{x+1}}\mathrm{d}x$.

解 令 $\sqrt{x+1} = t$，即 $x = t^2 - 1$，$\mathrm{d}x = 2t\mathrm{d}t$，

所以 $\int \mathrm{e}^{\sqrt{x+1}}\mathrm{d}x = \int \mathrm{e}^t \cdot 2t\mathrm{d}t$（先作变量代换）

$$= 2\int t\mathrm{d}\mathrm{e}^t = 2(t\mathrm{e}^t - \int \mathrm{e}^t\mathrm{d}t)\text{（再用分部积分法）}$$

$$= 2t\mathrm{e}^t - 2\mathrm{e}^t + C$$

$$= 2\sqrt{x+1}\mathrm{e}^{\sqrt{x+1}} - 2\mathrm{e}^{\sqrt{x+1}} + C.$$

【点评】 本题是综合运用换元积分法和分部积分法的题. 被积函数含有根式 $\sqrt{x+1}$ 或 $\sqrt{x}$ 形式的，首先考虑用变量代换去掉根式，变形后成为需要利用分部积分法的情形.

课后习题

一、选择题

1. 设 $f(x)$ 是连续函数且 $\int f(x)\mathrm{d}x = F(x) + C$，则下列各式中正确的是（　　）.

A. $\int f(x^2)\mathrm{d}x = F(x^2) + C$ 　　　B. $\int f(3x+2)\mathrm{d}x = F(3x+2) + C$

C. $\int f(\mathrm{e}^x)\mathrm{e}^x\mathrm{d}x = F(\mathrm{e}^x) + C$ 　　　D. $\int f(\ln 2x)\frac{1}{2x}\mathrm{d}x = F(\ln 2x) + C$

2. 设 $f(x)$ 的一个原函数为 $F(x)$，则 $\int f(2x)\mathrm{d}x = $（　　）.

A. $F(2x) + C$ 　　　B. $F\left(\frac{x}{2}\right) + C$

C. $\frac{1}{2}F(2x) + C$ 　　　D. $2F\left(\frac{x}{2}\right) + C$

3. 设 $\int f(x)\mathrm{d}x = \sin x + C$，则 $\int xf(1-x^2)\mathrm{d}x = $（　　）.

A. $2\sin(1-x^2) + C$ 　　　B. $-2\sin(1-x^2) + C$

C. $\frac{1}{2}\sin(1-x^2) + C$ 　　　D. $-\frac{1}{2}\sin(1-x^2) + C$

4. $\int \left(1 + \frac{1}{\sin^2 x}\right)\cos x\mathrm{d}x = $（　　）.

A. $x - \frac{1}{\sin x} + C$ 　　　B. $x + \frac{1}{\sin x} + C$

C. $\sin x - \frac{1}{\sin x} + C$ 　　　D. $\sin x + \frac{1}{\sin x} + C$

5. 利用第二类换元积分法求 $\int \sqrt{x^2-a^2}\,dx$ 时,应令 $x=($ ___).

A. $a\sin t$ B. $a\tan t$ C. $a\cos t$ D. $a\sec t$

6. 下列不定积分中必须用第二类换元积分法的是(___).

A. $\int \dfrac{dx}{\sqrt{a^2-x^2}}$ B. $\int \dfrac{dx}{\sqrt{a^2+x^2}}$ C. $\int \dfrac{x\,dx}{\sqrt{a^2+x^2}}$ D. $\int \dfrac{x\,dx}{\sqrt{a^2-x^2}}$

7. $\int x\,df'(x)=($ ___ $)+C.$

A. $xf'(x)-f(x)$ B. $xf(x)-f'(x)$

C. $xf'(x)+f(x)$ D. $xf(x)+f'(x)$

8. $\int \ln \dfrac{x}{2}\,dx=($ ___).

A. $x\ln x-x(\ln 2+1)+C$ B. $x\ln x-x-\ln 2+C$

C. $\dfrac{1}{2}x\ln x-\dfrac{1}{2}x+C$ D. $x\ln x+x\ln 2+C$

二、填空题

1. $\int (2x-3)^{10}\,dx=$ _____.

2. $\int x(x+\sqrt{1-x^2})\,dx=$ _____.

3. $\int \cos^3 x\,dx=$ _____.

4. 不定积分 $\int \dfrac{1}{x^2}\cos \dfrac{2}{x}\,dx=$ _____.

5. $\int \dfrac{dx}{1+\sqrt{x+1}}=$ _____.

6. 设 $f(x)$ 的一个原函数为 e^{2x} ,则 $\int xf'(x)\,dx=$ _____.

7. 设 $f(x)$ 的一个原函数为 $\ln x$,则 $\int f(1+2x)\,dx$ _____.

8. 已知 $f(x)$ 是可导函数,则 $\int xf(x^2)f'(x^2)\,dx=$ _____.

三、解答题

1. $\int \dfrac{1}{(2x+1)^4}\,dx.$ 2. $\int e^{1-2x}\,dx.$

3. $\int \cos^2(2x+1)\sin (2x+1)\,dx.$ 4. $\int \sin^4 x\,dx.$

5. $\int (\tan x+\cot x)\,dx.$ 6. $\int \dfrac{1}{x\sqrt{\ln x}}\,dx.$

7. $\int \dfrac{x+1}{x^2+4}\,dx.$ 8. $\int \dfrac{1}{1+\cos x}\,dx.$

9. $\int \tan^3 x\sec x\,dx.$ 10. $\int \dfrac{1}{e^x+e^{-x}}\,dx.$

11. $\int \dfrac{1}{1+\sqrt{x}}\mathrm{d}x.$

12. $\int \dfrac{x+2}{\sqrt{2x+1}}\mathrm{d}x.$

13. $\int \dfrac{1}{\sqrt{a^2+x^2}}\mathrm{d}x.$

14. $\int \dfrac{1}{\sqrt{x^2-4}}\mathrm{d}x.$

15. $\int \dfrac{1}{x^2\sqrt{1+x^2}}\mathrm{d}x.$

16. $\int \dfrac{x^2}{\sqrt{a^2-x^2}}\mathrm{d}x.$

17. $\int \dfrac{1}{\sqrt{4x^2+9}}\mathrm{d}x.$

18. $\int \dfrac{\ln x}{\sqrt{x}}\mathrm{d}x.$

19. $\int x^2\cos x\mathrm{d}x.$

20. $\int x^3 \mathrm{e}^{x^2}\mathrm{d}x.$

21. $\int x\arctan x\,\mathrm{d}x.$

22. $\int x\ln(1+x)\mathrm{d}x.$

23. $\int x\ln(1+x^2)\mathrm{d}x.$

24. $\int \mathrm{e}^{\sqrt{x}}\mathrm{d}x.$

25. $\int \arctan\sqrt{x}\mathrm{d}x.$

26. $\int \ln(x+\sqrt{x^2+a^2})\mathrm{d}x.$

27. $\int \cos(\ln x)\mathrm{d}x.$

28. $\int \mathrm{e}^{2x}\sin 3x\mathrm{d}x.$

29. 设 $f(x)$ 的一个原函数 $\cos\dfrac{x}{2}$，试求：$\int \dfrac{f'(x)}{1+f^2(x)}\mathrm{d}x.$

30. 已知 $f(x)$ 的一个原函数是 $\arccos x$，试求：$\int x f(x)\,\mathrm{d}x.$

参考答案

一、1. C　2. C　3. D　4. C　5. D　6. B　7. A　8. A

二、1. $\frac{1}{22}(2x-3)^{11}+C$　2. $\frac{1}{3}x^3-\frac{1}{3}(1-x^2)^{\frac{3}{2}}+C$　3. $\sin x-\frac{1}{3}\sin^3 x+C$　4. $-\frac{1}{2}\sin\frac{2}{x}+C$

5. $2\sqrt{1+x}-2\ln(1+\sqrt{1+x})+C$　6. $2x\mathrm{e}^{2x}-\mathrm{e}^{2x}+C$　7. $\frac{1}{2}\ln|1+2x|+C$　8. $\frac{1}{4}f^2(x^2)+C$

三、1. $\frac{-1}{6(2x+1)^3}+C$　2. $\frac{-1}{2}\mathrm{e}^{1-2x}+C$　3. $\frac{-1}{6}\cos^3(2x+1)+C$　4. $\frac{3}{8}x-\frac{1}{4}\sin 2x+\frac{1}{32}\sin 4x+C$

5. $\ln|\tan x|+C$　6. $2\sqrt{\ln x}+C$　7. $\frac{1}{2}\ln(x^2+4)+\frac{1}{2}\arctan\frac{x}{2}+C$　8. $\frac{1}{\sin x}-\cot x+C$

9. $\frac{1}{3}\sec^3 x-\sec x+C$　10. $\arctan \mathrm{e}^x+C$　11. $2\sqrt{x}-2\ln|1+\sqrt{x}|+C$　12. $\frac{1}{6}(2x+1)^{\frac{3}{2}}+$
$\frac{3}{2}\sqrt{2x+1}+C$　13. $\ln(x+\sqrt{a^2+x^2})+C$　14. $\ln|x+\sqrt{x^2-4}|+C$　15. $-\dfrac{\sqrt{x^2+1}}{x}+C$

16. $\frac{a^2}{2}\left(\arcsin\frac{x}{a}-\frac{x}{a}\cdot\dfrac{\sqrt{a^2-x^2}}{a}\right)+C$　17. $\frac{1}{2}\ln(2x+\sqrt{4x^2+9})+C$　18. $2\sqrt{x}\ln x-4\sqrt{x}+C$

19. $x^2\sin x+2x\cos x-2\sin x+C$　20. $\frac{1}{2}(x^2\mathrm{e}^{x^2}-\mathrm{e}^{x^2})+C$　21. $\frac{x^2}{2}\arctan x-\frac{x}{2}+\frac{1}{2}\arctan x+C$

22. $\frac{1}{2}x^2\ln(1+x)-\frac{1}{4}x^2+\frac{1}{2}x-\frac{1}{2}\ln|1+x|+C$　23. $\frac{1}{2}(1+x^2)[\ln(1+x^2)-1]+C$

24. $2(\sqrt{x}\mathrm{e}^{\sqrt{x}}-\mathrm{e}^{\sqrt{x}})+C$　25. $(x+1)\arctan\sqrt{x}-\sqrt{x}+C$　26. $x\ln(x+\sqrt{x^2+a^2})-\sqrt{x^2+a^2}+C$

27. $\frac{x}{2}[\cos(\ln x)+\sin(\ln x)]+C$　28. $\frac{2}{13}\mathrm{e}^{2x}\left(\sin 3x-\frac{3}{2}\cos 3x\right)+C$　29. $-\arctan\left(\frac{1}{2}\sin\frac{x}{2}\right)+C$

30. $-\sqrt{1-x^2}+C$

第三讲   有理函数的积分

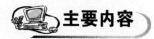 **主要内容**

一、有理函数的积分

(1) 有理真分式化为部分分式

$$\frac{p(x)}{(x-a)^n} = \frac{A_1}{x-a} + \frac{A_2}{(x-a)^2} + \cdots + \frac{A_n}{(x-a)^n},$$

$$\frac{p(x)}{(x^2+px+q)^n} = \frac{M_1 x + N_1}{(x^2+px+q)^n} + \frac{M_2 x + N_2}{(x^2+px+q)^{n-1}} + \cdots + \frac{M_n x + N_n}{x^2+px+q}.$$

(2) 求出部分分式的积分.

二、三角有理式的积分

对 $\int R(\sin x, \cos x)\mathrm{d}x$，用万能代换：

$$x = \tan\frac{t}{2}, \mathrm{d}x = \frac{2}{1+t^2}\mathrm{d}t, \sin x = \frac{2t}{1+t^2}, \cos x = \frac{1-t^2}{1+t^2}$$

把 $\int R(\sin x, \cos x)\mathrm{d}x$ 化成 $\int f(t)\mathrm{d}t$，积分后再由 $x = \tan\frac{t}{2}$ 代回.

三、简单无理函数的积分

对 $\int R(x, \sqrt[n]{ax+b})\mathrm{d}x, \int R\left(x, \sqrt[n]{\dfrac{ax+b}{cx+d}}\right)\mathrm{d}x$，先作变换,消去根式,再求出积分.

教学要求

➤ 掌握简单有理函数的部分分式分解方法,会求部分分式的不定积分.
➤ 了解三角有理式的万能代换,会求简单无理函数的不定积分.

重点例题

例 4-3-1   计算 $\int \dfrac{1}{x^2(1-x)}\mathrm{d}x$.

解   设 $\dfrac{1}{x^2(1-x)} = \dfrac{A}{x} + \dfrac{B}{x^2} + \dfrac{C}{1-x} = \dfrac{x^2(C-A) + x(A-B) + B}{x^2(1-x)}$,

通分后比较两边分子的同次幂系数,可得 $A=1, B=1, C=1$,所以

$$\int \frac{1}{x^2(1-x)}dx = \int \left(\frac{1}{x} + \frac{1}{x^2} + \frac{1}{1-x}\right)dx = \ln|x| - \frac{1}{x} - \ln|1-x| + C$$

$$= -\frac{1}{x} - \ln\left|\frac{1-x}{x}\right| + C.$$

例 4-3-2 计算 $\int \frac{1}{(1+x^2)(1+2x)}dx$.

解 设 $\frac{1}{(1+x^2)(1+2x)} = \frac{A}{1+2x} + \frac{Bx+C}{1+x^2} = \frac{x^2(A+2B) + x(B+2C) + (A+C)}{(1+x^2)(1+2x)}$,

通分后比较两边分子的同次幂系数,可得 $A = \frac{4}{5}, B = -\frac{2}{5}, C = \frac{1}{5}$,所以

$$\int \frac{1}{(1+x^2)(1+2x)}dx = \int \left(\frac{\frac{4}{5}}{1+2x} + \frac{-\frac{2}{5}x + \frac{1}{5}}{1+x^2}\right)dx$$

$$= \frac{2}{5}\int \frac{2}{1+2x}dx - \frac{1}{5}\int \frac{2x}{1+x^2}dx + \frac{1}{5}\int \frac{1}{1+x^2}dx$$

$$= \frac{2}{5}\int \frac{1}{1+2x}d(1+2x) - \frac{1}{5}\int \frac{1}{1+x^2}d(1+x^2)$$

$$+ \frac{1}{5}\int \frac{1}{1+x^2}dx$$

$$= \frac{2}{5}\ln|1+2x| - \frac{1}{5}\ln|1+x^2| + \frac{1}{5}\arctan x + C.$$

【点评】 例 4-3-1 和例 4-3-2 都采用先把被积函数分成几个简单分式之和,再合并成一个分式,然后比较等式两边分子的同次幂系数. 例 4-3-2 中,得到 $A+2B = 0, B+2C = 0, A+C = 1$,解得 $A = \frac{4}{5}, B = -\frac{2}{5}, C = \frac{1}{5}$,最后再逐项积分.

例 4-3-3 计算 $\int \frac{\sin x}{1+\sin x + \cos x}dx$.

解 令 $\tan \frac{x}{2} = t(-\pi < x < \pi)$,则 $\sin x = \frac{2t}{1+t^2}, \cos x = \frac{1-t^2}{1+t^2}, dx = \frac{2}{1+t^2}dt$.

$$\int \frac{\sin x}{1+\sin x + \cos x}dx = \int \frac{\frac{2t}{1+t^2}}{1 + \frac{2t}{1+t^2} + \frac{1-t^2}{1+t^2}} \frac{2}{1+t^2}dt = \int \frac{2t}{(1+t)(1+t^2)}dt$$

$$= \int \frac{(1+t)^2 - (1+t^2)}{(1+t)(1+t^2)}dt$$

$$= \int \frac{1+t}{1+t^2}dt - \int \frac{1}{1+t}dt$$

$$= \int \frac{1}{1+t^2}dt + \int \frac{t}{1+t^2}dt - \int \frac{1}{1+t}dt$$

$$= \arctan t + \frac{1}{2}\ln(1+t^2) - \ln|1+t| + C$$

$$= \frac{x}{2} + \frac{1}{2}\ln \sec^2 \frac{x}{2} - \ln \left| 1 + \tan \frac{x}{2} \right| + C$$

$$= \frac{x}{2} + \ln \left| \sec \frac{x}{2} \right| - \ln \left| 1 + \tan \frac{x}{2} \right| + C.$$

【点评】 当被积函数是 $\sin x$ 和 $\cos x$ 的有理函数,且一般方法很难积分时,则用万能公式 $\sin x = \frac{2t}{1+t^2}, \cos x = \frac{1-t^2}{1+t^2}, dx = \frac{2}{1+t^2}dt$ 作变换,积分后再按照 $t = \tan \frac{x}{2}$ 进行回代.

例 4-3-4 计算 $\int \frac{3 - \sin x}{3 + \cos x}dx.$

解 令 $\tan \frac{x}{2} = t(-\pi < x < \pi)$,则

$$\sin x = \frac{2t}{1+t^2}, \cos x = \frac{1-t^2}{1+t^2}, dx = \frac{2}{1+t^2}dt,$$

则

$$\int \frac{3 - \sin x}{3 + \cos x}dx = \int \frac{3 - \dfrac{2t}{1+t^2}}{3 + \dfrac{1-t^2}{1+t^2}} \cdot \frac{2}{1+t^2}dt = \int \frac{3t^2 - 2t + 3}{(t^2+2)(t^2+1)}dt.$$

$$\int \left(\frac{2t+3}{t^2+2} - \frac{2t}{t^2+1} \right)dt = \int \frac{2t}{t^2+2}dt + \int \frac{3}{t^2+2}dt - \int \frac{2t}{t^2+1}dt$$

$$= \ln(t^2+2) + \frac{3}{\sqrt{2}}\arctan \frac{t}{\sqrt{2}} - \ln(t^2+1) + C$$

$$= \ln \frac{t^2+2}{t^2+1} + \frac{3}{\sqrt{2}}\arctan \frac{t}{\sqrt{2}} + C$$

$$= \ln \frac{3 + \cos x}{2} + \frac{3}{\sqrt{2}}\arctan \left(\frac{1}{\sqrt{2}}\tan \frac{x}{2} \right) + C.$$

例 4-3-5 计算 $\int \frac{\sqrt[3]{x}}{x(\sqrt{x} + \sqrt[3]{x})}dx.$

解 令 $t = \sqrt[6]{x}, x = t^6, dx = 6t^5 dt$,则

$$\int \frac{\sqrt[3]{x}}{x(\sqrt{x} + \sqrt[3]{x})}dx = \int \frac{t^2}{t^6(t^3 + t^2)}6t^5 dt = \int \frac{6}{t(t+1)}dt$$

$$= 6\int \left(\frac{1}{t} - \frac{1}{t+1} \right)dt = 6(\ln|t| - \ln|t+1|) + C$$

$$= (\ln|x| - 6\ln|\sqrt[6]{x} + 1|) + C.$$

【点评】 本例中令 $x = t^6$,可把无理根式 $\sqrt{x}, \sqrt[3]{x}$ 同时化成有理函数,积分变成 $\int \frac{6}{t(t+1)}dt$,求出积分后再用 $t = \sqrt[6]{x}$ 代回.

例 4 - 3 - 6 计算 $\int \dfrac{1}{x(x^{10}+2)}\mathrm{d}x$.

解
$$\int \frac{1}{x(x^{10}+2)}\mathrm{d}x = \frac{1}{2}\int\left(\frac{1}{x}-\frac{x^9}{x^{10}+2}\right)\mathrm{d}x = \frac{1}{2}\int\frac{1}{x}\mathrm{d}x - \frac{1}{2}\int\frac{x^9}{x^{10}+2}\mathrm{d}x$$
$$= \frac{1}{2}\ln|x| - \frac{1}{20}\int\frac{(x^{10}+2)'}{x^{10}+2}\mathrm{d}x$$
$$= \frac{1}{2}\ln|x| - \frac{1}{20}\ln(x^{10}+2) + C.$$

课后习题

一、选择题

1. $\int \mathrm{e}^{1-x}\mathrm{d}x = ($ $)$.

A. $\mathrm{e}^{1-x}+C$ B. e^{1-x}

C. $x\mathrm{e}^{1-x}+C$ D. $-\mathrm{e}^{1-x}+C$

2. 设 $\int f(x)\mathrm{d}x = F(x)+C$,则 $\int \sin x f(\cos x)\mathrm{d}x = ($ $)$.

A. $F(\sin x)+C$ B. $-F(\sin x)+C$

C. $-F(\cos x)+C$ D. $\sin x F(\cos x)+C$

3. 设 $f(x) = \dfrac{1}{1-x^2}$,则 $f(x)$ 的一个原函数为$($ $)$.

A. $\arcsin x$ B. $\arctan x$

C. $\dfrac{1}{2}\ln\left|\dfrac{1-x}{1+x}\right|$ D. $\dfrac{1}{2}\ln\left|\dfrac{1+x}{1-x}\right|$

4. 在对三角函数有理式的积分中,作变换 $u=\tan\dfrac{x}{2}(-\pi<x<\pi)$,则 $\sin x=\dfrac{2u}{1+u^2}$,

$\cos x=\dfrac{1-u^2}{1+u^2}$,$\mathrm{d}x = ($ $)\mathrm{d}u$.

A. $\dfrac{1}{1+u^2}$ B. $\dfrac{2}{1+u^2}$ C. $\dfrac{u}{1+u^2}$ D. $\dfrac{2u}{1+u^2}$

二、填空题

1. $\dfrac{1}{x(1+x^5)} = \dfrac{1}{x} - \dfrac{(\quad)}{1+x^5}$.

2. 设 $f(x) = \dfrac{x-1}{(2+x)^3}$,则 $f(x)$ 分解成可求积分的部分分式之和为_____.

3. $\int \dfrac{\mathrm{d}x}{\sqrt{a^2-x^2}} = $ _____,其中 a 是正的常数.

4. $\int \dfrac{\mathrm{d}x}{1-\cos x} = $ _____.

三、解答题

1. $\int \dfrac{1}{1-x^3}\mathrm{d}x$. 2. $\int \dfrac{1}{2x^2-1}\mathrm{d}x$.

3. $\int \dfrac{1}{x(1+x^2)}\mathrm{d}x$.

4. $\int \dfrac{1}{x^2-5x+6}\mathrm{d}x$.

5. $\int \dfrac{x-2}{x^2+2x+3}\mathrm{d}x$.

6. $\int \dfrac{\sin x}{\cos x+\sin x}\mathrm{d}x$.

7. $\int \dfrac{1}{\sin x-\cos x}\mathrm{d}x$.

8. $\int \dfrac{\sin x}{8+\sin^2 x}\mathrm{d}x$.

9. $\int \dfrac{1}{1+\sqrt[3]{x+2}}\mathrm{d}x$.

10. $\int \sqrt{\dfrac{1-x}{1+x}}\dfrac{\mathrm{d}x}{x}$.

11. $\int \dfrac{1}{\sqrt{1+x-x^2}}\mathrm{d}x$.

12. $\int \dfrac{\mathrm{d}x}{(x^2+1)^2}$.

📖 参考答案

一、1. D 2. C 3. D 4. B

二、1. x^4 2. $\dfrac{1}{(2+x)^2}-\dfrac{3}{(2+x)^3}$ 3. $\arcsin\dfrac{x}{a}+C$ 4. $-\cot x-\dfrac{1}{\sin x}+C$

三、1. $-\dfrac{1}{3}\ln|1-x|+\dfrac{1}{6}\ln|x^2+x+1|+\dfrac{1}{\sqrt{3}}\arctan\dfrac{2x+1}{\sqrt{3}}+C$ 2. $\dfrac{1}{2\sqrt{2}}\ln\left|\dfrac{\sqrt{2}x-1}{\sqrt{2}x+1}\right|+C$

3. $\ln|x|-\dfrac{1}{2}\ln(x^2+1)+C$ 4. $\ln\left|\dfrac{x-3}{x-2}\right|+C$ 5. $\dfrac{1}{2}\ln|x^2+2x+3|-\dfrac{3}{\sqrt{2}}\arctan\dfrac{x+1}{\sqrt{2}}+C$

6. $-\dfrac{1}{2}\ln|1+\cot x|+\dfrac{1}{4}\ln(1+\cot^2 x)-\dfrac{1}{2}\arctan(\cot x)+C$

7. $\dfrac{1}{\sqrt{2}}\ln\left|\dfrac{\tan\frac{x}{2}+1-\sqrt{2}}{\tan\frac{x}{2}+1+\sqrt{2}}\right|+C$ 8. $\dfrac{1}{6}\ln\left|\dfrac{3-\cos x}{3+\cos x}\right|+C$

9. $\dfrac{3}{2}\sqrt[3]{(x+2)^2}-3\sqrt[3]{x+2}+3\ln|1+\sqrt[3]{x+2}|+C$

10. $\ln\left|\dfrac{\sqrt{1-x}-\sqrt{1+x}}{\sqrt{1-x}+\sqrt{1+x}}\right|+2\arctan\sqrt{\dfrac{1-x}{1+x}}+C$

11. $\arcsin\dfrac{2x-1}{\sqrt{5}}+C$ 12. $\dfrac{1}{2}\arctan x+\dfrac{x}{2(1+x^2)}+C$

第五章

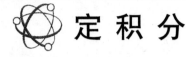 定 积 分

第一讲 定积分的概念及变限积分的导数

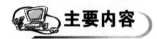 主要内容

一、定积分的定义

设函数 $f(x)$ 在区间 $[a,b]$ 有界，Δx_i 是任意分割 $[a,b]$ 为 n 个小区间所得的第 i 个小区间的长度，ξ_i 是第 i 个小区间上的任意点，$\lambda = \max\limits_{1\leqslant i\leqslant n}\{\Delta x_i\}$.

若极限 $\lim\limits_{\lambda\to 0}\sum\limits_{i=1}^{n}f(\xi_i)\Delta x_i$ 存在，则称 $f(x)$ 在 $[a,b]$ 上可积，称这个极限值为 $f(x)$ 在 $[a,b]$ 上的定积分，记为

$$\int_a^b f(x)\mathrm{d}x = \lim_{\lambda\to 0}\sum_{i=1}^{n}f(\xi_i)\Delta x_i,$$

其中 $f(x)$ 称为被积函数，x 称为积分变量，a 称为积分下限，b 称为积分上限，$[a,b]$ 称为积分区间.

若极限 $\lim\limits_{\lambda\to 0}\sum\limits_{i=1}^{n}f(\xi_i)\Delta x_i$ 不存在，则称 $f(x)$ 在 $[a,b]$ 上不可积.

定积分是一个常数，它的大小与被积函数及积分区间有关，与积分变量的记法无关，即

$$\int_a^b f(x)\mathrm{d}x = \int_a^b f(t)\mathrm{d}t = \int_a^b f(u)\mathrm{d}u.$$

二、可积的充分和必要条件

(1) 若函数 $f(x)$ 在 $[a,b]$ 上连续，则 $f(x)$ 在 $[a,b]$ 上可积.

(2) 若函数 $f(x)$ 在 $[a,b]$ 上仅有有限个间断点且有界，则 $f(x)$ 在 $[a,b]$ 上可积.

(3) 若函数 $f(x)$ 在 $[a,b]$ 上可积，则 $f(x)$ 在 $[a,b]$ 上有界.

三、定积分的几何意义

当 $f(x) \geqslant 0$ 时,定积分 $\int_a^b f(x)\mathrm{d}x$ 表示由曲线 $y = f(x)$,直线 $x = a$, $x = b$ 与 x 轴所围成的曲边梯形的面积.

四、定积分的性质

(1) $\int_a^b f(x)\mathrm{d}x = -\int_b^a f(x)\mathrm{d}x$, $\int_a^a f(x)\mathrm{d}x = 0$;

(2) $\int_a^b kf(x)\mathrm{d}x = k\int_a^b f(x)\mathrm{d}x$, $\int_a^b [f(x) \pm g(x)]\mathrm{d}x = \int_a^b f(x)\mathrm{d}x \pm \int_a^b g(x)\mathrm{d}x$;

(3) $\int_a^b f(x)\mathrm{d}x = \int_a^c f(x)\mathrm{d}x + \int_c^b f(x)\mathrm{d}x$;

(4) 若在 $[a, b]$ 上有 $f(x) \leqslant g(x)$,则

$$\int_a^b f(x)\mathrm{d}x \leqslant \int_a^b g(x)\mathrm{d}x, \quad \left| \int_a^b f(x)\mathrm{d}x \right| \leqslant \int_a^b | f(x) | \mathrm{d}x;$$

(5) 若在 $[a, b]$ 上 $f(x)$ 的最大值和最小值分别为 M 和 m,则

$$m(b - a) \leqslant \int_a^b f(x)\mathrm{d}x \leqslant M(b - a);$$

(6) 积分中值定理:若 $f(x)$ 在 $[a, b]$ 上连续,则至少存在一点 $\xi \in [a, b]$,使

$$\int_a^b f(x)\mathrm{d}x = f(\xi)(b - a) \quad (a \leqslant \xi \leqslant b),$$

$\dfrac{1}{b-a}\int_a^b f(x)\mathrm{d}x$ 称为 $f(x)$ 在 $[a, b]$ 上的平均值.

五、变限积分及其导数

设函数 $f(x)$ 在 $[a, b]$ 上连续,则 $\Phi(x) = \int_a^x f(t)\mathrm{d}t$ 在 $[a, b]$ 上可导,且

$$\Phi'(x) = \left[\int_a^x f(t)\mathrm{d}t \right]' = f(x), \ x \in [a, b].$$

设 $f(x)$ 是连续函数,$\varphi(x)$, $\psi(x)$ 是有界连续函数,则

$$\left[\int_a^{\varphi(x)} f(t)\mathrm{d}t \right]' = \varphi'(x)f[\varphi(x)],$$

$$\left[\int_{\psi(x)}^{\varphi(x)} f(t)\mathrm{d}t \right]' = \varphi'(x)f[\varphi(x)] - \psi'(x)f[\psi(x)].$$

六、原函数存在定理

设函数 $f(x)$ 在 $[a, b]$ 上连续,则函数 $\Phi(x) = \int_a^x f(t)\mathrm{d}t$ 就是 $f(x)$ 在 $[a, b]$ 上的一个原函数.

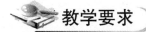 **教学要求**

➤ 了解定积分的定义及定积分的充分和必要条件,会用定积分的定义求简单函数的定积分.

➤ 了解定积分的几何意义.

➤ 理解定积分的性质,能利用定积分的性质求解相关问题.

➤ 掌握变限积分及其导数概念,会求变限积分的导数及相关内容.

重点例题

例 5 - 1 - 1 用定积分定义计算积分 $\int_0^1 x^2 \mathrm{d}x$.

解 设函数 $f(x) = x^2$,不妨把区间 $[0, 1]$ 分成 n 等份,每个小区间 $[x_{i-1}, x_i]$ 的长度为 $\Delta x_i = \dfrac{1}{n}$,分点 $x_i = \dfrac{i}{n}$. 不妨把 ξ_i 取在小区间 $[x_{i-1}, x_i]$ 的右端点,即 $\xi_i = x_i$,得到和式

$$\sum_{i=1}^n f(\xi_i) \Delta x_i = \sum_{i=1}^n \xi_i^2 \Delta x_i = \sum_{i=1}^n x_i^2 \Delta x_i = \sum_{i=1}^n \left(\frac{i}{n}\right)^2 \frac{1}{n} = \frac{1}{n^3} \sum_{i=1}^n i^2$$

$$= \frac{1}{n^3}(1^2 + 2^2 + 3^2 + \cdots + n^2) = \frac{1}{n^3} \frac{n(n+1)(2n+1)}{6}$$

$$= \frac{1}{6}\left(1 + \frac{1}{n}\right)\left(2 + \frac{1}{n}\right).$$

取

$$\lambda = \max_{1 \leqslant i \leqslant n} \{\Delta x_i\} = \frac{1}{n}, \lambda \to 0, n \to \infty,$$

$$\int_0^1 x^2 \mathrm{d}x = \lim_{\lambda \to 0} \sum_{i=1}^n \xi_i^2 \Delta x_i = \lim_{n \to \infty} \sum_{i=1}^n \left(\frac{i}{n}\right)^2 \frac{1}{n} = \lim_{n \to \infty} \frac{1}{6}\left(1 + \frac{1}{n}\right)\left(2 + \frac{1}{n}\right) = \frac{1}{3}.$$

【点评】 用定义求定积分时,应遵循:分割、求和、极限这三大步. 本例中,分割就是把 $[0, 1]$ 分成 n 等份,取 $\Delta x_i = \dfrac{1}{n}$,$x_i = \dfrac{i}{n}$,求和就是

$$\sum_{i=1}^n f(\xi_i) \Delta x_i = \sum_{i=1}^n \xi_i^2 \Delta x_i = \sum_{i=1}^n \left(\frac{i}{n}\right)^2 \frac{1}{n} = \frac{1}{6}\left(1 + \frac{1}{n}\right)\left(2 + \frac{1}{n}\right).$$

极限就是求出

$$\int_0^1 x^2 \mathrm{d}x = \lim_{\lambda \to 0} \sum_{i=1}^n \xi_i^2 \Delta x_i = \lim_{n \to \infty} \frac{1}{6}\left(1 + \frac{1}{n}\right)\left(2 + \frac{1}{n}\right) = \frac{1}{3}.$$

例 5 - 1 - 2 求 $\int_0^1 \sqrt{1 - x^2} \mathrm{d}x$ 满足积分中值定理的 ξ.

解 由积分中值定理得 $\int_0^1 \sqrt{1 - x^2} \mathrm{d}x = \sqrt{1 - \xi^2} \cdot 1 \quad (0 \leqslant \xi \leqslant 1)$.

由积分的几何意义得 $\int_0^1 \sqrt{1-x^2}\mathrm{d}x = \dfrac{\pi}{4}\cdot 1^2$,

则可得 $\sqrt{1-\xi^2} = \dfrac{\pi}{4},\ 1-\xi^2 = \dfrac{\pi^2}{16}$,

$$\xi^2 = \frac{16-\pi^2}{16},\ \xi = \frac{\sqrt{16-\pi^2}}{4} \in (0,\,1).$$

【点评】 积分中值定理 $\int_a^b f(x)\mathrm{d}x = f(\xi)(b-a)$ 中,中值 ξ 必须满足 $a\leqslant\xi\leqslant b$. 本例中 $0\leqslant\xi\leqslant 1$, 故 $\xi = -\dfrac{\sqrt{16-\pi^2}}{4}\notin(0,\,1)$ 舍去.

例 5 - 1 - 3 设 $F(x) = \displaystyle\int_{\frac{1}{x}}^{\sqrt{x}}\dfrac{t\sin t}{1+\cos^2 t}\mathrm{d}t\ (x>0)$, 求 $F'(x)$.

解 $F'(x) = \dfrac{\sqrt{x}\sin\sqrt{x}}{1+\cos^2(\sqrt{x})}\cdot\dfrac{1}{2\sqrt{x}} - \dfrac{\dfrac{1}{x}\sin\dfrac{1}{x}}{1+\cos^2\dfrac{1}{x}}\cdot\left(\dfrac{-1}{x^2}\right)$

$\qquad = \dfrac{\sin\sqrt{x}}{2[1+\cos^2(\sqrt{x})]} + \dfrac{1}{x^3}\cdot\dfrac{\sin\dfrac{1}{x}}{1+\cos^2\dfrac{1}{x}}.$

例 5 - 1 - 4 设 $F(x) = \displaystyle\int_0^{g(x)}\dfrac{1}{\sqrt{1+t^3}}\mathrm{d}t$, 其中 $g(x) = \displaystyle\int_0^{\cos x}[1+\sin(t^2)]\mathrm{d}t$, 求 $F'\left(\dfrac{\pi}{2}\right)$.

解 $F'(x) = \dfrac{g'(x)}{\sqrt{1+g^3(x)}}$, $g'(x) = [1+\sin(\cos^2 x)](-\sin x)$,

$\qquad F'(x) = \dfrac{1}{\sqrt{1+g^3(x)}}[1+\sin(\cos^2 x)](-\sin x)$,

$\qquad g\left(\dfrac{\pi}{2}\right) = \displaystyle\int_0^{\cos\frac{\pi}{2}}[1+\sin(t^2)]\mathrm{d}t = \int_0^0[1+\sin(t^2)]\mathrm{d}t = 0$,

$\qquad F'\left(\dfrac{\pi}{2}\right) = \dfrac{-\sin\dfrac{\pi}{2}}{\sqrt{1+g^3\left(\dfrac{\pi}{2}\right)}} = \dfrac{-1}{\sqrt{1+0}} = -1.$

【点评】 此题先求 $F'(x) = \dfrac{g'(x)}{\sqrt{1+g^3(x)}} = \dfrac{1}{\sqrt{1+g^3(x)}}[1+\sin(\cos^2 x)](-\sin x)$, 再得 $g\left(\dfrac{\pi}{2}\right) = 0$, 最后得 $F'\left(\dfrac{\pi}{2}\right) = \dfrac{-\sin\dfrac{\pi}{2}}{\sqrt{1+g^3\left(\dfrac{\pi}{2}\right)}} = \dfrac{-1}{\sqrt{1+0}} = -1.$

例 5 - 1 - 5 设 $f(x)$ 为连续函数, 且 $\displaystyle\int_0^{x^3-1}f(t)\mathrm{d}t = x$, 求 $f(7)$.

解 对方程两边的求导得 $f(x^3-1)\cdot 3x^2=1$，$f(x^3-1)=\dfrac{1}{3x^2}$.

令 $x^3-1=7$，则 $x=2$，$f(7)=\dfrac{1}{3\cdot 2^2}=\dfrac{1}{12}$.

【点评】 此题采用变限积分的导数，得到 $f(x^3-1)=\dfrac{1}{3x^2}$，再令 $x^3-1=7$，得到 $x=2$，最后得 $f(7)=\dfrac{1}{12}$.

例 5 - 1 - 6 $\displaystyle\lim_{x\to 0}\frac{\displaystyle\int_0^x t^2\,\mathrm{d}t}{\displaystyle\int_0^x(1-\cos t)\,\mathrm{d}t}$.

解 应用洛必达法则，知

$$\lim_{x\to 0}\frac{\displaystyle\int_0^x t^2\,\mathrm{d}t}{\displaystyle\int_0^x(1-\cos t)\,\mathrm{d}t}=\lim_{x\to 0}\frac{x^2}{1-\cos x}=\lim_{x\to 0}\frac{2x}{\sin x}=2.$$

例 5 - 1 - 7 求 $\displaystyle\lim_{x\to 0}\frac{\displaystyle\int_0^{\sin^2 x}\ln(1+t)\,\mathrm{d}t}{\mathrm{e}^{2x^2}-2\mathrm{e}^{x^2}+1}$.

解 原式为 $\dfrac{0}{0}$ 型，应用洛比达法则可得：

$$\lim_{x\to 0}\frac{\displaystyle\int_0^{\sin^2 x}\ln(1+t)\,\mathrm{d}t}{\mathrm{e}^{2x^2}-2\mathrm{e}^{x^2}+1}=\lim_{x\to 0}\frac{\ln(1+\sin^2 x)\cdot 2\sin x\cos x}{4x\mathrm{e}^{2x^2}-4x\mathrm{e}^{x^2}}=\lim_{x\to 0}\frac{\sin^2 x\cdot\sin 2x}{4x\mathrm{e}^{2x^2}-4x\mathrm{e}^{x^2}}$$

$$=\lim_{x\to 0}\frac{2x^3}{4x\mathrm{e}^{2x^2}-4x\mathrm{e}^{x^2}}=\lim_{x\to 0}\frac{x^2}{2\mathrm{e}^{2x^2}-2\mathrm{e}^{x^2}}$$

$$=\lim_{x\to 0}\frac{2x}{8x\mathrm{e}^{2x^2}-4x\mathrm{e}^{x^2}}=\lim_{x\to 0}\frac{2}{8\mathrm{e}^{2x^2}-4\mathrm{e}^{x^2}}=\frac{1}{2}.$$

【点评】 求定积分形式的极限时，一般用洛必达法则. 本例中，$\ln(1+\sin^2 x)$ 等价于 $\sin^2 x$，$\sin^2 x$ 等价于 x^2，故 $\ln(1+\sin^2 x)\cdot 2\sin x\cdot\cos x$ 等价于 $2x^3$.

例 5 - 1 - 8 证明：若 $f(x)>0$ 且为 $(0,+\infty)$ 上的连续函数，则当 $x>0$ 时，$F(x)=\dfrac{\displaystyle\int_0^x tf(t)\,\mathrm{d}t}{\displaystyle\int_0^x f(t)\,\mathrm{d}t}$ 为单调增加函数.

证明 $\displaystyle F'(x)=\frac{xf(x)\displaystyle\int_0^x f(t)\,\mathrm{d}t-f(x)\displaystyle\int_0^x tf(t)\,\mathrm{d}t}{\left[\displaystyle\int_0^x f(t)\,\mathrm{d}t\right]^2}=\frac{f(x)}{\left[\displaystyle\int_0^x f(t)\,\mathrm{d}t\right]^2}\left[x\int_0^x f(t)\,\mathrm{d}t-\int_0^x tf(t)\,\mathrm{d}t\right]$

$\displaystyle=\frac{f(x)}{\left[\displaystyle\int_0^x f(t)\,\mathrm{d}t\right]^2}\left[\int_0^x xf(t)\,\mathrm{d}t-\int_0^x tf(t)\,\mathrm{d}t\right]=\frac{f(x)}{\left[\displaystyle\int_0^x f(t)\,\mathrm{d}t\right]^2}\int_0^x(x-t)f(t)\,\mathrm{d}t.$

由于 $f(x)>0$，$x-t>0(x>t)$，$f(t)>0(t>0)$，所以 $F'(x)>0$，$0<x<+\infty$，故 $F(x)$ 在 $(0,+\infty)$ 单调增加.

例 5 - 1 - 9 设 $f(x)$ 在 $[0,1]$ 上连续，且 $f(x)<1$，$F(x)=(2x-1)-\int_0^x f(t)\mathrm{d}t$，证明 $F(x)$ 在 $(0,1)$ 内只有一个零点.

证明 先证 $F(x)=0$ 至少有一个实根.

因为 $F(x)$ 在 $[0,1]$ 上连续，

$$F(0)=-1<0,\ F(1)=1-\int_0^1 f(t)\mathrm{d}t>1-\int_0^1 1\mathrm{d}t=0,$$

所以由零点定理知，$F(x)=0$ 在 $(0,1)$ 内至少有一个实根.

又因为 $\qquad F'(x)=2-f(x)>0\ (f(x)<1)$，

所以 $F(x)$ 单调增加，故 $F(x)=0$ 在 $(0,1)$ 内只有一个实根.

综上所述：$F(x)$ 在 $(0,1)$ 内只有一个零点.

【点评】 证明方程 $F(x)=0$ 根唯一的问题，一般分两步，第一步由零点定理证明方程 $F(x)=0$ 至少有一个实根；第二步由单调性证明方程 $F(x)=0$ 只有唯一的根.

例 5 - 1 - 10 设 $f(x)$ 有一阶连续导数，求 $\dfrac{\mathrm{d}}{\mathrm{d}x}\int_a^x (x-t)f'(t)\mathrm{d}t$.

解 因为 $\qquad \displaystyle\int_a^x (x-t)f'(t)\mathrm{d}t=x\int_a^x f'(t)\mathrm{d}t-\int_a^x tf'(t)\mathrm{d}t$，

所以 $\dfrac{\mathrm{d}}{\mathrm{d}x}\displaystyle\int_a^x (x-t)f'(t)\mathrm{d}t=\int_a^x f'(t)\mathrm{d}t+xf'(x)-xf'(x)$

$$=\int_a^x f'(t)\mathrm{d}t=f(t)\Big|_a^x=f(x)-f(a).$$

【点评】 变限积分中同时有 x 和 t，必须注意 t 是积分变量，积分时 x 是常数，求导时 x 是变量. 先把 x 提到积分号外，再求导数.

课后习题

一、选择题

1. 若 $\dfrac{\mathrm{d}}{\mathrm{d}x}\displaystyle\int_0^{\mathrm{e}^{-x}} f(t)\mathrm{d}t=\mathrm{e}^x$，则 $f(x)=($ $\quad$).

A. $-x^{-2}$ $\qquad$ B. $-x^2$ $\qquad$ C. e^{-2x} $\qquad$ D. $-\mathrm{e}^{2x}$

2. 设圆 $x^2+y^2=a^2$，$a>0$ 所围成区域的面积为 S，则 $\displaystyle\int_{-a}^a \sqrt{a^2-x^2}\mathrm{d}x=($ $\quad$).

A. S $\qquad$ B. $\dfrac{1}{2}S$ $\qquad$ C. $\dfrac{1}{3}S$ $\qquad$ D. $\dfrac{1}{4}S$

3. 函数 $F(x)=\displaystyle\int_a^x f(t)\mathrm{d}t$ 在 $[a,b]$ 上可导的充分条件是 $f(x)$ 在 $[a,b]$ 上（ $\quad$ ）.

A. 有界 $\qquad\qquad\qquad\qquad$ B. 连续

C. 有定义 $\qquad\qquad\qquad\quad$ D. 仅有有限个间断点

4. $\dfrac{\mathrm{d}}{\mathrm{d}x}\displaystyle\int_a^b \arctan x\,\mathrm{d}x = ($　　$)$.

A. $\arctan x$ 　　　　　　　　　B. $\dfrac{1}{1+x^2}$

C. $\arctan b - \arctan a$ 　　　　D. 0

5. 设 $\displaystyle\int_0^x f(t)\,\mathrm{d}t = x\sin x$，则 $f(x) = ($　　$)$.

A. $\sin x + x\cos x$ 　　　　　　B. $\sin x - x\cos x$

C. $x\cos x - \sin x$ 　　　　　　D. $-(\sin x + x\cos x)$

6. 设 $f(x)$ 在 $[a,b]$ 上连续，$F(x)=\displaystyle\int_a^x f(t)\,\mathrm{d}t\,(a\leqslant x\leqslant b)$，则 $F(x)$ 是 $f(x)$ 的（　　）.

A. 全体原函数 　　　　　　　　B. 一个原函数

C. 在 $[a,b]$ 上的积分与一个常数之差　　D. 在 $[a,b]$ 上的定积分

7. 设 $f(x)$ 可导，且 $f(x)=1+\dfrac{1}{x}\displaystyle\int_1^x f(t)\,\mathrm{d}t$，则 $f'(x)=($　　$)$.

A. $-\dfrac{1}{x^2}\displaystyle\int_1^x f(t)\,\mathrm{d}t + \dfrac{f(x)}{x}$ 　　　B. $\dfrac{1}{x}f(x)$

C. $\dfrac{1}{x}$ 　　　　　　　　D. $\dfrac{f(x)}{x}-\displaystyle\int_1^x \dfrac{f(t)}{t^2}\,\mathrm{d}t$

8. 设 $y=\displaystyle\int_{x^2}^{x^3} f(t)\,\mathrm{d}t$，则 $\dfrac{\mathrm{d}y}{\mathrm{d}x}=($　　$)$.

A. $f(x)$ 　　　　　　　　　　B. $f(x^3)+f(x^2)$

C. $f(x^3)-f(x^2)$ 　　　　　　D. $3x^2 f(x^3)-2xf(x^2)$

二、填空题

1. 函数 $f(x)=\dfrac{\mathrm{e}^x}{\sqrt{2}}$ 在 $[0,1]$ 上的平均值是 _____ .

2. 定积分 $I_1=\displaystyle\int_0^2 \sqrt[3]{1+x^2}\,\mathrm{d}x$ 和 $I_2=\displaystyle\int_0^2 \sqrt[3]{1+\sin^2 x}\,\mathrm{d}x$ 的大小关系是 _____ .

3. 由定积分几何意义知 $\displaystyle\int_0^4 \sqrt{16-x^2}\,\mathrm{d}x=$ _____ .

4. 设函数 $F(x)=\displaystyle\int_{\sqrt{x}}^x (\sin t^4+\cos t)\,\mathrm{d}t$，则 $F'(x)=$ _____ .

5. $\dfrac{\mathrm{d}}{\mathrm{d}x}\displaystyle\int_0^{x^2} \sqrt{1+t^2}\,\mathrm{d}t=$ _____ .

6. 设 $\displaystyle\int_0^x f(x)\,\mathrm{d}x = a^{2x}$，则 $f(x)=$ _____ .

7. $\displaystyle\lim_{x\to 0}\dfrac{\displaystyle\int_0^x \sin 3x\,\mathrm{d}x}{x^2}=$ _____ .

8. $\displaystyle\lim_{x\to 0}\dfrac{\displaystyle\int_0^x \sin t^2\,\mathrm{d}t}{x-\sin x}=$ _____ .

三、解答题

1. 估计下列各积分的值：

(1) $\displaystyle\int_0^1 \frac{x^4}{\sqrt{1+x}}\mathrm{d}x$;

(2) $\displaystyle\int_{\frac{\pi}{4}}^{\frac{5\pi}{4}} (1+\sin^2 x)\mathrm{d}x$.

2. 求下列极限:

(1) $\displaystyle\lim_{x\to 0} \frac{\int_0^x (\cos t)(\sin t)\mathrm{d}t}{x^2}$;

(2) $\displaystyle\lim_{x\to 0} \frac{\int_0^x t\cos t\mathrm{d}t}{(\sin 4x)^2}$.

3. 求下列导数:

(1) $\displaystyle\frac{\mathrm{d}}{\mathrm{d}x}\int_{\sin x}^{\cos x} \cos(\pi t^2)\mathrm{d}t$;

(2) $\displaystyle\frac{\mathrm{d}}{\mathrm{d}x}\int_{x^2}^{x^3} \frac{1}{\sqrt{1+t^2}}\mathrm{d}t$;

(3) 设 $F(x)=\displaystyle\int_0^{x^2} \mathrm{e}^{t^2}\mathrm{d}t+\int_{x^2}^1 \mathrm{e}^{-t^2}\mathrm{d}t$,求 $F'(x)$;

(4) 设 $f(x)$ 在 $[a,b]$ 上连续,且 $F(x)=\displaystyle\int_a^x (x-t)f(t)\mathrm{d}t$,$x\in[a,b]$,试求 $F''(x)$.

四、证明题

设 $f(x)$ 在 $[a,b]$ 上连续,且 $f(x)>0$,$F(x)=\displaystyle\int_a^x f(t)\,\mathrm{d}t+\int_b^x \frac{\mathrm{d}t}{f(t)}$,$x\in[a,b]$.证明:

(1) $F'(x)\geqslant 2$;

(2) 方程 $F(x)=0$ 在 (a,b) 内有且仅有一个根.

📖 参考答案

一、1. A 2. B 3. B 4. D 5. A 6. B 7. A 8. D

二、1. $\dfrac{\mathrm{e}-1}{\sqrt{2}}$ 2. $I_1>I_2$ 3. 4π 4. $(\sin x^4+\cos x)-\dfrac{1}{2\sqrt{x}}(\sin x^2+\cos\sqrt{x})$ 5. $2x\sqrt{1+x^4}$

6. $2a^{2x}\ln a$ 7. $\dfrac{3}{2}$ 8. 2

三、1. (1) $0\leqslant\displaystyle\int_0^1 \frac{x^4}{\sqrt{1+x}}\mathrm{d}x\leqslant 1$ (2) $\pi\leqslant\displaystyle\int_{\frac{\pi}{4}}^{\frac{5\pi}{4}} (1+\sin^2 x)\mathrm{d}x\leqslant 2\pi$

2. (1) $\dfrac{1}{2}$ (2) $\dfrac{1}{32}$

3. (1) $-\sin x\cdot\cos(\pi\cos^2 x)-\cos x\cdot\cos(\pi\sin^2 x)$ (2) $\dfrac{3x^2}{\sqrt{1+x^6}}-\dfrac{2x}{\sqrt{1+x^4}}$ (3) $2x(\mathrm{e}^{x^4}-\mathrm{e}^{-x^4})$

(4) $F''(x)=f(x)$

四、提示:$F'(x)=f(x)+\dfrac{1}{f(x)}=\left(\sqrt{f(x)}-\dfrac{1}{\sqrt{f(x)}}\right)^2+2$,再由零点定理和单调性可得.

第二讲 定积分计算方法

💻 主要内容

一、牛顿-莱布尼茨公式

若函数 $f(x)$ 在 $[a,b]$ 上连续,$F(x)$ 是 $f(x)$ 在 $[a,b]$ 上的一个原函数,则有

$$\int_a^b f(x)\mathrm{d}x = F(b) - F(a).$$

若函数 $f(x)$ 在 $[a, b]$ 内有唯一间断点 x_0, $a < x_0 < b$, $f(x)$ 在 $[a, b]$ 上有界, 则利用积分可加性得

$$\int_a^b f(x)\mathrm{d}x = \int_a^{x_0} f(x)\mathrm{d}x + \int_{x_0}^b f(x)\mathrm{d}x.$$

二、定积分换元法

若函数 $f(x)$ 在 $[a, b]$ 上连续, $x = \varphi(t)$ 满足:

(1) $\varphi(\alpha) = a$, $\varphi(\beta) = b$;

(2) $\varphi(t)$ 在 $[\alpha, \beta]$ (或 $[\beta, \alpha]$) 上具有连续的导数, 且其值域不超出 $[a, b]$, 则

$$\int_a^b f(x)\mathrm{d}x = \int_\alpha^\beta f[\varphi(t)]\varphi'(t)\mathrm{d}t.$$

定积分换元法的注意事项:

① 定积分的换元法必须换限, 上限换上限, 下限换下限.

② 用定积分换元法时必须同时把微分 $\mathrm{d}x$ 换成 $\varphi'(t)\mathrm{d}t$.

③ 一般对带根号函数要用换元法, 换元后去掉根号.

④ 定积分方面的证明题大部分采用定积分换元法.

三、奇、偶函数在对称于原点的区间上的定积分

(1) 若函数 $f(x)$ 是 $[-a, a]$ 上连续的偶函数, 则 $\int_{-a}^a f(x)\mathrm{d}x = 2\int_0^a f(x)\mathrm{d}x$;

(2) 若函数 $f(x)$ 是 $[-a, a]$ 上连续的奇函数, 则 $\int_{-a}^a f(x)\mathrm{d}x = 0$.

四、定积分的分部积分法

$$\int_a^b f(x)\mathrm{d}x = \int_a^b uv'\mathrm{d}x = \int_a^b u\mathrm{d}v = uv\Big|_a^b - \int_a^b vu'\mathrm{d}x.$$

这里 $u = u(x)$, $v = v(x)$ 在 $[a, b]$ 上具有连续的导数, u 和 v 选择原则与不定积分类似.

教学要求

➤ 熟练掌握牛顿-莱布尼茨公式, 熟练掌握定积分的分部积分法, 会计算各种定积分.

➤ 掌握定积分的换元法, 能利用定积分换元法计算定积分和证明相关的问题.

➤ 了解函数的奇偶性在定积分中的性质, 会利用奇偶性计算有关的定积分.

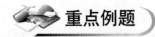 **重点例题**

例 5 - 2 - 1 计算定积分 $\int_{-1}^{1} f(x)\mathrm{d}x$, 其中 $f(x) = \begin{cases} x & x \geqslant 0 \\ \sin x & x < 0 \end{cases}$.

解 $\int_{-1}^{1} f(x)\mathrm{d}x = \int_{-1}^{0} \sin x\mathrm{d}x + \int_{0}^{1} x\mathrm{d}x$

$$= -\cos x \Big|_{-1}^{0} + \frac{1}{2}x^2 \Big|_{0}^{1} = -1 + \cos(-1) + \frac{1}{2} = \cos 1 - \frac{1}{2}.$$

【点评】 分段函数的定积分必须利用积分可加性, 此题应分成两段分别求积分.

例 5 - 2 - 2 计算定积分 $\int_{0}^{1} \frac{x}{\sqrt{3x+1}}\mathrm{d}x$.

解 设 $\sqrt{3x+1} = t$, $x = \frac{1}{3}(t^2-1)$, $\mathrm{d}x = \frac{2}{3}t\mathrm{d}t$.

当 $x = 0$ 时, $t = 1$; $x = 1$ 时, $t = 2$.

$$\int_{0}^{1} \frac{x}{\sqrt{3x+1}}\mathrm{d}x = \int_{1}^{2} \frac{\frac{1}{3}(t^2-1)}{t} \cdot \frac{2t}{3}\mathrm{d}t = \frac{2}{9}\int_{1}^{2}(t^2-1)\mathrm{d}t = \frac{2}{9}\left(\frac{1}{3}t^3-t\right)\Big|_{1}^{2}$$

$$= \frac{2}{9}\left[\left(\frac{1}{3}\cdot 8 - 2\right) - \left(\frac{1}{3}-1\right)\right] = \frac{8}{27}.$$

【点评】 此题还有另一种方法:

$$\int_{0}^{1} \frac{x}{\sqrt{3x+1}}\mathrm{d}x = \frac{1}{3}\int_{0}^{1}\frac{3x+1-1}{\sqrt{3x+1}}\mathrm{d}x = \frac{1}{3}\int_{0}^{1}\sqrt{3x+1}\mathrm{d}x - \frac{1}{3}\int_{0}^{1}\frac{1}{\sqrt{3x+1}}\mathrm{d}x$$

$$= \frac{2}{27}(3x+1)^{\frac{3}{2}}\Big|_{0}^{1} - \frac{2}{9}\sqrt{3x+1}\Big|_{0}^{1} = \frac{8}{27}.$$

例 5 - 2 - 3 计算定积分 $\int_{-1}^{1} \frac{x^3\cos x + x}{1+x^2}\mathrm{d}x$.

解 因为函数 $\dfrac{x^3\cos x + x}{1+x^2}$ 是以原点为中心点的区间 $[-1,1]$ 上的奇函数, 所以

$$\int_{-1}^{1} \frac{x^3\cos x + x}{1+x^2}\mathrm{d}x = 0.$$

【点评】 见到上、下限为相反数的定积分, 可查看被积函数中的奇函数部分, 其定积分等于零.

例 5 - 2 - 4 计算定积分 $\int_{\ln 3}^{\ln 8} \sqrt{\mathrm{e}^x+1}\mathrm{d}x$.

解 设 $\sqrt{\mathrm{e}^x+1} = t$, 则 $x = \ln(t^2-1)$, $\mathrm{d}x = \frac{2t}{t^2-1}\mathrm{d}t$.

$x = \ln 3$ 时, $t = 2$; $x = \ln 8$ 时, $t = 3$.

$$\int_{\ln 3}^{\ln 8} \sqrt{e^x+1}\,dx = \int_2^3 t \cdot \frac{2t}{t^2-1}\,dt = 2\int_2^3 \left(1+\frac{1}{t^2-1}\right)dt = 2+2\int_2^3 \frac{1}{t^2-1}\,dt$$

$$= 2+\int_2^3 \left(\frac{1}{t-1}-\frac{1}{t+1}\right)dt$$

$$= 2+\left[\ln(t-1)-\ln(t+1)\right]\Big|_2^3 = 2+\ln\frac{3}{2}.$$

【点评】 本题用第二类换元积分法求解,换元有三角换元或其他换元,换元的目的是去掉根式,注意换元必换限,换限后不必换回.

例 5-2-5 设 $f(x) = \begin{cases} \dfrac{1}{1+e^x} & x<0 \\[2mm] \dfrac{1}{1+x} & x\geqslant 0 \end{cases}$,求定积分 $\displaystyle\int_0^2 f(x-1)\,dx$.

解 令 $x-1=t$,则 $dx=dt$. $x=0,\ t=-1$; $x=2,\ t=1$.

$$\int_0^2 f(x-1)\,dx = \int_{-1}^1 f(t)\,dt = \int_{-1}^1 f(x)\,dx = \int_{-1}^0 \frac{1}{1+e^x}\,dx + \int_0^1 \frac{1}{1+x}\,dx$$

$$= \int_{-1}^0 \frac{1+e^x-e^x}{1+e^x}\,dx + \int_0^1 \frac{1}{1+x}\,d(1+x)$$

$$= x\Big|_{-1}^0 - \int_{-1}^0 \frac{1}{1+e^x}\,d(e^x+1) + \ln(1+x)\Big|_0^1$$

$$= 1-\ln(1+e^x)\Big|_{-1}^0 + \ln 2 = \ln(1+e).$$

【点评】 已知 $f(x)$ 的表达式,欲求 $\displaystyle\int_0^2 f(x-1)\,dx$ 时,一般先把 $f(x-1)$ 换成 $f(x)$,同时把积分限也相应变换,得到 $\displaystyle\int_{-1}^1 f(x)\,dx$ 后再代入积分.

例 5-2-6 计算定积分 $\displaystyle\int_0^1 x^2 e^{-x}\,dx$.

解 $$\int_0^1 x^2 e^{-x}\,dx = -\int_0^1 x^2\,de^{-x} = -x^2 e^{-x}\Big|_0^1 + \int_0^1 2x e^{-x}\,dx$$

$$= -e^{-1} - 2\int_0^1 x\,de^{-x} = -\frac{1}{e} - 2x e^{-x}\Big|_0^1 + \int_0^1 2e^{-x}\,dx$$

$$= -\frac{1}{e} - \frac{2}{e} - 2e^{-x}\Big|_0^1 = 2-\frac{5}{e}.$$

例 5-2-7 计算定积分 $\displaystyle\int_0^1 \frac{\arcsin\sqrt{x}}{\sqrt{x}}\,dx$.

解 $$\int_0^1 \frac{\arcsin\sqrt{x}}{\sqrt{x}}\,dx = 2\int_0^1 \arcsin\sqrt{x}\,d\sqrt{x}$$

$$= 2\sqrt{x}\cdot\arcsin\sqrt{x}\Big|_0^1 - 2\int_0^1 \sqrt{x}\cdot\frac{1}{\sqrt{1-x}}\cdot\frac{1}{2\sqrt{x}}\,dx$$

$$= 2 \times \frac{\pi}{2} + 2(1-x)^{\frac{1}{2}} \Big|_0^1 = \pi - 2.$$

【点评】 分部积分法是定积分中最常用方法,一般多项式函数、幂函数与指数函数、三角函数、反三角函数的乘积都采用分部积分法,但有时需把多项式函数、幂函数凑到微分中,有时需把指数函数、三角函数、反三角函数凑到微分中.

例 5 - 2 - 8 计算定积分 $\displaystyle\int_1^e \sin(\ln x)\mathrm{d}x$.

解 $\displaystyle\int_1^e \sin(\ln x)\mathrm{d}x = x\sin(\ln x)\Big|_1^e - \int_1^e \cos(\ln x)\mathrm{d}x$

$$= e\sin 1 - x\cos(\ln x)\Big|_1^e - \int_1^e \sin(\ln x)\mathrm{d}x$$

$$= e\sin 1 - e\cos 1 + 1 - \int_1^e \sin(\ln x)\mathrm{d}x.$$

移项后得 $\qquad 2\displaystyle\int_1^e \sin(\ln x)\mathrm{d}x = e(\sin 1 - \cos 1) + 1,$

所以 $\qquad \displaystyle\int_1^e \sin(\ln x)\mathrm{d}x = \frac{e}{2}(\sin 1 - \cos 1) + \frac{1}{2}.$

【点评】 利用分部积分法常碰到这种情况,二次用分部积分法后有

$$\int_a^b f(x)\mathrm{d}x = g(x_0) - \int_a^b f(x)\mathrm{d}x,$$

移项后便得 $\qquad \displaystyle\int_a^b f(x)\mathrm{d}x = \frac{1}{2}g(x_0).$

例 5 - 2 - 9 已知 $f(\pi) = 1$,且 $\displaystyle\int_0^\pi [f(x) + f''(x)]\sin x\mathrm{d}x = 3$,求 $f(0)$.

解 $\displaystyle\int_0^\pi [f(x) + f''(x)]\sin x\mathrm{d}x = \int_0^\pi f(x)\sin x\mathrm{d}x + \int_0^\pi f''(x)\sin x\mathrm{d}x.$

因为 $\displaystyle\int_0^\pi f''(x)\sin x\mathrm{d}x = \int_0^\pi \sin x\mathrm{d}f'(x) = \sin x \cdot f'(x)\Big|_0^\pi - \int_0^\pi f'(x)\cos x\mathrm{d}x$

$$= -\int_0^\pi \cos x\mathrm{d}f(x) = -f(x)\cdot\cos x\Big|_0^\pi - \int_0^\pi f(x)\sin x\mathrm{d}x$$

$$= f(\pi) + f(0) - \int_0^\pi f(x)\sin x\mathrm{d}x.$$

代入原式后,得

$$\int_0^\pi [f(x) + f''(x)]\sin x\mathrm{d}x = \int_0^\pi f(x)\sin x\mathrm{d}x + f(\pi) + f(0) - \int_0^\pi f(x)\sin x\mathrm{d}x$$

$$= f(\pi) + f(0) = 3.$$

又 $f(\pi) = 1$,所以 $f(0) = 2$.

【点评】 被积函数中含有抽象函数时,一般可考虑采用分部积分法.

例 5 - 2 - 10 设 $f(x)$ 为连续函数,试证明

$$\int_0^{\frac{\pi}{2}} f(\sin x)\mathrm{d}x = \int_0^{\frac{\pi}{2}} f(\cos x)\mathrm{d}x.$$

证明 设 $t = \frac{\pi}{2} - x$,则 $\mathrm{d}x = -\mathrm{d}t$. 当 $x = 0$ 时,$t = \frac{\pi}{2}$;当 $x = \frac{\pi}{2}$ 时,$t = 0$.

$$\int_0^{\frac{\pi}{2}} f(\sin x)\mathrm{d}x = \int_{\frac{\pi}{2}}^0 f\left[\sin\left(\frac{\pi}{2} - t\right)\right](-\mathrm{d}t) = -\int_{\frac{\pi}{2}}^0 f(\cos t)\mathrm{d}t$$

$$= \int_0^{\frac{\pi}{2}} f(\cos t)\mathrm{d}t = \int_0^{\frac{\pi}{2}} f(\cos x)\mathrm{d}x.$$

【点评】 当积分区间完全相同,要把被积函数中 $\sin x$ 变成 $\cos x$,自然联想到选择诱导公式,根据奇变偶不变的原则,用变换 $t = \frac{\pi}{2} - x$,这样方可达到目的.

例 5 - 2 - 11 设 $f(x)$ 为 $[a,b]$ 为连续函数,试证

$$\int_a^b f(x)\mathrm{d}x = \int_a^b f(a+b-x)\mathrm{d}x.$$

证明 设 $t = a+b-x$,则 $\mathrm{d}x = -\mathrm{d}t$. 当 $x = a$ 时,$t = b$;当 $x = b$ 时,$t = a$.

$$\int_a^b f(a+b-x)\mathrm{d}x = \int_b^a f(t) \cdot (-\mathrm{d}t) = \int_a^b f(t)\mathrm{d}t = \int_a^b f(x)\mathrm{d}x,$$

即

$$\int_a^b f(x)\mathrm{d}x = \int_a^b f(a+b-x)\mathrm{d}x.$$

例 5 - 2 - 12 设 $f(x)$ 在 $[-a,a]$ 连续,证明:$\int_{-a}^a f(x)\mathrm{d}x = \int_0^a [f(x) + f(-x)]\mathrm{d}x$,并由此计算 $\int_{-\frac{\pi}{2}}^{\frac{\pi}{2}} \frac{\sin^4 x}{1 + \mathrm{e}^{-x}}\mathrm{d}x$.

证明
$$\int_a^{-a} f(x)\mathrm{d}x = \int_{-a}^0 f(x)\mathrm{d}x + \int_0^a f(x)\mathrm{d}x.$$

对 $\int_{-a}^0 f(x)\mathrm{d}x$,令 $x = -t$,则 $\mathrm{d}x = -\mathrm{d}t$. $x = 0$ 时,$t = 0$;$x = -a$ 时,$t = a$.

$$\int_{-a}^0 f(x)\mathrm{d}x = \int_a^0 f(-t)(-\mathrm{d}t) = \int_0^a f(-t)\mathrm{d}t = \int_0^a f(-x)\mathrm{d}x,$$

所以
$$\int_a^{-a} f(x)\mathrm{d}x = \int_{-a}^0 f(x)\mathrm{d}x + \int_0^a f(x)\mathrm{d}x$$

$$= \int_0^a f(-x)\mathrm{d}x + \int_0^a f(x)\mathrm{d}x = \int_0^a [f(x) + f(-x)]\mathrm{d}x.$$

又
$$\int_{-\frac{\pi}{2}}^{\frac{\pi}{2}} \frac{\sin^4 x}{1 + \mathrm{e}^{-x}}\mathrm{d}x = \int_{-\frac{\pi}{2}}^{\frac{\pi}{2}} \frac{\mathrm{e}^x}{1 + \mathrm{e}^x}\sin^4 x\mathrm{d}x$$

$$= \int_0^{\frac{\pi}{2}} \left(\frac{\mathrm{e}^x}{1 + \mathrm{e}^x} + \frac{\mathrm{e}^{-x}}{1 + \mathrm{e}^{-x}}\right)\sin^4 x\mathrm{d}x$$

$$= \int_0^{\frac{\pi}{2}} \left(\frac{e^x}{1+e^x} + \frac{1}{1+e^x} \right) \sin^4 x dx$$

$$= \int_0^{\frac{\pi}{2}} \left(\frac{e^x+1}{1+e^x} \right) \sin^4 x dx$$

$$= \int_0^{\frac{\pi}{2}} \sin^4 x dx = \frac{3}{16}\pi.$$

【点评】 证明 $\int_a^{-a} f(x) dx = \int_0^a [f(x) + f(-x)] dx$ 后,

$$\int_{-\frac{\pi}{2}}^{\frac{\pi}{2}} \frac{\sin^4 x}{1+e^{-x}} dx = \int_0^{\frac{\pi}{2}} \left(\frac{e^x}{1+e^x} + \frac{e^{-x}}{1+e^{-x}} \right) \sin^4 x dx,$$

对 $\frac{e^{-x}}{1+e^{-x}}$ 分子和分母同乘 e^x,得 $\frac{1}{1+e^x}$,于是

$$\frac{e^x}{1+e^x} + \frac{e^{-x}}{1+e^{-x}} = \frac{e^x+1}{1+e^x} = 1,$$

所以 $\qquad \int_{-\frac{\pi}{2}}^{\frac{\pi}{2}} \frac{\sin^4 x}{1+e^{-x}} dx = \int_0^{\frac{\pi}{2}} \sin^4 x dx.$

例 5 - 2 - 13 证明:$\int_0^{\frac{\pi}{2}} \frac{\cos x}{\sin x + \cos x} dx = \frac{\pi}{4}.$

证明 因为 $\qquad \int_0^{\frac{\pi}{2}} \frac{\cos x}{\sin x + \cos x} dx = \int_0^{\frac{\pi}{2}} \frac{\sin x}{\sin x + \cos x} dx,$

所以 $\qquad 2\int_0^{\frac{\pi}{2}} \frac{\cos x}{\sin x + \cos x} dx = \int_0^{\frac{\pi}{2}} \frac{\cos x + \sin x}{\sin x + \cos x} dx = \int_0^{\frac{\pi}{2}} 1 dx = \frac{\pi}{2},$

故 $\qquad \int_0^{\frac{\pi}{2}} \frac{\cos x}{\sin x + \cos x} dx = \frac{\pi}{4}.$

例 5 - 2 - 14 证明:对任意自然数 n,不等式 $\int_0^1 \left| \frac{\cos nx}{x+1} \right| dx \leqslant \ln 2$ 成立.

证明 因为 $\qquad \left| \frac{\cos nx}{x+1} \right| \leqslant \left| \frac{1}{x+1} \right|,$

所以 $\qquad \int_0^1 \left| \frac{\cos nx}{x+1} \right| dx \leqslant \int_0^1 \left| \frac{1}{x+1} \right| dx = \int_0^1 \frac{1}{x+1} dx = \ln(x+1) \big|_0^1 = \ln 2.$

课后习题

一、选择题

1. 下列积分为零的是( ).

A. $\int 0 dx$

B. $\int_{-1}^1 (x+1)\sin x dx$

C. $\int_{-1}^1 \frac{1}{x^3} dx$

D. $\int_{-1}^1 \sqrt[3]{x} \cos x dx$

2. $\int_{-\frac{\pi}{2}}^{\frac{\pi}{2}} \sqrt{1 - \cos^2 x} \, \mathrm{d}x = ($ $)$.

A. 0   B. 1   C. 2   D. 4

3. 设函数 $f(x)$ 在 $[a, b]$ 上连续,则 $f(x)$ 为奇函数是积分 $\int_a^b f(x) \, \mathrm{d}x = 0$ 的(   ).

A. 必要条件   B. 充分条件

C. 充分必要条件   D. 既不是充分也不是必要条件

4. 已知 $\int_0^a x(2 - 3x) \, \mathrm{d}x = 2$,则常数 $a = ($ $)$.

A. 1   B. -1 C. 0   D. 2

5. 设 $\int_0^x f(t) \, \mathrm{d}t = \dfrac{x^4}{2}$,则 $\int_0^4 \dfrac{1}{\sqrt{x}} f(\sqrt{x}) \, \mathrm{d}x = ($ $)$.

A. 16   B. 8   C. 4   D. 2

6. 设函数 $f(x)$ 在 $[0, +\infty]$ 上连续,且 $I = \dfrac{1}{s} \int_0^{st} f\left(t + \dfrac{x}{s}\right) \mathrm{d}x \, (s < 0, t > 0)$,则 I 的值(   ).

A. 依赖于 s,不依赖于 t B. 依赖于 t 和 s

C. 依赖于 t,不依赖于 s D. 依赖于 s, t, x

7. 下列不等式正确的是(   ).

A. $\int_1^2 x^2 \, \mathrm{d}x < \int_2^3 x^2 \, \mathrm{d}x$ B. $\int_0^1 (1 - x) \, \mathrm{d}x < 0$

C. $\int_0^1 x^2 \, \mathrm{d}x < \int_0^1 x^3 \, \mathrm{d}x$ D. $\int_0^{\frac{\pi}{4}} \cos x \, \mathrm{d}x < \int_0^{\pi} \cos x \, \mathrm{d}x$

8. $\int_0^1 f'(2x) \, \mathrm{d}x = ($ $)$.

A. $2[f(2) - f(0)]$ B. $2[f(1) - f(0)]$

C. $\dfrac{1}{2}[f(2) - f(0)]$ D. $\dfrac{1}{2}[f(1) - f(0)]$

二、填空题

1. $\int_{-1}^1 |2x - 1| \, \mathrm{d}x = $ _____.

2. $\int_{-1}^1 (x + \cos x) \sqrt[3]{x} \, \mathrm{d}x = $ _____.

3. $\int_{-5}^5 \dfrac{x^2 \sin x}{1 + x^4} \, \mathrm{d}x = $ _____.

4. $\int_0^{\frac{\pi}{2}} |\sin x - \cos x| \, \mathrm{d}x = $ _____.

5. 设 $f(x)$ 在 $[-a, a]$ 上连续,则 $\int_{-a}^a \sin x \cdot [f(x) + f(-x)] \, \mathrm{d}x = $ _____.

6. $\int_{-\frac{1}{2}}^{\frac{1}{2}} \dfrac{x^2 \arcsin x + 1}{\sqrt{1 - x^2}} \, \mathrm{d}x = $ _____.

7. 设 $f(x) = \mathrm{e}^{-x}$,则 $\int_1^2 \dfrac{f'(\ln x)}{x} \, \mathrm{d}x = $ _____.

8. $\int_1^e \ln \dfrac{x}{2} \mathrm{d}x = $ _____ .

三、解答题

1. 求下列定积分：

(1) $\int_0^{\frac{\pi}{2}} \sin\varphi\cos^3\varphi\,\mathrm{d}\varphi$；

(2) $\int_0^{\frac{\pi}{2}} \sin^4 x\,\mathrm{d}x$；

(3) $\int_3^5 \dfrac{\mathrm{d}x}{x^2-x-2}$；

(4) $\int_{\frac{1}{\sqrt{3}}}^{\sqrt{3}} \dfrac{\mathrm{d}x}{1+x^2}$；

(5) $\int_0^1 \dfrac{\mathrm{d}x}{\sqrt{4-x^2}}$；

(6) $\int_0^1 \dfrac{1-x}{\sqrt{x}+1}\mathrm{d}x$；

(7) $\int_1^4 \dfrac{\sqrt{x-1}}{x}\mathrm{d}x$；

(8) $\int_0^e x\ln(1+x)\mathrm{d}x$；

(9) $\int_0^1 x\arctan x\,\mathrm{d}x$；

(10) $\int_1^2 \dfrac{\ln x}{\sqrt{x}}\mathrm{d}x$；

(11) $\int_{-\frac{\pi}{2}}^{\frac{\pi}{2}} \sqrt{\cos x-\cos^3 x}\,\mathrm{d}x$；

(12) $\int_{-1}^1 \dfrac{x^3\cos x+x^2}{1+x^2}\mathrm{d}x$；

(13) $\int_0^4 e^{\sqrt{x}}\mathrm{d}x$；

(14) $\int_0^{\frac{3}{4}\pi} \sqrt{1+\cos 2x}\,\mathrm{d}x$；

(15) $\int_0^{\sqrt{2}} \sqrt{2-x^2}\,\mathrm{d}x$；

(16) $\int_{\frac{1}{\pi}}^{\frac{2}{\pi}} \dfrac{1}{x^2}\cos\dfrac{1}{x}\mathrm{d}x$；

(17) $\int_{\frac{1}{e}}^{e} |\ln x|\,\mathrm{d}x$.

2. 求下列各题：

(1) 设 $\int_0^x tf(t)\mathrm{d}t = x\ln x$，求 $\int_1^e f(x)\mathrm{d}x$；

(2) 求 $\int_0^2 f(x)\mathrm{d}x$，其中 $f(x) = \begin{cases} x+1 & x\leqslant 1 \\ \dfrac{1}{2}x^2 & x>1 \end{cases}$；

(3) 设 $f(x) = \begin{cases} \sqrt{x} & x\geqslant 0 \\ \dfrac{1}{3+x} & x<0 \end{cases}$，求 $\int_0^2 f(x-1)\mathrm{d}x$；

(4) 设 $f(x)$ 为已知函数，求 $\int_1^2 \dfrac{f'(x)}{1+f^2(x)}\mathrm{d}x$；

(5) 设 $f(2x+1) = xe^x$，求 $\int_3^5 f(t)\mathrm{d}t$；

(6) 设连续函数 $f(x)$ 满足 $f(x) = \ln x - \int_1^e f(x)\mathrm{d}x$，求 $f(x)$.

四、证明题

1. 设 $F(x) = \int_0^x f(t)\mathrm{d}t$，$f(x)$ 是连续函数，证明：(1) 当 $f(x)$ 为奇函数时，$F(x)$ 为偶函数；(2) 当 $f(x)$ 为偶函数时，$F(x)$ 为奇函数.

2. 证明：$\int_0^1 \dfrac{\mathrm{d}x}{\arccos x} = \int_0^{\frac{\pi}{2}} \dfrac{\sin x}{x}\mathrm{d}x$.

3. 设 $f(n)=\int_0^{\frac{\pi}{4}}\tan^n x\,\mathrm{d}x$，证明：$f(3)+f(5)=\dfrac{1}{4}$.

4. 证明：若 $f''(x)$ 为 $[a,b]$ 上连续函数，$a<b$，则

$$\int_a^b xf''(x)\mathrm{d}x=[bf'(b)-f(b)]-[af'(a)-f(a)].$$

参考答案

一、1. D 2. C 3. D 4. B 5. A 6. C 7. A 8. C

二、1. $\dfrac{5}{2}$ 2. $\dfrac{6}{7}$ 3. 0 4. $2\sqrt{2}-2$ 5. 0 6. $\dfrac{\pi}{3}$ 7. $-\dfrac{1}{2}$ 8. $1+\ln 2-\mathrm{e}\ln 2$

三、1. (1) $\dfrac{1}{4}$ (2) $\dfrac{3\pi}{16}$ (3) $\dfrac{1}{3}\ln 2$ (4) $\dfrac{\pi}{6}$ (5) $\dfrac{\pi}{6}$ (6) $\dfrac{1}{3}$ (7) $2\sqrt{3}-\dfrac{2\pi}{3}$ (8) $\dfrac{1}{2}\mathrm{e}^2\ln(1+\mathrm{e})-$
$\dfrac{1}{2}\ln(1+\mathrm{e})-\dfrac{1}{4}\mathrm{e}^2+\dfrac{1}{2}\mathrm{e}$ (9) $\dfrac{\pi}{4}-\dfrac{1}{2}$ (10) $2\sqrt{2}\ln 2-4\sqrt{2}+4$ (11) $\dfrac{4}{3}$ (12) $2-\dfrac{\pi}{2}$ (13) $2\mathrm{e}^2+2$
(14) $2\sqrt{2}-1$ (15) $\dfrac{\pi}{2}$ (16) -1 (17) $\mathrm{e}-(\mathrm{e}-1)\ln 2$

2. (1) $\dfrac{3}{2}$ (2) $\dfrac{8}{3}$ (3) $\ln\dfrac{3}{2}+\dfrac{2}{3}$ (4) $\arctan f(2)-\arctan f(1)$ (5) $2\mathrm{e}^2$ (6) $\ln x-\dfrac{1}{\mathrm{e}}$

四、1. 提示：用奇偶性定义.

2. 提示：$\arccos x=t,\ x=\cos t$.

3. 提示：$f(3)+f(5)=\int_0^{\frac{\pi}{4}}\tan^3 x(1+\tan^2 x)\mathrm{d}x$.

4. 提示：$\int_a^b xf''(x)\mathrm{d}x=\int_a^b x\mathrm{d}f'(x)$，再用分部积分法.

第三讲　反常积分

主要内容

一、无穷区间的反常积分概念

设函数 $f(x)$ 在对应区间上连续，则无穷区间的反常积分有三种：

$$\int_a^{+\infty}f(x)\mathrm{d}x,\ \int_{-\infty}^b f(x)\mathrm{d}x,\ \int_{-\infty}^{+\infty}f(x)\mathrm{d}x.$$

若反常积分 $\displaystyle\int_a^{+\infty}f(x)\mathrm{d}x=\lim_{b\to+\infty}\int_a^b f(x)\mathrm{d}x,\ \int_{-\infty}^b f(x)\mathrm{d}x=\lim_{a\to-\infty}\int_a^b f(x)\mathrm{d}x$ 的极限存在，则称反常积分收敛；若极限不存在，则称反常积分发散.

若反常积分 $\displaystyle\int_{-\infty}^{+\infty}f(x)\mathrm{d}x=\int_a^{+\infty}f(x)\mathrm{d}x+\int_{-\infty}^a f(x)\mathrm{d}x$ 的两个极限都存在，则称反常积分收敛；若反常积分的两个极限中至少有一个发散，则称反常积分发散.

二、无穷区间的反常积分重要公式

$$\int_a^{+\infty} \frac{1}{x^p} dx = \begin{cases} +\infty & p \leqslant 1 \\ \dfrac{a^{1-p}}{p-1} & p > 1 \end{cases}.$$

三、无界函数的反常积分概念

(1) 设函数 $f(x)$ 在区间 $(a, b]$ 上连续，a 为 $f(x)$ 的无穷间断点，则称 $\int_a^b f(x)dx$ 为无界函数的反常积分.

(2) 设函数 $f(x)$ 在区间 $[a, b)$ 上连续，b 为 $f(x)$ 的无穷间断点，则称 $\int_a^b f(x)dx$ 为无界函数的反常积分.

(3) 设函数 $f(x)$ 在区间 $[a, b]$ 上除点 c 外都连续，$a < c < b$，c 为 $f(x)$ 无穷间断点，则称 $\int_a^b f(x)dx$ 为无界函数的反常积分.

若反常积分 $\int_a^b f(x)dx = \lim\limits_{t \to a^+} \int_t^b f(x)dx$，$\int_a^b f(x)dx = \lim\limits_{t \to b^-} \int_a^t f(x)dx$ 的极限存在，则称反常积分收敛；若反常积分的极限不存在，则称反常积分发散.

若反常积分 $\int_a^b f(x)dx = \int_a^c f(x)dx + \int_c^b f(x)dx$ 的两个极限都存在，则称反常积分收敛；若反常积分的两个极限中至少有一个发散，则称反常积分发散.

四、无界函数的反常积分重要公式

$$\int_a^b \frac{1}{(x-a)^p} dx = \begin{cases} +\infty & p \geqslant 1 \\ \dfrac{(b-a)^{1-p}}{1-p} & p < 1 \end{cases}.$$

教学要求

➤ 掌握两类反常积分收敛与发散的概念及计算公式.

➤ 能直接判断 $\int_a^{+\infty} \dfrac{dx}{x^p}$ 与 $\int_a^b \dfrac{1}{(x-a)^p}dx$ 何时收敛、何时发散.

重点例题

例 5-3-1 计算反常积分 $\int_0^{+\infty} e^{-2x}dx$.

解 $\int_0^{+\infty} e^{-2x}dx = \lim\limits_{b \to +\infty} \int_0^b e^{-2x}dx = -\dfrac{1}{2} \lim\limits_{b \to +\infty} \int_0^b e^{-2x}d(-2x)$

$$=-\frac{1}{2}\lim_{b\to+\infty}e^{-2x}\Big|_0^b=-\frac{1}{2}\lim_{b\to+\infty}e^{-2b}+\frac{1}{2}=\frac{1}{2},$$

该反常积分收敛.

例 5 - 3 - 2　计算反常积分 $\int_e^{+\infty}\frac{1}{x(\ln x)^2}dx$.

解　$\int_e^{+\infty}\frac{1}{x(\ln x)^2}dx=\int_e^{+\infty}\frac{1}{(\ln x)^2}d(\ln x)=-\frac{1}{\ln x}\Big|_e^{+\infty}=0-(-1)=1,$

该反常积分收敛.

【点评】　计算无穷区间的反常积分的计算形式有两种,一种是 $\int_0^{+\infty}f(x)dx=\lim_{b\to+\infty}\int_0^b f(x)dx$,另一种是 $\int_0^{+\infty}f(x)dx=F(x)\Big|_0^{+\infty}$,例 5 - 3 - 1 采用了第一种形式,例 5 - 3 - 2 采用了第二种形式,但本质都是求 $x\to+\infty$ 时的极限.

例 5 - 3 - 3　讨论反常积分 $\int_0^{+\infty}e^{-x}\sin x dx$ 的收敛性.

解　因为 $\int e^{-x}\sin x dx=-\frac{e^{-x}}{2}(\sin x+\cos x)+C,$

所以　　　$\int_0^{+\infty}e^{-x}\sin x dx=\lim_{b\to+\infty}-\frac{e^{-x}}{2}(\sin x+\cos x)\Big|_0^b$

$$=\lim_{b\to+\infty}\left[-\frac{e^{-b}}{2}(\sin b+\cos b)+\frac{1}{2}\right]$$

$$=-\lim_{b\to+\infty}\left(\frac{\sin b+\cos b}{2e^b}\right)+\frac{1}{2}$$

$$=0+\frac{1}{2}=\frac{1}{2}.$$

该反常积分收敛.

例 5 - 3 - 4　证明反常积分 $\int_a^b\frac{dx}{(x-a)^q}$ 当 $q<1$ 时,收敛;当 $q\geqslant 1$ 时,发散.

证明　当 $q=1$ 时,

$$\int_a^b\frac{dx}{(x-a)^q}=\lim_{\varepsilon\to0^+}\int_{a+\varepsilon}^b\frac{dx}{x-a}=\lim_{\varepsilon\to0^+}\left[\ln(x-a)\right]_{a+\varepsilon}^b=\lim_{\varepsilon\to0^+}[\ln(b-a)-\ln\varepsilon]=+\infty.$$

当 $q\neq 1$ 时,

$$\int_a^b\frac{dx}{(x-a)^q}=\lim_{\varepsilon\to0^+}\int_{a+\varepsilon}^b\frac{dx}{(x-a)^q}=\lim_{\varepsilon\to0^+}\left[\frac{(x-a)^{1-q}}{1-q}\right]_{a+\varepsilon}^b=\begin{cases}\frac{(b-a)^{1-q}}{1-q}&q<1\\+\infty&q>1\end{cases}.$$

所以,当 $q<1$ 时,该反常积分收敛,其值为 $\frac{(b-a)^{1-q}}{1-q}$;当 $q\geqslant 1$ 时,该反常积分发散.

【点评】　对无界函数的反常积分也可用极限和定积分相结合的方法,如上限 b 是无穷间断点,则 $\lim\limits_{\varepsilon\to 0^+}\int_a^{b-\varepsilon}f(x)\mathrm{d}x$, 如下限 a 是无穷间断点,则 $\lim\limits_{\varepsilon\to 0^+}\int_{a+\varepsilon}^b f(x)\mathrm{d}x$.

例 5 - 3 - 5 计算反常积分 $\displaystyle\int_0^{+\infty}\frac{\mathrm{d}x}{\sqrt{x(x+1)^3}}$.

解 积分上限为 $+\infty$,下限 $x=0$ 为被积函数的无穷间断点.

令 $\sqrt{x}=t$, 则 $x=t^2$, 当 $x\to 0^+$ 时, $t\to 0$; 当 $x\to +\infty$ 时, $t\to +\infty$, 所以

$$\int_0^{+\infty}\frac{\mathrm{d}x}{\sqrt{x(x+1)^3}}=\int_0^{+\infty}\frac{2t\mathrm{d}t}{t(t^2+1)^{\frac{3}{2}}}=2\int_0^{+\infty}\frac{\mathrm{d}t}{(t^2+1)^{\frac{3}{2}}}.$$

再令 $t=\tan u$, 则 $u=\arctan t$, 当 $t=0$ 时, $u=0$; 当 $t\to +\infty$ 时, $u\to\dfrac{\pi}{2}$, 所以

$$\int_0^{+\infty}\frac{\mathrm{d}x}{\sqrt{x(x+1)^3}}=2\int_0^{\frac{\pi}{2}}\frac{\sec^2 u\mathrm{d}u}{\sec^3 u}=2\int_0^{\frac{\pi}{2}}\cos u\mathrm{d}u=2.$$

该反常积分收敛.

【点评】 此积分又是无穷区间,又是无界函数.通过变换 $x=\sqrt{t}$, 变成有界函数,再通过变换 $t=\tan u$, 变成有限区间,最后该反常积分收敛.

课后习题

一、选择题

1. 若反常积分 $\displaystyle\int_0^{+\infty}a\mathrm{e}^{-\sqrt{x}}\mathrm{d}x=1$, 则 $a=($).

A. 1   B. 2   C. $\dfrac{1}{2}$ D. $-\dfrac{1}{2}$

2. 下列反常积分收敛的是( ).

A. $\displaystyle\int_1^{+\infty}\frac{1}{x^3}\mathrm{d}x$ B. $\displaystyle\int_1^{+\infty}\cos x\mathrm{d}x$ C. $\displaystyle\int_1^{+\infty}\ln x\mathrm{d}x$ D. $\displaystyle\int_1^{+\infty}\mathrm{e}^x\mathrm{d}x$

3. 下列反常积分中发散的是( ).

A. $\displaystyle\int_0^{+\infty}\mathrm{e}^{-ax}\mathrm{d}x(a>0)$ B. $\displaystyle\int_0^1\frac{\mathrm{d}x}{\sqrt{x}}$

C. $\displaystyle\int_0^1\frac{x}{\sqrt{1-x^2}}\mathrm{d}x$ D. $\displaystyle\int_1^2\frac{x}{x-1}\mathrm{d}x$

4. 对于反常积分 $\displaystyle\int_0^1\frac{1}{x^p}\mathrm{d}x(p>0)$, 下列说法正确的是( ).

A. 当 $p\geqslant 1$ 时收敛,当 $p<1$ 时发散

B. 当 $p\geqslant 1$ 时发散,当 $p<1$ 时收敛

C. 当 $p\leqslant 1$ 时发散,当 $p>1$ 时收敛

D. 当 $p>1$ 时发散,当 $p\leqslant 1$ 时收敛

5. 设反常积分 $\displaystyle\int_0^1\frac{\mathrm{d}x}{x^k}(k>0)$ 收敛,则( ).

A. $k \geqslant 1$ B. $k > 1$ C. $k \leqslant 1$ D. $k < 1$

二、填空题

1. 反常积分 $\int_0^{+\infty} x e^{-x^2} dx$ 是收敛的，它的值为_____.

2. 已知反常积分 $\int_a^b \dfrac{dx}{(x-a)^q}(q>0)$ 收敛，则 q 满足的条件是_____.

3. 当 k 满足条件_____时，反常积分 $\int_2^{+\infty} \dfrac{dx}{x(\ln x)^k}$ 收敛.

4. 反常积分 $\int_0^1 \dfrac{dx}{\sqrt{x}}$ 是_____的(填"收敛"或"发散").

5. 反常积分 $\int_0^{+\infty} \cos x dx$ 是_____的(填"收敛"或"发散").

三、解答题

1. 求 $\int_1^{+\infty} \dfrac{1}{x(x+1)} dx$.

2. 求 $\int_{-\infty}^{+\infty} \dfrac{dx}{x^2+2x+2}$.

3. 求 $\int_0^{+\infty} e^{-x} \cos x dx$.

4. 求 $\int_1^{+\infty} \dfrac{dx}{x^2(1+x^2)}$.

5. 求 $\int_0^1 \dfrac{x}{\sqrt{1-x^2}} dx$.

6. 求 $\int_1^e \dfrac{dx}{x \sqrt{1-(\ln x)^2}}$.

📖 参考答案

一、1. D 2. A 3. D 4. B 5. D

二、1. $\dfrac{1}{2}$ 2. $0<q<1$ 3. $k>1$ 4. 收敛 5. 发散

三、1. $\ln 2$ 2. π 3. $\dfrac{1}{2}$ 4. $1-\dfrac{\pi}{4}$ 5. 1 6. $\dfrac{\pi}{2}$

第六章

定积分的应用

第一讲　定积分的几何应用

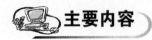

一、定积分元素法

设变量 u 是某个物理量，u 在区间 $[a, b]$ 上有定义，du 是 u 在微小区间 $[u_{i-1}, u_i] \subset [a, b]$ 上的微元素，则物理量 $u = \int_a^b du$.

当变量 u 是面积，则 du 是面积元素；

当变量 u 是体积，则 du 是体积元素；

当变量 u 是外力所做的功，则 du 是功元素；

当变量 u 是水压力，则 du 是水压力元素.

二、求面积

1. 直角坐标系

面积元素：$dA = | f(x) - g(x) | dx$ 或 $dA = | f(y) - g(y) | dy$.

曲线 $y = f(x)$，$y = g(x)$ 及直线 $x = a$，$x = b$ 所围面积：$A = \int_a^b | f(x) - g(x) | dx$.

曲线 $x = f(y)$，$x = g(y)$ 及直线 $y = a$，$y = b$ 所围面积：$A = \int_a^b | f(y) - g(y) | dy$.

2. 极坐标系

面积元素：$dA = \dfrac{1}{2} [r(\theta)]^2 d\theta = \dfrac{1}{2} r^2(\theta) d\theta$.

曲线 $r = r(\theta)$，直线 $\theta = \alpha$，$\theta = \beta$ 所围面积：$A = \dfrac{1}{2} \int_\alpha^\beta r^2(\theta) d\theta$.

三、求体积

1. 旋转体的体积

体积元素：$dV = \pi [f(x)]^2 dx$ 或 $dV = \pi [\varphi(y)]^2 dy$.

曲线 $y = f(x)$，直线 $x = a$，$x = b$ 及 x 轴所围成的曲边梯形绕 x 轴旋转一周而成的旋转体的体积：$V_x = \pi \int_a^b [f(x)]^2 \mathrm{d}x$.

曲线 $x = \varphi(y)$，直线 $y = c$，$y = d$ 及 y 轴所围成的曲边梯形绕 y 轴旋转一周而成的旋转体的体积：$V_y = \pi \int_c^d [\varphi(y)]^2 \mathrm{d}y$.

空心旋转体的体积：$V = V_{大} - V_{小}$.

2. 平行截面面积已知的立体的体积

某立体在过点 $x = a$，$x = b$ 且垂直于 x 轴的两个平面之间，$A(x)$ 表示过点 x 且垂直于 x 轴的截面面积，则体积元素：$\mathrm{d}V = A(x)\mathrm{d}x$，该立体的体积为 $V = \int_a^b A(x)\mathrm{d}x$.

四、求平面曲线的弧长

弧长元素：
$$\mathrm{d}s = \sqrt{(\mathrm{d}x)^2 + (\mathrm{d}y)^2}.$$

曲线 $y = f(x)$ 在 $[a, b]$ 上具有一阶导数，则曲线的弧长

$$s = \int_a^b \sqrt{1 + [f'(x)]^2}\,\mathrm{d}x.$$

曲线的极坐标方程为 $\rho = \rho(\theta)$，ρ 在 $[\alpha, \beta]$ 上具有一阶导数，则曲线的弧长

$$s = \int_\alpha^\beta \sqrt{\rho^2 + (\rho')^2}\,\mathrm{d}\theta.$$

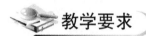 **教学要求**

➢ 了解定积分的元素法，掌握定积分在几何中的应用方法.

➢ 熟练掌握计算各种平面图形的面积.

➢ 熟练掌握旋转体的体积计算方法，会求绕 x 轴、绕 y 轴旋转而成的空心旋转体的体积.

➢ 了解求平行截面面积已知的立体的体积的方法.

➢ 了解平面曲线的弧长的计算方法.

重点例题

例 6 - 1 - 1 求曲线 $\sqrt{x} + \sqrt{y} = 1$ 与两坐标轴所围成的图形的面积.

解 $x \geqslant 0$，$y \geqslant 0$，曲线在第一象限.

当 $x = 0$，$y = 1$；$x = 1$，$y = 0$；$x = \dfrac{1}{4}$，$y = \dfrac{1}{4}$.

面积元素：
$$\mathrm{d}A = y\mathrm{d}x = (1 - \sqrt{x})^2 \mathrm{d}x,$$

$$A = \int_0^1 dA = \int_0^1 (1-\sqrt{x})^2 dx.$$

$$= \int_0^1 (1+x-2\sqrt{x})dx = \left(x+\frac{x^2}{2}-\frac{4}{3}x^{\frac{3}{2}}\right)\Big|_0^1 = \frac{1}{6}.$$

例 6-1-2 求抛物线 $y^2 = \frac{x}{2}$ 与直线 $x-2y=4$ 所围平面图形的面积(如图 6-1).

解 $\begin{cases} x=2y^2 \\ x=4+2y \end{cases}$ 得交点为 $(2,-1)$ 或 $(8,2)$.

对 y 积分,面积元素 $dA = [(4+2y)-2y^2]dy$,

$$A = \int_{-1}^2 dA = \int_{-1}^2 [(4+2y)-2y^2]dy$$

$$= 4y\Big|_{-1}^2 + y^2\Big|_{-1}^2 - \frac{2}{3}y^3\Big|_{-1}^2$$

$$= 12+3-6 = 9.$$

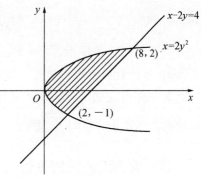

图 6-1

【点评】 此例如对 x 积分,则应以 $x=2$ 为分界线,分成 $x \in [0,2]$, $x \in [2,8]$ 两部分,比较繁琐.

例 6-1-3 设常数 $m<0$ 时,曲线 $y=x-x^2$ 与直线 $y=mx$ 围成的面积为 36,试求常数 m 的值.

解 解方程组 $\begin{cases} y=x-x^2 \\ y=mx \end{cases}$ 得交点坐标 $(0,0)$,$(1-m,m-m^2)$.

由题意得 $\int_0^{1-m}[(x-x^2)-mx]dx = 36$,

$$\int_0^{1-m}[(x-x^2)-mx]dx = (1-m)\cdot\frac{x^2}{2}\Big|_0^{1-m} - \frac{x^3}{3}\Big|_0^{1-m} = \frac{(1-m)^3}{2} - \frac{(1-m)^3}{3} = 36.$$

$$\frac{(1-m)^3}{6} = 36, (1-m)^3 = 6^3, 1-m = 6, m = -5,$$

即 $m=-5$ 时,曲线 $y=x-x^2$ 与直线 $y=mx$ 围成的面积为 36.

例 6-1-4 用极坐标计算:曲线 $x = \sqrt{4y-y^2}$, $y = \sqrt{3}x$ 所围平面图形的面积.

解 利用极坐标,$x = r\cos\theta$, $y = r\sin\theta$,

$$x = \sqrt{4y-y^2} \text{ 可转化为 } r^2 = 4r\sin\theta, r = 4\sin\theta.$$

$$y = \sqrt{3}x, \frac{y}{x} = \sqrt{3} \text{ 可转化成 } \tan\theta = \sqrt{3}, \theta = \frac{\pi}{3}.$$

面积元素: $\quad dA = \frac{1}{2}r^2(\theta)d\theta = \frac{1}{2}(4\sin\theta)^2 d\theta$,

即 $\quad A = \int_0^{\frac{\pi}{3}} dA = \frac{1}{2}\int_0^{\frac{\pi}{3}}(4\sin\theta)^2 d\theta = 8\int_0^{\frac{\pi}{3}}\sin^2\theta d\theta = 8\int_0^{\frac{\pi}{3}}\frac{1-\cos 2\theta}{2}d\theta$

$$= 4\left(\theta\Big|_0^{\frac{\pi}{3}} - \frac{1}{2}\sin 2\theta\Big|_0^{\frac{\pi}{3}}\right) = 4\left(\frac{\pi}{3} - \frac{1}{2}\sin\frac{2}{3}\pi\right) = \frac{4}{3}\pi - \sqrt{3}.$$

例 6 - 1 - 5 如图 6 - 2 所示,设平面图形由曲线 $y = \ln x$ 和通过该曲线上点 $(e, 1)$ 的切线和 x 轴所围成.(1) 求此平面图形的面积;(2) 求此平面图形绕 y 轴旋转的旋转体体积.

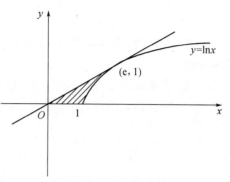

图 6 - 2

解 (1) 求过点 $(e, 1)$ 曲线 $y = \ln x$ 的切线方程

$$y' = \frac{1}{x},\ y'(e) = \frac{1}{e},$$

切线方程 $y - 1 = \frac{1}{e}(x - e)$,即 $y = \frac{1}{e}x$.

对 y 积分,面积元素: $dA = |e^y - ey|\, dy.$

面积:$A = \int_0^1 dA = \int_0^1 (e^y - e \cdot y) dy = \left(e^y - \frac{e}{2}y^2\right)\Big|_0^1 = \frac{e}{2} - 1.$

(2) 绕 y 轴旋转须对 y 积分,这是一个空心旋转体,体积元素:

$$dV_y = \pi[(e^y)^2 - (ey)^2]dy = \pi(e^{2y} - e^2 \cdot y^2)dy.$$

$$V_y = \int_0^1 dV_y = \pi\left[\int_0^1 (e^{2y} - e^2 \cdot y^2)dy\right] = \pi\left(\frac{1}{2}e^{2y} - \frac{e^2}{3}y^3\right)\Big|_0^1 = \pi\left(\frac{e^2}{6} - \frac{1}{2}\right).$$

【点评】 求旋转体体积时,绕哪根轴旋转,则对哪个变量积分,本例是绕 y 轴旋转,故应对 y 积分.但这是一个空心旋转体,体积元素为 $dV_y = (V_{大} - V_{小})dy = \pi(e^{2y} - e^2 \cdot y^2)dy.$

例 6 - 1 - 6 求由曲线 $y = e^x$,$y = \sin x$,直线 $x = 0$,$x = 1$ 所围成的图形绕 x 轴旋转一周所生成的旋转体体积.

解 绕 x 轴旋转须对 x 积分,这是一个空心旋转体,体积元素:

$$dV_x = \pi[(e^x)^2 - (\sin x)^2]dx = \pi(e^{2x} - \sin^2 x)dx.$$

$$V_x = \int_0^1 dV_x = \pi\left[\int_0^1 (e^{2x} - \sin^2 x)dx\right] = \pi\left(\frac{1}{2}e^{2x}\right)\Big|_0^1 - \frac{\pi}{2}\int_0^1 (1 - \cos 2x)dx$$

$$= \frac{\pi e^2}{2} - \pi + \frac{\pi}{4}\sin 2.$$

例 6 - 1 - 7 设由曲线 $y = 1 - x^2$ 及其在点 $(1, 0)$ 处的切线和 y 轴所围成的平面图形为 S.试求:(1) S 的面积 A;(2) S 绕 x 轴旋转所得旋转体的体积.

解 切线方程为:$y = -2(x - 1) = -2x + 2.$

(1) S 的面积为:$A = \int_0^1 [(-2x + 2) - (1 - x^2)]dx = \frac{1}{3}(x - 1)^3\Big|_0^1 = \frac{1}{3}.$

(2) S 绕 x 轴旋转所得旋转体的体积为:

$$V_x = \pi \int_0^1 \left[(-2x+2)^2 - (1-x^2)^2\right] \mathrm{d}x$$

$$= \pi \int_0^1 (3 - 8x + 6x^2 - x^4) \mathrm{d}x = \frac{4}{5}\pi.$$

例 6-1-8 设平面图形由曲线 $y = 1 - x^2 (x \geqslant 0)$ 及两坐标轴围成.

(1) 求平面绕 x 轴旋转所成的旋转体的体积.

(2) 求常数 a 的值,使直线 $y = a$ 将该平面图形分成面积相等的两部分(如图 6-3).

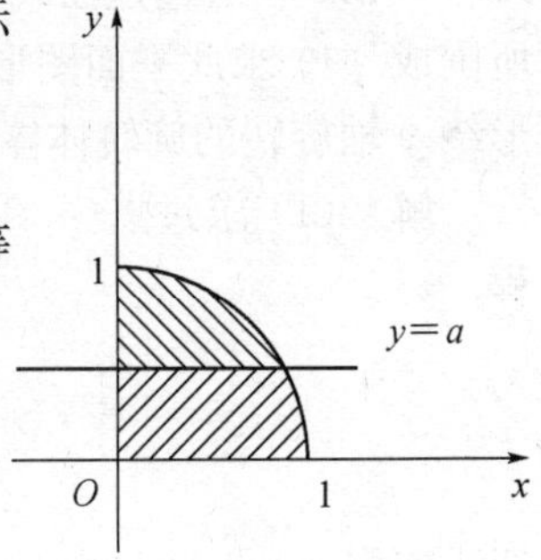

图 6-3

解 (1) 体积元素:$\mathrm{d}V_x = \pi(1-x^2)^2 \mathrm{d}x$.

绕 x 轴旋转的体积为:$V_x = \int_0^1 \mathrm{d}V_x = \int_0^1 \pi(1-x^2)^2 \mathrm{d}x$

$$= \int_0^1 \pi(1 - 2x^2 + x^4) \mathrm{d}x$$

$$= \pi\left(x - \frac{2}{3}x^3 + \frac{1}{5}x^5\right)\Big|_0^1 = \frac{8}{15}\pi.$$

(2) 由题意,直线 $y = a$ 将该平面图形分成面积相等的两部分,即

$$\int_0^a (1-y)^{\frac{1}{2}} \mathrm{d}y = \int_a^1 (1-y)^{\frac{1}{2}} \mathrm{d}y.$$

由此得: $\quad -\frac{2}{3}\left[(1-y)^{\frac{3}{2}}\right]_0^a = -\frac{2}{3}\left[(1-y)^{\frac{3}{2}}\right]_a^1,$

即 $\quad (1-a)^{\frac{3}{2}} - 1 = -(1-a)^{\frac{3}{2}},$

解得 $\quad a = 1 - \left(\frac{1}{4}\right)^{\frac{1}{3}}.$

【点评】 本题是利用定积分求面积和体积,但在求面积时略有不同,利用两个相等面积求出待定参数.需要说明的是,在求面积时应对 y 进行积分,如对 x 积分则需要分块,导致过程较繁.

例 6-1-9 求曲线 $y = \ln x$ 相应于 $\sqrt{3} \leqslant x \leqslant \sqrt{8}$ 一段弧的长度.

解 弧长元素:$\mathrm{d}s = \sqrt{1 + (y'_x)^2} \mathrm{d}x = \sqrt{1 + \frac{1}{x^2}} \mathrm{d}x = \frac{\sqrt{1+x^2}}{x} \mathrm{d}x.$

弧的长度:$s = \int_{\sqrt{3}}^{\sqrt{8}} \sqrt{1 + (y'_x)^2} \mathrm{d}x = \int_{\sqrt{3}}^{\sqrt{8}} \frac{\sqrt{1+x^2}}{x} \mathrm{d}x.$

令 $t = \sqrt{1+x^2}$,则 $x = \sqrt{t^2 - 1}$,$\mathrm{d}x = \frac{t}{\sqrt{t^2-1}} \mathrm{d}t.$

当 $x = \sqrt{3}$,$t = 2$;$x = \sqrt{8}$,$t = 3$.则

$$s = \int_2^3 \frac{t^2}{t^2-1} \mathrm{d}t = \int_2^3 \frac{t^2 - 1 + 1}{t^2 - 1} \mathrm{d}t = t\Big|_2^3 + \frac{1}{2}\ln\left|\frac{t-1}{t+1}\right|\Big|_2^3 = 1 + \frac{1}{2}\ln\frac{3}{2}.$$

例 6 - 1 - 10 求心形线 $r = a(1 + \cos\theta)(a > 0)$ 的全长.

解 画出心形线草图(如图 6 - 4)

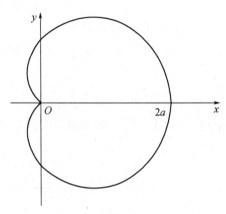

图 6 - 4

弧长元素:$\mathrm{d}s = \sqrt{r^2(\theta) + [r'(\theta)]^2}\mathrm{d}\theta = \sqrt{a^2(1+\cos\theta)^2 + a^2\sin^2\theta}\mathrm{d}\theta$

$$= a\sqrt{2(1+\cos\theta)}\mathrm{d}\theta = 2a\sqrt{\cos^2\frac{\theta}{2}}\mathrm{d}\theta.$$

由对称性可得心形线的长度:

$$s = 2\int_0^\pi \mathrm{d}\theta = 2\int_0^\pi 2a\sqrt{\cos^2\frac{\theta}{2}}\mathrm{d}\theta = 4a\int_0^\pi \cos\frac{\theta}{2}\mathrm{d}\theta$$

$$= 4a\int_0^\pi 2\cos\frac{\theta}{2}\mathrm{d}\left(\frac{\theta}{2}\right) = 8a\sin\frac{\theta}{2}\Big|_0^\pi = 8a.$$

【点评】 当曲线由极坐标表示时,由直角坐标与极坐标的关系得 $\begin{cases} x = \rho(\theta) \cdot \cos\theta, \\ y = \rho(\theta) \cdot \sin\theta \end{cases}$,弧 长元素 $\mathrm{d}s = \sqrt{(\mathrm{d}x)^2 + (\mathrm{d}y)^2} = \sqrt{\rho^2(\theta) + [\rho'(\theta)]^2}\mathrm{d}\theta$. 本例中,求出 $\mathrm{d}s$ 后,再利用对称性得 到心形线的全长.

 课后习题

一、选择题

1. 设圆周 $x^2 + y^2 = 8R^2$ 所围成的面积为 S,则 $\int_0^{2\sqrt{2}R} \sqrt{8R^2 - x^2}\mathrm{d}x$ 的值( ).

A. S 　　　　　　B. $\frac{1}{4}S$ 　　　　　　C. $\frac{1}{2}S$ 　　　　　　D. $2S$

2. 曲线 $y = 3 - x^2$ 及 $y = 0$ 所围成的面积为( ).

A. $4\sqrt{3}$ 　　　　B. $6\sqrt{3}$ 　　　　　C. $\sqrt{3}$ 　　　　　　D. $8\sqrt{3}$

3. 由曲线 $y = \ln x$,直线 $y = \ln a$,$y = \ln b (a < b)$ 及 y 轴所围面积为( ).

A. $\int_{\ln a}^{\ln b} \ln x \mathrm{d}x$ 　　B. $\int_{e^a}^{e^b} e^x \mathrm{d}x$ 　　C. $\int_{\ln a}^{\ln b} e^y \mathrm{d}y$ 　　D. $\int_{e^a}^{e^b} \ln x \mathrm{d}x$

4. 封闭曲线 $|x|+|y|=1$ 所围平面图形面积为（　　）.

A. $\dfrac{1}{2}$　　　　　　　B. 1　　　　　　　C. $\dfrac{3}{2}$　　　　　　　D. 2

5. 设曲线弧由 $y=f(x)$，$a\leqslant x\leqslant b$ 给出，则其弧长 $s=$（　　）.

A. $\displaystyle\int_a^b\sqrt{1+f'(x)}\,\mathrm{d}x$　　　　　　B. $\displaystyle\int_a^b\sqrt{1+f(x)}\,\mathrm{d}x$

C. $\displaystyle\int_a^b\sqrt{f(x)+f'(x)}\,\mathrm{d}x$　　　　　　D. $\displaystyle\int_a^b\sqrt{1+[f'(x)]^2}\,\mathrm{d}x$

6. 在区间 $\left[0,\dfrac{\pi}{2}\right]$ 上，曲线 $y=\sin x$ 与 x 轴所围成的图形绕 x 轴旋转一周，产生的旋转体的体积为（　　）.

A. $\pi\displaystyle\int_0^{\frac{\pi}{2}}\sin x\mathrm{d}x$　　　　　　　　B. $\pi\displaystyle\int_0^{\frac{\pi}{2}}\sin^2 x\mathrm{d}x$

C. $\pi\displaystyle\int_0^{\frac{\pi}{2}}\sqrt{\sin x}\mathrm{d}x$　　　　　　　　D. $\pi\displaystyle\int_0^{\frac{\pi}{2}}\sin^4 x\mathrm{d}x$

二、填空题

1. 曲线 $x=y^2$，$x=2$ 所围成的图形的面积为_____.

2. 设 $x=y^2$ 与 $y=ax$ 所围面积为 a，$a>0$，则 $a=$_____.

3. $y=\mathrm{e}^x$ 与 $y=\mathrm{e}$，y 轴所围成的面积 $A=$ _____.

4. 曲线 $y=\dfrac{x^2}{2}$ 上相应于 $[0,1]$ 的一段弧的长度等于_____.

5. 设曲线 $y=f(x)>0$，$y=g(x)>0(f(x)>g(x))$ 及直线 $x=a$，$x=b(a<b)$ 围成的区域绕 x 轴旋转一周，其旋转体的体积为_____.

6. 将 $y=x^2$，$x=1$，$y=0$ 所围图形绕 x 轴旋转一周，则旋转体的体积为_____.

三、解答题

1. 求曲线 $y=\mathrm{e}^x$，$y=\mathrm{e}^{-x}$ 及 $x=\mathrm{e}$ 所围成的平面图形的面积.

2. 求抛物线 $y^2=2x$ 与直线 $y=x-4$ 所围成的图形的面积.

3. 求曲线 $y=2-x^2$ 与 $y=|x|$ 所围成的 $y>0$ 部分的平面图形的面积.

4. 求曲线 $y=|\ln x|$ 与直线 $x=\dfrac{1}{\mathrm{e}}$，$x=\mathrm{e}$ 及 $y=0$ 所围成的平面图形的面积.

5. 求由曲线 $y=\sqrt{x}$ 及其在点 $(1,1)$ 处的切线和 x 轴所围成的平面图形的面积.

6. 求椭圆 $\dfrac{x^2}{4}+\dfrac{y^2}{9}=1$ 绕 y 轴旋转一周所得立体体积.

7. 求曲线 $y=x^2$ 与 $y=x^3$ 在 $[0,1]$ 上所围成的平面图形的面积和绕 x 轴旋转所得立体的体积.

8. 求由抛物线 $y^2=2x$ 和直线 $y=x-4$ 所围图形绕 x 轴旋转一周所得立体的体积.

9. 曲线 $r^2=4\cos 2\theta$ 所围成的平面图形的面积.

10. 求曲线 $y=\dfrac{\sqrt{x}}{3}(3-x)$ 上对应于 $1\leqslant x\leqslant 3$ 的一段弧的弧长.

11. 求星形线 $\begin{cases}x=a\cos^3 t\\y=a\sin^3 t\end{cases}$ 的全长.

12. 在曲线 $y=x^2$ 第一象限的 A 点作一切线,已知由切线、曲线和 x 轴所围面积为 $\frac{1}{12}$,试求:(1) 过 A 点的切线方程;(2) 上述图形绕 x 轴旋转的旋转体体积.

13. 设曲线为 $y=1-x^2$,试在该曲线第一象限内一段弧上求一点,使该点处的切线与坐标轴所围三角形面积最小.

参考答案

一、1. B 2. A 3. C 4. D 5. D 6. B

二、1. $\frac{8}{3}\sqrt{2}$ 2. $\frac{1}{\sqrt{6}}$ 3. 1 4. $\frac{1}{2}\sqrt{2}+\frac{1}{2}\ln(1+\sqrt{2})$ 5. $\pi\int_a^b[f^2(x)-g^2(x)]dx$ 6. $\frac{\pi}{2}$

三、1. $e^e+e^{-e}-2$ 2. 18 3. $\frac{7}{3}$ 4. $2-\frac{2}{e}$ 5. $\frac{1}{3}$ 6. 16π 7. $\frac{1}{12},\frac{2\pi}{35}$ 8. $\frac{128\pi}{3}$ 9. 4π

10. $2\sqrt{3}-\frac{4}{3}$ 11. $6\pi a$

12. (1) 切线方程为:$y=2x-1$ (2) 体积 $V=\int_0^1\pi x^4 dx-\frac{1}{6}\pi=\frac{\pi}{30}$

13. 在曲线 $y=1-x^2$ 任取一点 $(s,1-s^2)$,切线方程:$y+2sx-1-s^2=0$,$s_1=-\frac{\sqrt{3}}{3}$(舍去),$s_2=\frac{\sqrt{3}}{3}$,最小值 $f\left(\frac{\sqrt{3}}{3}\right)=\frac{4\sqrt{3}}{9}$

第二讲 定积分的简单物理应用

主要内容

一、变力沿直线所做的功

$F(x)$ 表示外力,$s(x)$ 表示位移,W 表示所做的功,功元素:
$$dW=F(x)dx \text{ 或 } dW=s(x)dF.$$

二、水压力

液体压强:$p=\rho\cdot h$,这里 ρ 是液体的比重,h 为液体深度;水压力元素:
$$dP=A(x)dp \text{ 或 } dP=p(x)dA,$$
这里 $A(x)$ 表示受压面积,$p(x)$ 表示压强,P 表示水压力.

三、两质点引力

两质点吸引力:$F=G\dfrac{m_1 m_2}{r^2}$,这里 m_1,m_2 分别是两质点的质量,r 是两个质点的距离,G 是两质点的引力系数.

教学要求

- ➤ 了解元素法处理一些简单的物理问题的方法,会求变力沿直线所做的功.
- ➤ 了解水压力的概念和两物体的引力,掌握求实际问题水压力的方法和技巧.
- ➤ 了解两质点引力的概念和计算方法.

重点例题

例 6-2-1 有一根弹簧,用 5 N 的力可以把它拉长 0.01 m,要把弹簧拉长 0.4 m,求拉力所做的功.

解 在弹性限度内,弹簧弹力 f 的大小与弹簧伸长(或缩短)的长度 x 成正比,即 $f = kx$ 时(k 为比例常数).

当 $x = 0.01$ 时,$f = 5$,即 $5 = 0.01k$,故 $k = 500$.

功元素
$$dW = 500xdx,$$

所做的功
$$W = \int_0^{0.4} dW = \int_0^{0.4} 500xdx = 500 \cdot \frac{x^2}{2} \Big|_0^{0.4} = 40.$$

例 6-2-2 一物体按 $x = ct^3$ 做直线运动,已知介质的阻力与速度的平方成正比,求物体由 $x = 0$ 移到 $x = a$ 克服介质阻力所做的功($a > 0$).

解 $x = ct^3$,$v = \dfrac{dx}{dt} = 3ct^2$,依题意阻力 $f = kv^2 = k\left(\dfrac{dx}{dt}\right)^2 = 9kc^2t^4$.

$$dx = 3ct^2dt, x = 0, t = 0; x = a, t = \sqrt[3]{\frac{a}{c}}.$$

功元素
$$dW = f(x)dx = (9kc^2t^4) \cdot (3ct^2dt) = 27kc^3t^6dt,$$

$$W = \int_0^a dW = \int_0^{\sqrt[3]{\frac{a}{c}}} 27kc^3t^6dt = \frac{27}{7}kc^3t^7 \Big|_0^{\sqrt[3]{\frac{a}{c}}} = \frac{27}{7}kc^{\frac{2}{3}}a^{\frac{7}{3}}.$$

例 6-2-3 一圆柱形的贮水桶高为 5 m,底圆半径为 3 m,桶内盛满了水.试问要把桶内的水全部吸出需做多少功?

解 作 x 轴如图 6-5 所示,取深度 x 为积分变量,它的变化区间为 $[0, 5]$,相应于 $[0, 5]$ 上任一小区间 $[x, x+dx]$ 的一薄层水的高度为 dx.把这薄层水吸出桶外需做的功近似地为这薄层水的重量为

$$9.8\pi \cdot 3^2 dx = 88.2\pi dx.$$

功元素 $\qquad dW = 88.2\pi \cdot x \cdot dx.$

所求的功为

$$W = \int_0^5 dW = \int_0^5 88.2\pi xdx = 88.2\pi \cdot \left(\frac{x^2}{2}\right)\Big|_0^5$$

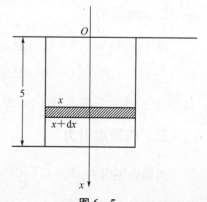

图 6-5

$$= 88.2\pi \cdot \frac{25}{2} \approx 3\,462.$$

【点评】　功元素 $\mathrm{d}W = s(x)\mathrm{d}F$，本例中，位移 $s(x) = x$，外力 $\mathrm{d}F = g \cdot \pi \cdot 3^2 \mathrm{d}x = 88.2\pi \cdot \mathrm{d}x$，故功元素 $\mathrm{d}W = x\mathrm{d}F = 88.2\pi \cdot x \cdot \mathrm{d}x$，由微元法可知所求的功为

$$W = \int_0^5 \mathrm{d}W = \int_0^5 88.2\pi x \mathrm{d}x.$$

例 6 - 2 - 4　有一等腰形闸门，它的两条底边各长 $10\,\mathrm{m}$ 和 $6\,\mathrm{m}$，高为 $20\,\mathrm{m}$，较长的底边与水面相齐，计算闸门的一侧所受的水压力.

解　建立坐标系如图 6 - 6 所示，

直线 AB 的方程为 $y = -\dfrac{x}{10} + 5.$

水压力元素

$$\mathrm{d}P = 1 \times x \times 2y(x)\mathrm{d}x = 2x\left(-\frac{x}{10} + 5\right)\mathrm{d}x.$$

水压力 $P = \displaystyle\int_0^{20} 2x\left(-\frac{x}{10} + 5\right)\mathrm{d}x$

$$= \left(5x^2 - \frac{1}{15}x^3\right)\Big|_0^{20} = 1\,466.67.$$

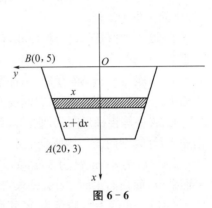

图 6 - 6

【点评】　本例中，水的压强 $p = \rho \cdot h = 1 \cdot x = x$，受压面积 $A(x) = 2y\mathrm{d}x = 2\left(-\dfrac{x}{10} + 5\right)\mathrm{d}x$，故水压力元素 $\mathrm{d}P = p(x)\mathrm{d}A = x \cdot 2\left(-\dfrac{x}{10} + 5\right)\mathrm{d}x = 2x\left(-\dfrac{x}{10} + 5\right)\mathrm{d}x$，由微元法可知所求的水压力为 $P = \displaystyle\int_0^{20} \mathrm{d}P = \int_0^{20} 2x\left(-\dfrac{x}{10} + 5\right)\mathrm{d}x.$

例 6 - 2 - 5　设有一长度为 l，线密度为 ρ 的均匀细直棒，在与棒的一端垂直距离为 a 单位处有一质量为 m 的质点 M. 试求这根棒对质点 M 的引力.

解　设细棒的一端为原点.

细棒为 x 轴建立坐标系，如图 6 - 7 所示，区间 $[x, x + \mathrm{d}x]$ 对质点 M 的引力 $\mathrm{d}F = G\dfrac{m\rho\mathrm{d}x}{a^2 + x^2}$ 在 x 轴，y 轴上的分量分别为

$$\mathrm{d}F_x = \mathrm{d}F\sin\theta = G\frac{m\rho\mathrm{d}x}{a^2 + x^2}\frac{x}{\sqrt{a^2 + x^2}}$$

$$= G\frac{m\rho x}{(a^2 + x^2)^{\frac{3}{2}}}\mathrm{d}x,$$

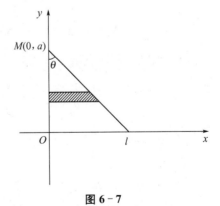

图 6 - 7

$$\mathrm{d}F_y = -\mathrm{d}F\cos\theta = -G\frac{m\rho a}{(a^2 + x^2)^{\frac{3}{2}}}\mathrm{d}x.$$

$$F_x = \int_0^l \mathrm{d}F_x = \int_0^l G\frac{m\rho x}{(a^2+x^2)^{\frac{3}{2}}}\mathrm{d}x = Gm\rho\left(\frac{1}{a} - \frac{1}{\sqrt{a^2+l^2}}\right),$$

$$F_y = \int_0^l \mathrm{d}F_y = -\int_0^l G\frac{m\rho a}{(a^2+x^2)^{\frac{3}{2}}}\mathrm{d}x = -\frac{Gm\rho l}{a\sqrt{a^2+l^2}}.$$

课后习题

1. 设有半径为 R 米的半球形蓄水池,池中盛满水,求把池中的水全部抽尽,需做多少功(设水的比重为 $1\,\mathrm{t/m^3}$).

2. 设一锥形蓄水池,深 $15\,\mathrm{m}$,口径 $20\,\mathrm{m}$,盛满水,今将水吸尽,问要做多少功?(设水的比重为 $1\,\mathrm{t/m^3}$)

3. 一底为 $8\,\mathrm{cm}$,高为 $8\,\mathrm{cm}$ 的等腰三角形片,铅直地沉没在水中,底在上,顶在下,底与水面平行且离水面 $2\,\mathrm{cm}$,求它侧面所受的压力.(水的比重为 $1\,\mathrm{g/cm^3}$)

4. 有一等腰梯形闸门,它的两条底边各长 $10\,\mathrm{cm}$ 和 $6\,\mathrm{cm}$,高为 $20\,\mathrm{cm}$,较长的底边与水面相齐,计算闸门的一侧所受的水压力.

5. 一底为 $8\,\mathrm{cm}$、高为 $6\,\mathrm{cm}$ 的等腰三角形片,铅直地沉没在水中,顶在上,底在下且与水平面平行,而顶离水面 $3\,\mathrm{cm}$,试求它每面所受的压力.

6. 设一长度为 l,质量为 M 的均匀细杆,另有一个质量为 m 的质点.如细杆和质点在同一条直线上,质点到细杆近端的距离为 a,试求这细杆对质点的引力.

7. 设弹簧在拉伸过程中,拉力与伸长量的比例系数为 k,如果把弹簧由原长拉伸 $6\,\mathrm{cm}$,计算拉力所做的功.

8. 一物体按规律 $x = ct^2$ 做直线运动,介质的阻力与速度的平方成正比,计算物体由 $x=0$ 移到 $x=a$,克服介质阻力所做的功.

参考答案

1. $\frac{\pi}{4}R^4$ **2.** 1875π **3.** $149\frac{1}{3}$ **4.** $F = 2F_1 = \frac{4\,400}{3}$ **5.** 1.65

6. 取细杆和质点所在直线为 x 轴,细杆的远离质点的一端为原点,则

$$F_x = \frac{GmM}{l}\left(\frac{1}{a} - \frac{1}{a+l}\right), F_y = 0$$

7. $0.18k\,(\mathrm{J})$ **8.** $\frac{27}{7}kc^{\frac{2}{3}}a^{\frac{7}{3}}$

第七章

 常微分方程

第一讲 一阶线性微分方程

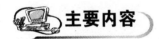 **主要内容**

一、微分方程的定义

凡表示未知函数、未知函数的导数与自变量之间的关系的方程,称为微分方程.

方程中所出现的未知函数的最高阶导数的阶数,叫做微分方程的阶.

n 阶微分方程的形式是:$F(x,y,y',\cdots,y^{(n)})=0$.

二、微分方程的解与通解

把函数代入微分方程,能使该方程成为恒等式,则此函数叫做该微分方程的解. 如果微分方程的解中含有相互独立的任意常数的个数与微分方程的阶数相同,这样的解叫做微分方程的通解. 根据初始条件确定了通解中的任意常数以后,就得到微分方程的特解.

三、可分离变量的微分方程

1. 定义

如果一阶微分方程能写成 $\dfrac{\mathrm{d}y}{\mathrm{d}x}=\dfrac{f(x)}{g(y)}$ 或 $g(y)\mathrm{d}y=f(x)\mathrm{d}x$ (7-1)

的形式,则原方程称为可分离变量的微分方程.

2. 通解求法

设 $G(y)$ 与 $F(x)$ 依次为 $g(y)$ 与 $f(x)$ 的原函数,则分离变量后,两边求出不定积分,方程(7-1)的通解可表示为:$G(y)=F(x)+C$,其中 C 为任意常数.

四、齐次微分方程

1. 定义

形如
$$\frac{\mathrm{d}y}{\mathrm{d}x} = \varphi\left(\frac{y}{x}\right) \tag{7-2}$$

的微分方程称为齐次方程.

2. 通解求法

作变量替换 $u = \dfrac{y}{x}$,则 $y = ux$,$\dfrac{\mathrm{d}y}{\mathrm{d}x} = u + x\dfrac{\mathrm{d}u}{\mathrm{d}x}$,代入方程(7-2)得

$$x\frac{\mathrm{d}u}{\mathrm{d}x} = \varphi(u) - u,$$

求出积分 $\displaystyle\int \frac{\mathrm{d}u}{\varphi(u) - u} = \int \frac{\mathrm{d}x}{x}$ 后,再以 $\dfrac{y}{x}$ 代替 u,便得到原齐次方程(7-2)的通解.

五、一阶线性微分方程

1. 定义

形如
$$\frac{\mathrm{d}y}{\mathrm{d}x} + P(x)y = Q(x) \tag{7-3}$$

的微分方程,叫做一阶线性微分方程. 如果 $Q(x) \equiv 0$,则方程(7-3)称为齐次的,否则称为非齐次的.

2. 求非齐次方程(7-3)通解的方法

(1) 利用常数变易法求方程(7-3)的通解:

先求出方程(7-3)对应的齐次线性微分方程 $\dfrac{\mathrm{d}y}{\mathrm{d}x} + P(x)y = 0$ 的通解 $y = C\mathrm{e}^{-\int P(x)\mathrm{d}x}$;再将常数 C 换成 x 的未知函数 $u(x)$,作变换 $y = u\mathrm{e}^{-\int P(x)\mathrm{d}x}$,代入方程(7-3)求得 $u = \displaystyle\int Q(x)\mathrm{e}^{\int P(x)\mathrm{d}x}\mathrm{d}x + C$ 即可.

(2) 利用公式求方程(7-3)的通解:

$$y = \mathrm{e}^{-\int P(x)\mathrm{d}x}\left(\int Q(x)\mathrm{e}^{\int P(x)\mathrm{d}x}\mathrm{d}x + C\right).$$

3. 伯努利方程

形如 $\dfrac{\mathrm{d}y}{\mathrm{d}x} + P(x)y = Q(x)y^n \, (n \neq 0,1)$ 的微分方程叫做伯努利方程.

求解方法:作变换 $z = y^{1-n}$,就可化成关于 z,x 的一阶线性微分方程,求出其通解后,再将 $z = y^{1-n}$ 代入即可.

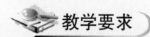 **教学要求**

➤ 掌握微分方程的定义和阶、解的概念.

➤ 理解微分方程通解和特解的概念和区别.

➤ 熟练掌握可分离变量的微分方程通解的求法.

➤ 熟练掌握齐次方程通解的求法.

➤ 熟练掌握用常数变易法求一阶线性微分方程的通解.

➤ 掌握伯努利方程通解的求法.

重点例题

例 7 - 1 - 1　求微分方程 $xy\mathrm{d}y + \mathrm{d}x = y^2\mathrm{d}x + y\mathrm{d}y$ 的通解.

解　此方程为可分离变量方程.

分离变量,得

$$\frac{y}{y^2 - 1}\mathrm{d}y = \frac{1}{x - 1}\mathrm{d}x,$$

两边积分,得

$$\int \frac{y}{y^2 - 1}\mathrm{d}y = \int \frac{1}{x - 1}\mathrm{d}x,$$

即

$$\frac{1}{2}\ln |y^2 - 1| = \ln |x - 1| + C_1,$$

从而 $y^2 - 1 = C(x - 1)^2$ 是原方程的通解.

例 7 - 1 - 2　求微分方程 $\cos x \sin y \mathrm{d}x + \sin x \cos y \mathrm{d}y = 0$ 的通解.

解　变量分离,得

$$\frac{\cos x}{\sin x}\mathrm{d}x + \frac{\cos y}{\sin y}\mathrm{d}y = 0,$$

两边积分,得

$$\int \frac{\cos x}{\sin x}\mathrm{d}x = -\int \frac{\cos y}{\sin y}\mathrm{d}y,$$

$$\int \frac{1}{\sin x}\mathrm{d}\sin x = -\int \frac{1}{\sin y}\mathrm{d}\sin y,$$

所以

$$\ln \sin x + \ln \sin y = C_1,$$

即

$$\sin x \sin y = C.$$

例 7 - 1 - 3　求微分方程 $y\mathrm{d}x - (y + x)\mathrm{d}y = 0$ 的通解.

解　**法一**　此方程可化为 $\dfrac{\mathrm{d}y}{\mathrm{d}x} = \dfrac{\dfrac{y}{x}}{\dfrac{y}{x} + 1}$,是齐次方程,令 $\dfrac{y}{x} = u$,则

$$y = ux, \frac{\mathrm{d}y}{\mathrm{d}x} = u + x\frac{\mathrm{d}u}{\mathrm{d}x},$$

于是原方程变为

$$u + x \frac{\mathrm{d}u}{\mathrm{d}x} = \frac{u}{u+1}.$$

分离变量,得

$$\left(\frac{u+1}{u^2} \right) \mathrm{d}u = -\frac{\mathrm{d}x}{x},$$

两边积分,得

$$\frac{1}{u} - \ln |u| = \ln |x| - \ln |C|,$$

以 $\frac{y}{x}$ 代上式中的 u,便得所给方程的通解

$$y = C e^{\frac{x}{y}}.$$

法二 若把 x 看作未知函数,则原方程可化为线性微分方程

$$\frac{\mathrm{d}x}{\mathrm{d}y} - \frac{1}{y}x = 1.$$

由通解公式,得

$$x = e^{\int \frac{1}{y} \mathrm{d}y} \left(-\int e^{-\int \frac{1}{y} \mathrm{d}y} \mathrm{d}y + C_1 \right) = y(C_1 - \ln y),$$

所以原方程的通解也可化为 $y = C e^{\frac{x}{y}}$.

【点评】 在求解一阶微分方程时,要根据方程的特点,先判别其类型,再确定其解法. 有些方程既可以看作某类,又可看作另一类,有多种解法,应选用最简捷的解法.

例 7 - 1 - 4 求解微分方程 $\left(x - y\cos \frac{y}{x} \right) \mathrm{d}x + x\cos \frac{y}{x} \mathrm{d}y = 0$.

解 原方程化为

$$\left(1 - \frac{y}{x}\cos \frac{y}{x} \right) + \cos \frac{y}{x} \frac{\mathrm{d}y}{\mathrm{d}x} = 0.$$

令 $u = \frac{y}{x}$,则 $y = ux$,$\frac{\mathrm{d}y}{\mathrm{d}x} = u + x\frac{\mathrm{d}u}{\mathrm{d}x}$,原方程变为

$$(1 - u\cos u) + \cos u \left(u + x\frac{\mathrm{d}u}{\mathrm{d}x} \right) = 0,$$

即

$$1 + x\cos u \frac{\mathrm{d}u}{\mathrm{d}x} = 0.$$

分离变量,得

$$\cos u \, \mathrm{d}u = -\frac{\mathrm{d}x}{x},$$

两边积分,得

$$\sin u = -\ln |x| + C.$$

以 $\frac{y}{x}$ 代上式中的 u,便得所给方程的通解

$$\sin \frac{y}{x} = -\ln |x| + C.$$

例 7 - 1 - 5　求方程 $\dfrac{\mathrm{d}y}{\mathrm{d}x} - \dfrac{2y}{x+1} = (x+1)^{\frac{5}{2}}$ 的通解.

解　法一　用常数变易法求解.

这是一个非齐次线性方程.

先求对应的齐次线性方程 $\dfrac{\mathrm{d}y}{\mathrm{d}x} - \dfrac{2y}{x+1} = 0$ 的通解.

分离变量,得

$$\frac{\mathrm{d}y}{y} = \frac{2\mathrm{d}x}{x+1},$$

两边积分,得

$$\ln y = 2\ln (x+1) + \ln C_1,$$

齐次线性方程的通解为

$$y = C_1(x+1)^2.$$

用常数变易法.把 C_1 换成 u,即令 $y = u(x+1)^2$,代入所给非齐次线性方程,得

$$u' \cdot (x+1)^2 + 2u(x+1) - \frac{2}{x+1}u(x+1)^2 = (x+1)^{\frac{5}{2}},$$

$$u' = (x+1)^{\frac{1}{2}}.$$

两边积分,得

$$u = \frac{2}{3}\left(x+1\right)^{\frac{3}{2}} + C.$$

再把上式 $y = u(x+1)^2$ 代入通解中,即得所求方程的通解为

$$y = (x+1)^2\left[\frac{2}{3}(x+1)^{\frac{3}{2}} + C\right].$$

法二　利用公式.

这里　　　$P(x) = -\dfrac{2}{x+1}, Q(x) = (x+1)^{\frac{5}{2}}.$

因为　　　$\displaystyle\int P(x)\mathrm{d}x = \int\left(-\frac{2}{x+1}\right)\mathrm{d}x = -2\ln (x+1),$

$$\mathrm{e}^{-\int P(x)\mathrm{d}x} = \mathrm{e}^{2\ln (x+1)} = (x+1)^2,$$

$$\int Q(x)\mathrm{e}^{\int P(x)\mathrm{d}x}\mathrm{d}x = \int(x+1)^{\frac{5}{2}}(x+1)^{-2}\mathrm{d}x = \int(x+1)^{\frac{1}{2}}\mathrm{d}x = \frac{2}{3}\left(x+1\right)^{\frac{3}{2}},$$

所以通解为

$$y = \mathrm{e}^{-\int P(x)\mathrm{d}x}\left[\int Q(x)\mathrm{e}^{\int P(x)\mathrm{d}x}\mathrm{d}x + C\right] = (x+1)^2\left[\frac{2}{3}(x+1)^{\frac{3}{2}} + C\right].$$

【点评】 在解一阶线性微分方程时,可以同时利用常数变易法和公式法,比较来看还是用公式法较为简单,所以要把公式牢牢记住.

例 7-1-6 求解微分方程 $y' = \dfrac{1}{x\cos y + \sin 2y}$.

解 将 x 视为函数,y 视为自变量,则原方程化为

$$\frac{\mathrm{d}x}{\mathrm{d}y} = x\cos y + \sin 2y,$$

为一阶线性微分方程,所对应的齐次方程为

$$\frac{\mathrm{d}x}{\mathrm{d}y} = x\cos y.$$

分离变量,得

$$\frac{\mathrm{d}x}{x} = \cos y \mathrm{d}y.$$

两端积分,得

$$\ln|x| = \sin y + C_1,$$

即

$$x = C\mathrm{e}^{\sin y}.$$

令 $x = C(y)\mathrm{e}^{\sin y}$,代入原方程,整理得

$$C'(y)\mathrm{e}^{\sin y} = \sin 2y,$$

所以

$$C'(y) = 2\sin y\cos y\mathrm{e}^{-\sin y}.$$

两端积分,得

$$C(y) = -2(\sin y + 1)\mathrm{e}^{-\sin y} + C,$$

所以原方程的通解为

$$x = C\mathrm{e}^{\sin y} - 2(\sin y + 1).$$

例 7-1-7 求方程 $\dfrac{\mathrm{d}y}{\mathrm{d}x} + \dfrac{y}{x} = a(\ln x)y^2$ 的通解.

解 以 y^2 除方程的两端,得

$$y^{-2}\frac{\mathrm{d}y}{\mathrm{d}x} + \frac{1}{x}y^{-1} = a\ln x,$$

即

$$-\frac{\mathrm{d}(y^{-1})}{\mathrm{d}x} + \frac{1}{x}y^{-1} = a\ln x.$$

令 $z = y^{-1}$,则上述方程成为

$$\frac{\mathrm{d}z}{\mathrm{d}x} - \frac{1}{x}z = -a\ln x.$$

这是一个线性方程,它的通解为

$$z = x\left[C - \frac{a}{2}(\ln x)^2\right].$$

以 y^{-1} 代 z,得所求方程的通解为

$$yx\left[C-\frac{a}{2}(\ln x)^2\right]=1.$$

【点评】 经过变量代换,某些方程可以化为变量可分离的方程,或化为已知其求解方法的方程.

例 7 - 1 - 8 解方程 $\dfrac{\mathrm{d}y}{\mathrm{d}x}=\dfrac{1}{x+y}$.

解 若把所给方程变形为

$$\frac{\mathrm{d}x}{\mathrm{d}y}=x+y,$$

即为一阶线性方程,按一阶线性方程的解法可求得通解,但这里用变量代换来解所给方程.

令 $x+y=u$,则原方程化为

$$\frac{\mathrm{d}u}{\mathrm{d}x}-1=\frac{1}{u},即\frac{\mathrm{d}u}{\mathrm{d}x}=\frac{u+1}{u}.$$

分离变量,得

$$\frac{u}{u+1}\mathrm{d}u=\mathrm{d}x,$$

两端积分,得

$$u-\ln|u+1|=x-\ln|C|.$$

以 $u=x+y$ 代入上式,得

$$y-\ln|x+y+1|=-\ln|C| \text{ 或 } x=Ce^y-y-1.$$

课后习题

一、选择题

1. 下列方程中,不是微分方程的是(   ).

   A. $\mathrm{d}y+3x^2\mathrm{d}x=0$　　　　　　　　B. $\sin\left(\dfrac{\mathrm{d}^2y}{\mathrm{d}x^2}\right)=e^y$

   C. $e^y=\sin(xy)$　　　　　　　　　　D. $y'''-y''+y'=1$

2. 方程 $\left(\dfrac{\mathrm{d}y}{\mathrm{d}x}\right)^2+x\dfrac{\mathrm{d}y}{\mathrm{d}x}-3y^2=0$ 是(   )微分方程.

   A. 一阶　　　　　　　　　　　　B. 二阶

   C. 三阶　　　　　　　　　　　　D. 四阶

3. 下列方程中,哪个不是二阶微分方程(   ).

   A. $xy'^2-2yy'+x=0$　　　　　　　B. $x^2y''-xy'+y=0$

   C. $L\dfrac{\mathrm{d}^2Q}{\mathrm{d}t^2}+R\dfrac{\mathrm{d}Q}{\mathrm{d}t}+\dfrac{1}{C}Q=0$　　　　D. $y''+3y=0$

4. 函数 $y=C-\sin x$(C 为任意常数)是微分方程 $\dfrac{\mathrm{d}^2y}{\mathrm{d}x^2}=\sin x$ 的(   ).

A. 通解 　　　　　　　　　　　　　B. 特解

C. 不是解 　　　　　　　　　　　　D. 既不是通解也不是特解

5. 微分方程 $y' + \dfrac{y}{x} = 0$ 满足 $y(2) = 1$ 的特解是（ 　　 ）.

A. $y = \dfrac{4}{x^2}$ 　　　　　　　　　　B. $y = \dfrac{2}{x}$

C. $y = \mathrm{e}^{x-2}$ 　　　　　　　　　　D. $y = \log_2 x$

6. 微分方程 $xy'' - y' = 0$ 满足条件 $y'(1) = 1, y(1) = \dfrac{1}{2}$ 的解是（ 　　 ）.

A. $y = \dfrac{x^2}{4} + \dfrac{1}{4}$ 　　　　　　　B. $y = \dfrac{x^2}{2}$

C. $y = x^2 - \dfrac{1}{2}$ 　　　　　　　D. $y = -x^2 + \dfrac{1}{2}$

7. 微分方程 $2y\mathrm{d}y - \mathrm{d}x = 0$ 的通解为（ 　　 ）.

A. $y^2 - x = C$ 　　　　　　　　B. $y - \sqrt{x} = C$

C. $y - x = C$ 　　　　　　　　　D. $y + x = C$

8. 微分方程 $y' + xy = \sin x$ 是（ 　　 ）.

A. 可分离变量方程 　　　　　　　B. 二阶微分方程

C. 齐次微分方程 　　　　　　　　D. 一阶线性非齐次微分方程

9. 下列微分方程中为一阶线性非齐次微分方程的是（ 　　 ）.

A. $y' = \mathrm{e}^{2x-y}$ 　　　　　　　　B. $(x+y)\mathrm{d}y - \mathrm{d}x = 0$

C. $xy' = y + \sqrt{x^2 - y^2}$ 　　　　D. $y' - xy^2 + 1 = 0$

10. 下列微分方程中是线性微分方程的是（ 　　 ）.

A. $\dfrac{\mathrm{d}y}{\mathrm{d}x} = -\dfrac{x}{y}$ 　　　　　　　　B. $x\dfrac{\mathrm{d}y}{\mathrm{d}x} - y = x\tan\dfrac{y}{x}$

C. $y'' + 2xy' - xy\mathrm{e}^{x^2} = 0$ 　　　D. $\dfrac{\mathrm{d}^2 y}{\mathrm{d}x^2} = \left(\dfrac{\mathrm{d}y}{\mathrm{d}x}\right)^2$

二、填空题

1. 微分方程 $y' + 6y = 2$ 的通解为_____.

2. 微分方程 $y\ln x\mathrm{d}x = x\ln y\mathrm{d}y$ 满足 $y\big|_{x=1} = 1$ 的特解是_____.

3. 方程 $(y+1)^2\dfrac{\mathrm{d}y}{\mathrm{d}x} + x^3 = 0$ 的通解为_____.

4. 微分方程 $\mathrm{e}^{x-y}\mathrm{d}x - \mathrm{d}y = 0$ 的通解为_____.

5. 微分方程 $\sqrt{1-x^2}\,y' = \sqrt{1-y^2}$ 的通解为_____.

6. 求解伯努利方程 $y' - y = \dfrac{x^2}{y^3}$ 时,应令 $z = $ _____.

7. 微分方程 $y' + x^2 y = x^2$ 的通解为_____.

8. 微分方程 $y\dfrac{\mathrm{d}y}{\mathrm{d}x} = x(1-y^2)$ 的通解为_____.

9. 微分方程 $xy' - y\ln y = 0$ 的通解为_____.

三、解答题

1. 求微分方程 $y' = e^{x+y}$ 的通解.

2. 求微分方程 $dy = y(1-y)dx(0 < y < 1)$ 的通解.

3. 下列伯努利方程 $y' - y = \dfrac{x^2}{y}$ 的通解.

4. 微分方程 $y' + \dfrac{y}{x} = \dfrac{\sin x}{x}$ 满足初始条件 $y\,|_{x=\pi} = 1$ 的特解.

5. 求微分方程 $y' + y\cos x = \sin x\cos x$ 满足初始条件 $y\,|_{x=0} = 1$ 的特解.

6. 求方程 $y = e^x + \displaystyle\int_0^x y(t)dt$ 的解.

7. 求微分方程 $y' - e^{x-y} + e^x = 0$ 的通解.

8. 求微分方程 $(x+y)dx + (3x+3y-4)dy = 0$ 的通解.

9. 求微分方程 $y'\cos^2 x + y = \tan x$ 的通解.

10. 设 $y = e^x$ 是微分方程 $xy' + P(x)y = x$ 的一个解,求此微分方程满足条件 $y\,|_{x=\ln 2} = 0$ 的特解.

📖 参考答案

一、1. C　2. A　3. A　4. D　5. B　6. B　7. A　8. D　9. B　10. C

二、1. $y = Ce^{-6x} + \dfrac{1}{3}$　2. $y = x$ 或 $y = \dfrac{1}{x}$　3. $(y+1)^3 = C - \dfrac{3}{4}x^4$　4. $e^y = e^x + C$　5. $\arcsin y = \arcsin x + C$　6. $z = y^4$　7. $y = 1 + Ce^{-\frac{x^3}{3}}$　8. $\ln|1-y^2| = C - 2x^2$　9. $\ln y = Cx$

三、1. $e^{-y} + e^x + C = 0$　2. $\dfrac{y}{1-y} = Ce^x$　3. $y^2 = -x^2 - 2x - 2 + Ce^x$　4. $y = \dfrac{\pi - 1 - \cos x}{x}$

5. $y = \sin x - 1 + 2e^{-\sin x}$　6. $y = e^x(x+C)$　7. $\ln|1-e^y| = C - e^x$

8. $\dfrac{3(x+y)}{2} + \ln|2-x-y| = x + C$　9. $y = e^{-\tan x}[e^{\tan x}(\tan x - 1) + C]$

10. 提示:先把 $y = e^x$ 代入求出 $P(x)$,然后再求微分方程满足初始条件的特解.

第二讲　高阶微分方程

💻 主要内容

一、可降阶的高阶微分方程

1. 形如 $y^{(n)} = f(x)$ 型微分方程

求解方法:连续积分 n 次便得到含有 n 个任意常数的通解.

2. 形如 $y'' = f(x, y')$ 型微分方程

求解方法:令 $y' = p(x) = p$,则 $y'' = \dfrac{dp}{dx} = p'$,代入方程得 $p' = f(x, p)$,求出通解

为 $\dfrac{\mathrm{d}y}{\mathrm{d}x} = p = \varphi(x, C_1)$，原方程通解为 $y = \displaystyle\int \varphi(x, C_1)\mathrm{d}x + C_2$.

3. 形如 $y'' = f(y, y')$ 型微分方程

求解方法：令 $y' = p(y) = p$，则 $y'' = \dfrac{\mathrm{d}p}{\mathrm{d}x} = \dfrac{\mathrm{d}p}{\mathrm{d}y}\dfrac{\mathrm{d}y}{\mathrm{d}x} = p\dfrac{\mathrm{d}p}{\mathrm{d}y}$，代入方程得 $p\dfrac{\mathrm{d}p}{\mathrm{d}y} = f(y,$

$p)$，求出通解为 $\dfrac{\mathrm{d}y}{\mathrm{d}x} = p = \varphi(y, C_1)$，再分离变量，积分后得原方程的通解为

$$\int \frac{\mathrm{d}y}{\varphi(y, C_1)} = x + C_2.$$

二、高阶线性微分方程

1. 定义

形如
$$y'' + P(x)y' + Q(x)y = f(x) \qquad\qquad (7-4)$$

的微分方程称为二阶线性微分方程，形如

$$y'' + P(x)y' + Q(x)y = 0 \qquad\qquad (7-5)$$

的微分方程称为方程(7-4)对应的齐次线性微分方程.

2. 二阶线性微分方程解的结构

如果 $y_1(x)$ 与 $y_2(x)$ 是方程(7-5)的两个线性无关$\left(\text{即}\dfrac{y_1(x)}{y_2(x)} \neq \text{常数}\right)$的解，则 $Y(x) = C_1 y_1(x) + C_2 y_2(x)$ 是方程(7-5)的通解；如果 $y^*(x)$ 为方程(7-4)的一个特解，则方程 (7-4)的通解可表示为 $y(x) = Y(x) + y^*(x)$.

如果 $y_1^*(x)$，$y_2^*(x)$分别是方程 $y'' + P(x)y' + Q(x)y = f_1(x)$ 和 $y'' + P(x)y' + Q(x)y = f_2(x)$ 的特解，则 $y_1^*(x) + y_2^*(x)$ 是方程 $y'' + P(x)y' + Q(x)y = f_1(x) + f_2(x)$ 的特解.

三、常系数齐次线性微分方程

1. 定义

形如 $y'' + py' + qy = 0$ 的微分方程，称为二阶常系数齐次线性微分方程，其中 p, q 为常数.

2. 二阶常系数齐次线性微分方程通解的求法

第一步　写出方程对应的特征方程 $r^2 + pr + q = 0$.

第二步　求出特征方程 $r^2 + pr + q = 0$ 的两个根 r_1, r_2.

第三步　根据两个根 r_1, r_2 的不同情形，按照下列表格写出原方程的通解.

特征方程 $r^2 + pr + q = 0$ 的两个根 r_1, r_2	微分方程 $y'' + py' + qy = 0$ 的通解
两个不相等的实根 r_1, r_2	$y = C_1 \mathrm{e}^{r_1 x} + C_2 \mathrm{e}^{r_2 x}$
两个相等的实根 $r_1 = r_2$	$y = (C_1 + C_2 x)\mathrm{e}^{r_1 x}$
一对共轭复根 $r_{1,2} = \alpha \pm \beta \mathrm{i}$	$y = \mathrm{e}^{\alpha x}(C_1 \cos \beta x + C_2 \sin \beta x)$

3. n 阶常系数齐次线性微分方程的概念和求通解的方法

求解二阶常系数齐次线性微分方程的特征根法可推广到 n 阶常系数齐次微分方程

$$y^{(n)} + p_1 y^{(n-1)} + p_2 y^{(n-2)} + \cdots + p_{n-1} y' + p_n y = 0,$$

其中 $p_1, p_2, \cdots, p_{n-1}, p_n$ 都是常数.

与其相对应的特征方程为

$$r^n + p_1 r^{n-1} + p_2 r^{n-2} + \cdots + p_{n-1} r + p_n = 0.$$

先求出其特征根,然后写出 n 个线性无关的解 $y_1, y_2, \cdots, y_{n-1}, y_n$,进一步构造出通解.

特征根与通解中对应项的关系见下表:

特征方程的根	通解中的对应项
单根 r	给出一项 Ce^{rx}
一对单复根 $r_{1,2} = \alpha \pm \beta i$	$y = e^{\alpha x}(C_1 \cos \beta x + C_2 \sin \beta x)$
k 重实根 $r(k$ 为正整数$)$	给出 k 项 $y = (C_1 + C_2 x + \cdots + C_k x^{k-1})e^{r_1 x}$
一对 k 重复根 $r_{1,2} = \alpha \pm \beta i$	给出 $2k$ 项 $y = e^{\alpha x}[(C_1 + C_2 x + \cdots + C_k x^{k-1})\cos \beta x + (D_1 + D_2 x + \cdots + D_k x^{k-1})\sin \beta x]$

四、常系数非齐次线性微分方程

(1) 二阶常系数非齐次线性微分方程的一般形式:

$$y'' + py' + qy = f(x), \tag{7-6}$$

其中 p, q 为常数.

求通解方法:先求出对应的齐次方程 $y'' + py' + qy = 0$ 的通解 $\overline{y}$,再求出非齐次方程 (7-6)本身的一个特解 $y^*(x)$,则(7-6)的通解为 $y^*(x) + \overline{y}$.

(2) 当 $f(x) = e^{\lambda x} P_m(x)$ 时,可设方程(7-6)的特解为 $y^*(x) = x^k Q_m(x)e^{\lambda x}$,其中 $Q_m(x)$ 是与 $P_m(x)$ 同次的多项式,而 k 按 λ 不是特征方程的根,是特征方程的单根或重根依次取 0,1,2,代入方程后,比较方程两端,将 $y^*(x)$ 求出.

(3) 当 $f(x) = e^{\lambda x}[P_l(x)\cos \omega x + P_n(x)\sin \omega x]$ 时,可设方程(7-6)的特解为 $y^*(x) = x^k e^{\lambda x}[R_m^{(1)}(x)\cos \omega x + R_m^{(2)}(x)\sin \omega x]$,其中 $R_m^{(1)}(x), R_m^{(2)}(x)$ 是 m 次多项式,$m = \max\{l, n\}$,而 k 按 $\lambda + i\omega$ 不是特征方程的根或是单根依次取 0 或 1,然后代入方程后,比较方程两端,将 $y^*(x)$ 求出.

📖 教学要求

➤ 熟练掌握 $y^{(n)} = f(x)$, $y'' = f(x, y')$ 型微分方程通解的求法.

➤ 了解 $y'' = f(y, y')$ 型微分方程降阶的方法.

➤ 了解二阶线性微分方程形式和特点,熟悉解的结构.

> ➤ 掌握函数线性无关和线性相关的判别方法.
> ➤ 熟练掌握二阶常系数齐次线性微分方程通解的求法.
> ➤ 了解 n 阶常系数齐次线性微分方程求通解的方法.
> ➤ 熟练掌握求非齐次项为 $f(x) = e^{\lambda x}P_m(x)$ 时的特解方法,了解求非齐次项为

$$f(x) = e^{\lambda x}[P_l(x)\cos\omega x + P_n(x)\sin\omega x]$$

时的特解方法.

 重点例题

例 7-2-1 求微分方程 $y''' = e^{2x} - \cos x$ 的通解.

解 对所给方程接连积分三次,得

$$y'' = \frac{1}{2}e^{2x} - \sin x + C_1,$$

$$y' = \frac{1}{4}e^{2x} + \cos x + C_1 x + C_2,$$

$$y = \frac{1}{8}e^{2x} + \sin x + \frac{1}{2}C_1 x^2 + C_2 x + C_3,$$

这就是所给方程的通解.

例 7-2-2 求微分方程 $y'' = \dfrac{3x^2 y'}{1+x^3}$ 满足初始条件 $y\,|_{x=0}=1, y'\,|_{x=0}=4$ 的特解.

解 所给方程是 $y'' = f(x, y')$ 型的.设 $y' = p$,代入方程并分离变量后,有

$$\frac{\mathrm{d}p}{p} = \frac{3x^2}{1+x^3}\mathrm{d}x.$$

两边积分,得

$$\ln|p| = \ln|1+x^3| + C,$$

即

$$p = y' = C_1(1+x^3) \quad (C_1 = \pm e^C).$$

由条件 $y'\,|_{x=0}=4$,得 $C_1=4$,所以

$$y' = 4(1+x^3).$$

两边再积分,得 $y = x^4 + 4x + C_2.$

又由条件 $y\,|_{x=0}=1$,得 $C_2=1$,于是所求的特解为 $y = x^4 + 4x + 1$.

例 7-2-3 求微分 $yy'' - (y')^2 = 0$ 的通解.

解 设 $y' = p$,则 $y'' = p\dfrac{\mathrm{d}p}{\mathrm{d}y}.$

代入方程,得 $yp\dfrac{\mathrm{d}p}{\mathrm{d}y} - p^2 = 0.$

在 $y \neq 0, p \neq 0$ 时,约去 p,分离变量,得

$$\frac{\mathrm{d}p}{p} = \frac{\mathrm{d}y}{y}.$$

两边积分得

$$\ln |p| = \ln |y| + \ln |C|,$$

即 $p = Cy$ 或 $y' = Cy$.

再分离变量并两边积分,便得原方程的通解为

$$\ln |y| = Cx + \ln |c_1|,$$

或

$$y = C_1 e^{Cx} \quad (C_1 = \pm c_1).$$

例 7 - 2 - 4 求微分方程 $y'' - 2y' - 3y = 0$ 的通解.

解 所给微分方程的特征方程为

$$r^2 - 2r - 3 = 0,$$

即 $(r+1)(r-3) = 0$. 其根 $r_1 = -1, r_2 = 3$ 是两个不相等的实根,因此所求通解为

$$y = C_1 e^{-x} + C_2 e^{3x}.$$

例 7 - 2 - 5 求方程 $y'' + 2y' + y = 0$ 满足初始条件 $y|_{x=0} = 4, y'|_{x=0} = -2$ 的特解.

解 所给方程的特征方程为

$$r^2 + 2r + 1 = 0, \quad \text{即} \quad (r+1)^2 = 0.$$

其根 $r_1 = r_2 = -1$ 是两个相等的实根,因此所给微分方程的通解为

$$y = (C_1 + C_2 x) e^{-x}.$$

将条件 $y|_{x=0} = 4$ 代入通解,得 $C_1 = 4$,从而

$$y = (4 + C_2 x) e^{-x}.$$

将上式对 x 求导,得

$$y' = (C_2 - 4 - C_2 x) e^{-x}.$$

再把条件 $y'|_{x=0} = -2$ 代入上式,得 $C_2 = 2$. 于是所求特解为

$$y = (4 + 2x) e^{-x}.$$

例 7 - 2 - 6 求微分方程 $y'' - 2y' + 5y = 0$ 的通解.

解 所给方程的特征方程为

$$r^2 - 2r + 5 = 0.$$

特征方程的根为 $r_1 = 1 + 2\mathrm{i}, r_2 = 1 - 2\mathrm{i}$,是一对共轭复根.

因此所求通解为

$$y = \mathrm{e}^x (C_1 \cos 2x + C_2 \sin 2x).$$

例 7 - 2 - 7 求方程 $y^{(4)} - 2y''' + 5y'' = 0$ 的通解.

解 这里的特征方程为

$$r^4 - 2r^3 + 5r^2 = 0,$$

即

$$r^2(r^2 - 2r + 5) = 0,$$

它的根是

$$r_1 = r_2 = 0, r_{3,4} = 1 \pm 2\mathrm{i}.$$

因此所给微分方程的通解为

$$y = C_1 + C_2 x + \mathrm{e}^x (C_3 \cos 2x + C_4 \sin 2x).$$

例 7 - 2 - 8 求微分方程 $y'' - y' = x$ 的通解.

解 特征方程为 $r^2 - r = 0$，特征根为 $r_1 = 0, r_2 = 1$，所以齐次方程的通解为

$$y = C_1 + C_2 \mathrm{e}^x.$$

又 $\lambda = 0$ 是特征方程的单根，设非齐次方程的特解为 $y = x(Ax + B)$，代入方程得

$$-2Ax + (2A - B) = x,$$

所以

$$\begin{cases} -2A = 1 \\ 2A - B = 0 \end{cases}.$$

解得

$$A = -\frac{1}{2}, B = -1,$$

特解为

$$y = x\left(-\frac{1}{2}x - 1\right),$$

所以非齐次方程的通解为

$$y = C_1 + C_2 \mathrm{e}^x - \frac{1}{2}x^2 - x.$$

例 7 - 2 - 9 求微分方程 $y'' + y = x\cos 2x$ 的一个特解.

解 所给方程是二阶常系数非齐次线性微分方程.

$f(x)$ 属于 $\mathrm{e}^{\lambda x}[P_l(x)\cos \omega x + P_n(x)\sin \omega x]$ 型(其中 $\lambda = 0, \omega = 2, P_l(x) = x, P_n(x) = 0$).

与所给方程对应的齐次方程为

$$y'' + y = 0,$$

它的特征方程为

$$r^2 + 1 = 0.$$

由于这里 $\lambda + \mathrm{i}\omega = 2\mathrm{i}$ 不是特征方程的根，所以应设特解为

$$y^* = (ax + b)\cos 2x + (cx + d)\sin 2x.$$

把它代入所给方程,得 $\qquad (-3ax-3b+4c)\cos 2x - (3cx+3d+4a)\sin 2x = x\cos 2x.$

比较两端同类项的系数,得 $a = -\dfrac{1}{3}, b = 0, c = 0, d = \dfrac{4}{9},$

于是求得一个特解为 $\qquad y^* = -\dfrac{1}{3}x\cos 2x + \dfrac{4}{9}\sin 2x.$

课后习题

一、选择题

1. 函数 $y = C - \sin x$(C 为任意常数)是微分方程 $\dfrac{\mathrm{d}^2 y}{\mathrm{d}x^2} = \sin x$ 的( ).

A. 通解   B. 特解

C. 不是解   D. 既不是通解也不是特解

2. 在微分方程 $y'' - 8y' + 16y = (1-x)\mathrm{e}^{4x}$ 中用待定系数法可设其特解 $y^* = ($).

A. $(ax+b)\mathrm{e}^{4x}$ B. $x(ax+b)\mathrm{e}^{4x}$

C. $x^2(ax+b)\mathrm{e}^{4x}$ D. $(ax^2+bx+c)\mathrm{e}^{4x}$

3. 微分方程 $yy'' = (y')^2$ 的通解为( ).

A. $y = C$ B. $y = C_2\mathrm{e}^{C_1 x}$

C. $y = \mathrm{e}^x$ D. $y = C_1\mathrm{e}^{-x} + C_2$

4. 微分方程 $y'' = \sin x$ 的通解 $y = ($).

A. $-\sin x + C_1 x + C_2$ B. $-\sin x + C_1 + C_2$

C. $\sin x + C_1 + C_2$ D. $\sin x + C_1 x + C_2$

5. 微分方程 $y'' + 2y' = \mathrm{e}^{-2x}\cos x$ 的特解形式为( ).

A. $\mathrm{e}^{-2x}(a\cos x + b\sin x)$ B. $x\mathrm{e}^{-2x}(a\cos x + b\sin x)$

C. $a\mathrm{e}^{-2x}\cos x$ D. $ax\mathrm{e}^{-2x}\cos x$

6. 已知一个二阶线性齐次微分方程的特征根 $r_1 = r_2 = -\sqrt{2}$,则这个微分方程是( ).

A. $y'' + 2y' + y = 0$ B. $y'' - 2y' + y = 0$

C. $y'' - 2\sqrt{2}y' + 2y = 0$ D. $y'' + 2\sqrt{2}y' + 2y = 0$

7. 下列函数组在其定义区间内线性相关的是( ).

A. $\cos 2x, \sin 2x$ B. $\mathrm{e}^x, \mathrm{e}^{2x}$

C. $\sin x\cos x, 2\sin 2x$ D. x, x^3

8. 设 y_1^*, y_2^*, y_3^* 是 $y'' + py' + qy = f(x)$ 的三个特解,则( )是相应齐次方程的解.

A. $y_1^* + y_2^* - y_3^*$ B. $3y_1^* + y_2^* - 2y_3^*$

C. $y_1^* + y_2^*$ D. $-y_1^* + 2y_2^* - y_3^*$

二、填空题

1. 微分方程 $y'' - 4y' - 5y = 0$ 满足初始条件 $y\,|_{x=0} = 0, y'\,|_{x=0} = 6$ 的特解是____.

2. 微分方程 $y'' + y' - 2y = 0$ 的通解是_____.

3. 微分方程 $y'' + y = 0$ 的通解为_____.

4. 非齐次微分方程 $y'' - 5y' + 6y = xe^{2x}$，它的一个特解应设为_____.

5. 设二阶常系数齐次线性微分方程的通解为 $y = C_1 + C_2 e^{-x}$，则对应的微分方程为_____.

6. 微分方程 $y'' - 2y' - 3y = 0$ 的通解为_____.

7. 微分方程 $y^{(5)} + 4y'' - 3y' + 2y = 0$ 的特征方程为_____.

8. 方程 $y'' - y' = x$ 的一个特解为_____.

9. 微分方程 $y''' = -\cos x$ 的通解为_____.

三、解答题

1. 求下列微分方程的通解：

(1) $y'' = \dfrac{1}{1+x^2}$；　　　　　　　　(2) $y'' = y' + x$；

(3) $xy'' + y' = 0$；　　　　　　　　　　(4) $y^3 y'' - 1 = 0$.

2. 求微分方程 $4y'' + 4y' + y = 0$，$y|_{x=0} = 2$，$y'|_{x=0} = 0$ 的特解.

3. 求微分方程 $y'' - 2y' - 3y = 3x + 1$ 的通解.

4. 求微分方程 $y'' - 3y' + 2y = xe^x$ 的通解.

5. 求微分方程 $y'' - 2y' - 3y = e^{2x}$ 的通解.

6. 求微分方程 $y'' - 6y' + 9y = (x+1)e^{3x}$ 的通解.

7. 求微分方程 $y'' + 3y' + 2y = e^{-x}\sin x$ 的通解.

8. 求微分方程 $y'' + 2y' = \sin^2 x$ 的通解.

9. 函数 $f(x)$ 在 $[0, +\infty)$ 上可导，$f(0) = 1$，且满足等式

$$f'(x) + f(x) - \frac{1}{x+1}\int_0^x f(t)\,\mathrm{d}t = 0.$$

(1) 求导数 $f'(x)$；

(2) 证明：当 $x \geqslant 0$ 时，不等式 $e^{-x} \leqslant f(x) \leqslant 1$ 成立.

10. 设 $y'' + P(x)y' = f(x)$ 有一解 $\dfrac{1}{x}$，对应齐次方程有一特解为 x^2，试求：

(1) $P(x)$，$f(x)$ 的表达式；

(2) 此方程的通解.

11. 设函数 $y = f(x)$ 满足微分方程 $y'' - 3y' + 2y = 2e^x$，且其图形在点 $(0,1)$ 处的切线与曲线 $y = x^2 - x + 1$ 在该点的切线重合，求函数 $f(x)$.

📖 **参考答案**

一、1. D　2. C　3. B　4. A　5. A　6. D　7. C　8. D

二、1. $y = e^{5x} - e^{-x}$　2. $y = C_1 e^x + C_2 e^{-2x}$　3. $y = C_1 \cos x + C_2 \sin x$　4. $y^* = x(ax+b)e^{2x}$　5. $y'' + y' = 0$　6. $y = C_1 e^{3x} + C_2 e^{-x}$　7. $r^5 + 4r^2 - 3r + 2 = 0$　8. $y = -\dfrac{1}{2}x^2 - x$　9. $y = \sin x + C_1 x^2 + C_2 x + C_3$

三、**1.** （1）$y = x\arctan x - \frac{1}{2}\ln(1+x^2) + C_1 x + C_2$　（2）$y = C_1 e^x - x - \frac{x^2}{2} + C_2$

（3）$y = C_1\ln|x| + C_2$　（4）$C_1 y^2 - 1 = (C_1 x + C_2)^2$

2. $y = (2+x)e^{-\frac{x}{2}}$

3. $y = C_1 e^{3x} + C_2 e^{-x} - x + \frac{1}{3}$

4. $y = C_1 e^x + C_2 e^{2x} - x\left(\frac{1}{2}x + 1\right)e^x$

5. $y = C_1 e^{3x} + C_2 e^{-x} - \frac{1}{3}e^{2x}$

6. $y = (C_1 + C_2 x)e^{3x} + \frac{1}{2}x^2\left(\frac{1}{3}x + 1\right)e^{3x}$

7. $y = C_1 e^{-x} + C_2 e^{-2x} - \frac{1}{2}e^{-x}(\cos x + \sin x)$

8. $y = C_1 + C_2 e^{-2x} + \frac{1}{4}x + \frac{1}{16}\left(\cos 2x - \sin 2x\right)$

提示：$\sin^2 x = \frac{1}{2} - \frac{1}{2}\cos 2x$，故设 $y^* = y_1^* + y_2^* = ax + b_1\cos 2x + b_2\sin 2x$

9. （1）$f'(x) = -\dfrac{e^{-x}}{x+1}$　（2）略

10. （1）$P(x) = -\dfrac{1}{x}, f(x) = \dfrac{1}{x^3}$　（2）$y = C_1 + C_2 x^2 + \dfrac{1}{x}$

11. $f(x) = (1-2x)e^x$

第八章

 空间解析几何与向量代数

第一讲 向量及其运算

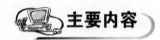 主要内容

一、向量

既有大小又有方向的量称为向量.

(1) 向量的模与几何表示 向量 $\overrightarrow{AB}$ 的长度称为向量的模,记为 $|\overrightarrow{AB}|$ 或 $|\boldsymbol{a}|$.

(2) 单位向量 模为 1 的向量称为单位向量, $\boldsymbol{a}^0 = \dfrac{1}{|\boldsymbol{a}|}\boldsymbol{a}$.

(3) 向量及零向量、相等向量、负向量、平行向量、共线与共面向量.

二、空间直角坐标系

轴、面、卦限与向量的坐标分解式 ($\boldsymbol{a} = a_x\boldsymbol{i} + a_y\boldsymbol{j} + a_z\boldsymbol{k}$):

(1) 向量的模: $|\boldsymbol{a}| = \sqrt{a_x^2 + a_y^2 + a_z^2}$.

(2) 两点间距离公式: $|M_1M_2| = \sqrt{(x_2-x_1)^2 + (y_2-y_1)^2 + (z_2-z_1)^2}$, $M_1(x_1,y_1,z_1)$, $M_2(x_2,y_2,z_2)$ 为空间两点.

三、向量的线性运算

(1) 向量的加法(平行四边形法则)与减法, $\boldsymbol{a} = \{x_1,y_1,z_1\}$, $\boldsymbol{b} = \{x_2,y_2,z_2\}$, 则 $\boldsymbol{a} \pm \boldsymbol{b} = \{x_1 \pm x_2, y_1 \pm y_2, z_1 \pm z_2\}$.

(2) 向量与数的乘法: $\lambda\boldsymbol{a} = \{\lambda x_1, \lambda y_1, \lambda z_1\}$.

四、方向角与方向余弦

设向量 $\overrightarrow{OM} = \{x,y,z\}$ 与坐标轴 Ox, Oy, Oz 正向的夹角依次为 α, β, γ, 则这三个角决定了向量的方向, 称为 $\overrightarrow{OM}$ 的方向角, 常用 $\cos\alpha, \cos\beta, \cos\gamma$ 来描述向量的方向, 称之为向量

的方向余弦.

$$\cos \alpha = \frac{x}{\sqrt{x^2 + y^2 + z^2}}, \cos \beta = \frac{y}{\sqrt{x^2 + y^2 + z^2}}, \cos \gamma = \frac{z}{\sqrt{x^2 + y^2 + z^2}}.$$

五、向量在轴上的投影

设 $\boldsymbol{a} = a_x \boldsymbol{i} + a_y \boldsymbol{j} + a_z \boldsymbol{k}$, 则 $\mathrm{Prj}_x \boldsymbol{a} = a_x$, $\mathrm{Prj}_y \boldsymbol{a} = a_y$, $\mathrm{Prj}_z \boldsymbol{a} = a_z$.

六、两个向量的数量积(点积、内积)

(1) 两向量数量积的概念: $\boldsymbol{a} \cdot \boldsymbol{b} = |\boldsymbol{a}| \cdot |\boldsymbol{b}| \cos (\widehat{\boldsymbol{a}, \boldsymbol{b}})$.

设 $\boldsymbol{a} = \{x_1, y_1, z_1\}, \boldsymbol{b} = \{x_2, y_2, z_2\}$, 则

$$\boldsymbol{a} \cdot \boldsymbol{b} = x_1 x_2 + y_1 y_2 + z_1 z_2, \cos (\widehat{\boldsymbol{a}, \boldsymbol{b}}) = \frac{x_1 x_2 + y_1 y_2 + z_1 z_2}{\sqrt{x_1^2 + y_1^2 + z_1^2} \sqrt{x_2^2 + y_2^2 + z_2^2}}.$$

(2) 两非零向量垂直的充要条件: $\boldsymbol{a} \perp \boldsymbol{b} \Leftrightarrow a_x b_x + a_y b_y + a_z b_z = 0 \Leftrightarrow \boldsymbol{a} \cdot \boldsymbol{b} = 0$.

(3) 向量 $\boldsymbol{a}$ 在向量 $\boldsymbol{b}$ 上的投影: $\mathrm{Prj}_b \boldsymbol{a} = |\boldsymbol{a}| \cos (\widehat{\boldsymbol{a}, \boldsymbol{b}})$; 向量 $\boldsymbol{b}$ 在向量 $\boldsymbol{a}$ 上的投影: $\mathrm{Prj}_a \boldsymbol{b} = |\boldsymbol{b}| \cos (\widehat{\boldsymbol{a}, \boldsymbol{b}})$.

七、两向量的向量积(叉积、外积)

(1) 向量积的概念:两个向量 $\boldsymbol{a}$ 与 $\boldsymbol{b}$ 的向量积是一个向量,记为 $\boldsymbol{c} = \boldsymbol{a} \times \boldsymbol{b}$, 它的模和方向分别规定如下: $|\boldsymbol{c}| = |\boldsymbol{a}| \cdot |\boldsymbol{b}| \sin (\widehat{\boldsymbol{a}, \boldsymbol{b}})$, $\boldsymbol{c} \perp \boldsymbol{a}$ 且 $\boldsymbol{c} \perp \boldsymbol{b}$, $\boldsymbol{a}, \boldsymbol{b}, \boldsymbol{c}$ 成右手系.

(2) 向量积的坐标表示:若 $\boldsymbol{a} = \{x_1, y_1, z_1\}, \boldsymbol{b} = \{x_2, y_2, z_2\}$, 则

$$\boldsymbol{c} = \boldsymbol{a} \times \boldsymbol{b} = \begin{vmatrix} \boldsymbol{i} & \boldsymbol{j} & \boldsymbol{k} \\ x_1 & y_1 & z_1 \\ x_2 & y_2 & z_2 \end{vmatrix}.$$

(3) 两非零向量平行的充要条件: $\boldsymbol{a} /\!/ \boldsymbol{b} \Leftrightarrow \boldsymbol{a} \times \boldsymbol{b} = \boldsymbol{0} \Leftrightarrow \dfrac{x_1}{x_2} = \dfrac{y_1}{y_2} = \dfrac{z_1}{z_2}$.

八、向量的混合积

(1) 混合积的概念: $[\boldsymbol{abc}] = (\boldsymbol{a} \times \boldsymbol{b}) \cdot \boldsymbol{c} = \begin{vmatrix} a_x & a_y & a_z \\ b_x & b_y & b_z \\ c_x & c_y & c_z \end{vmatrix}$.

(2) 混合积的几何意义:混合积是这样的一个数,它的绝对值表示以 $\boldsymbol{a}, \boldsymbol{b}, \boldsymbol{c}$ 为棱的平行六面体的体积,当 $\boldsymbol{a}, \boldsymbol{b}, \boldsymbol{c}$ 成右手系时混合积符号为正,当 $\boldsymbol{a}, \boldsymbol{b}, \boldsymbol{c}$ 成左手系时混合积符号为负.

教学要求

➤ 理解向量的概念,会求单位向量、向量的模、方向余弦和向量在坐标轴上的投影.

> 理解空间直角坐标系,掌握空间两点的距离公式,熟练掌握向量的线性运算.

> 熟练掌握向量的数量积和向量积,熟练掌握两向量平行、垂直的充要条件.

重点例题

例 8-1-1 设点 $A(4,3,1)$、点 $B(7,1,2)$,求与 $\overrightarrow{AB}$ 同向的单位向量.

解
$$\overrightarrow{AB} = \{7-4, 1-3, 2-1\} = \{3, -2, 1\},$$

$$|\overrightarrow{AB}| = \sqrt{3^2 + (-2)^2 + 1^2} = \sqrt{14},$$

所求与 $\overrightarrow{AB}$ 同向的单位向量为 $\dfrac{\sqrt{14}}{14}\{3, -2, 1\}$.

例 8-1-2 设 $a = \{1,4,5\}, b = \{1,1,2\}$,求 λ,使 $(a+\lambda b) \perp (a-\lambda b)$.

解 $a+\lambda b = \{1+\lambda, 4+\lambda, 5+2\lambda\}, a-\lambda b = \{1-\lambda, 4-\lambda, 5-2\lambda\}$,

由于
$$(a+\lambda b) \perp (a-\lambda b),$$

故
$$(a+\lambda b) \cdot (a-\lambda b) = (1-\lambda^2) + (16-\lambda^2) + (25-4\lambda^2) = 0,$$

解方程得 $\lambda = \pm\sqrt{7}$.

例 8-1-3 已知 $|a| = 13, |b| = 19, |a+b| = 24$,求 $|a-b|$.

解 由于 $|a+b|^2 = (a+b) \cdot (a+b) = |a|^2 + |b|^2 + 2a \cdot b$,

所以
$$2a \cdot b = |a+b|^2 - |a|^2 - |b|^2 = 24^2 - 13^2 - 19^2,$$

又
$$|a-b|^2 = (a-b) \cdot (a-b) = |a|^2 + |b|^2 - 2a \cdot b$$

$$= 13^2 + 19^2 - (24^2 - 13^2 - 19^2) = 484,$$

于是
$$|a-b| = 22.$$

例 8-1-4 已知向量 $a = \{1,1,-4\}, b = \{1,-2,2\}$,求向量 a 与向量 b 的夹角.

解
$$a \cdot b = 1 \times 1 + 1 \times (-2) + (-4) \times 2 = -9,$$

$$\cos\theta = \frac{a_x b_x + a_y b_y + a_z b_z}{\sqrt{a_x^2 + a_y^2 + a_z^2}\sqrt{b_x^2 + b_y^2 + b_z^2}} = \frac{-9}{\sqrt{18} \cdot \sqrt{9}} = -\frac{\sqrt{2}}{2},$$

故向量 a 与向量 b 的夹角为 $\dfrac{3}{4}\pi$.

例 8-1-5 求与 $a = 3i - 2j + 4k, b = i + j - 2k$ 都垂直的单位向量.

解
$$c = a \times b = \begin{vmatrix} i & j & k \\ a_x & a_y & a_z \\ b_x & b_y & b_z \end{vmatrix} = \begin{vmatrix} i & j & k \\ 3 & -2 & 4 \\ 1 & 1 & -2 \end{vmatrix} = 10j + 5k,$$

又
$$|c| = \sqrt{10^2 + 5^2} = 5\sqrt{5},$$

故
$$c^0 = \pm\frac{c}{|c|} = \pm\left(\frac{2}{\sqrt{5}}j + \frac{1}{\sqrt{5}}k\right).$$

例 8 - 1 - 6　已知向量 a 与向量 $b = \{3,6,8\}$ 及 x 轴垂直，且 $|a| = 2$，求向量 a.

解　因为 $a \perp b$，且 $a \perp i$（a 垂直于 x 轴），故 a 与向量 $b \times i$ 平行，即 a 可表示成

$$a = \lambda(b \times i).$$

由于

$$b \times i = \begin{vmatrix} i & j & k \\ 3 & 6 & 8 \\ 1 & 0 & 0 \end{vmatrix} = 8j - 6k,$$

故

$$a = \lambda\{0, 8, -6\}.$$

又由

$$|a| = |\lambda| \cdot \sqrt{0^2 + 8^2 + (-6)^2} = 10|\lambda| = 2,$$

得 $\lambda = \pm\dfrac{1}{5}$，所以所求向量

$$a = \left\{0, \frac{8}{5}, -\frac{6}{5}\right\} \text{或} \ a = \left\{0, -\frac{8}{5}, \frac{6}{5}\right\}.$$

课后习题

一、选择题

1. 空间坐标系中 $O(0,0,0)$，$A(2,1,0)$，$B(2,1,1)$，则向量 $\overrightarrow{AB}$ 与 $\overrightarrow{OB}$ 的夹角为（　　）.

A. $\dfrac{\pi}{2}$　　　　B. $\dfrac{\pi}{3}$　　　　C. $\arccos\dfrac{\sqrt{6}}{6}$　　　D. 0

2. 设向量 $a = \{2, -3, 6\}$，则与 a 同向的单位向量为（　　）.

A. $\{2, -3, 6\}$　　　　　　　　B. $-\dfrac{1}{7}\{2, -3, 6\}$

C. $\pm\dfrac{1}{7}\{2, -3, 6\}$　　　　　D. $\dfrac{1}{7}\{2, -3, 6\}$

3. 在空间直角坐标系中点 $(-1, 3, -2)$ 关于原点的对称点是（　　）.
A. $(-1, 3, 2)$　　　　　　　B. $(1, 3, 2)$
C. $(1, -3, -2)$　　　　　　D. $(1, -3, 2)$

4. 向量 $a = \{4, -3, 4\}$，$b = \{2, 2, 1\}$，则向量 a 和 b 的夹角为（　　）.

A. $\arcsin\dfrac{2}{\sqrt{41}}$　　B. 0　　　　C. $\arccos\dfrac{2}{\sqrt{41}}$　　D. $\dfrac{\pi}{4}$

5. 空间坐标系中 $O(0,0,0)$，$A(2,1,0)$，$B(2,1,1)$，则向量 $\overrightarrow{AB}$ 与 $\overrightarrow{OB}$ 的夹角为（　　）.

A. $\dfrac{\pi}{2}$　　　　B. $\pi - \arccos\dfrac{\sqrt{6}}{6}$　　C. $\arccos\dfrac{\sqrt{6}}{6}$　　D. $\dfrac{\pi}{3}$

6. 当 $k = $（　　）时，向量 $a = \{1, -1, k\}$ 与向量 $b = \{2, 4, 2\}$ 垂直.
A. 1　　　　　　B. -1　　　　　C. 2　　　　　D. -2

7. 设 a, b 均为非零向量，且满足 $|a - b| = |a + b|$，则必有（　　）.

A. $a+b=0$ B. $a-b=0$ C. $a \times b=0$ D. $a \cdot b=0$

8. 设 a,b 是非零向量，λ 是非零常数，若 $a+\lambda b$ 垂直于 b，则 $\lambda=($).

A. $\dfrac{a \cdot b}{b^2}$ B. 1   C. $a \cdot b$ D. $-\dfrac{a \cdot b}{|b|^2}$

9. 设向量 a,b,c 满足(   )时，$a \times b-a \times c=0$ 成立.

A. $a=0$ B. $b-c=0$

C. 当 $a \neq 0$ 时必有 $b=c$ D. $a=\lambda(b-c)$，λ 为常数

10. 向量 $a=\{1,-1,2\}$ 在向量 $b=\{3,0,4\}$ 上的投影为(   ).

A. $\dfrac{11}{5}$ B. 8   C. $\dfrac{7}{2}$ D. 1

二、填空题

1. 已知平行四边形 $ABCD$ 的两个顶点 $A(2,-3,5)$，$B(-1,3,2)$，它的对角线的交点 $E(4,-1,7)$，则顶点 C 的坐标为_____，顶点 D 的坐标为_____.

2. 设点 A 位于第 Ⅰ 卦限，向径 $\overrightarrow{OA}$ 与 x 轴，y 轴的夹角依次为 $\dfrac{\pi}{3}$ 和 $\dfrac{\pi}{4}$，且 $|\overrightarrow{OA}|=6$，则点 A 的坐标为_____.

3. 已知两点 $M_1(4,\sqrt{2},1)$ 和 $M_2(3,0,2)$，则向量 $\overrightarrow{M_1M_2}=$ _____，$|M_1M_2|=$ _____，方向余弦 $\cos\alpha=$ _____，$\cos\beta=$ _____，$\cos\gamma=$ _____，方向角 $\alpha=$ _____，$\beta=$ _____，$\gamma=$ _____.

4. 若向量 x 与向量 $a=2i-j+2k$ 平行且满足 $x \cdot a=-18$，则 $x=$ _____.

5. 已知向量 $a=\{3,-1,0\}$，$b=\{2,-3,2\}$，则模 $|a \times b|=$ _____.

6. 已知 $|a|=3$，$|b|=4$，$(\overset{\wedge}{a,b})=\dfrac{2\pi}{3}$，则 $(3a-2b) \cdot (a+2b)=$ _____.

7. 设两向量分别为 $a=\{1,-2,2\}$ 和 $b=\{1,1,-4\}$，则数量积 $a \cdot b=$ _____.

8. 向量 $a=\{2,-2,1\}$ 在向量 $b=\{1,1,-4\}$ 上的投影等于_____.

9. 设 $a=\{0,-1,3\}$，$b=\{1,2,1\}$，则与 a 和 b 同时垂直的单位向量为_____.

10. 设向量 a 与 $b=\{2,-1,2\}$ 平行，$a \cdot b=-18$，则向量 $a=$ _____.

三、解答题

1. 已知三角形的三个顶点 $A(2,-1,4)$，$B(3,2,-6)$，$C(-5,0,2)$，求三条中线的长度.

2. 已知 $|a|=3$，$|b|=26$，$|a \times b|=72$，求 $a \cdot b$.

3. 设 $(a+3b) \perp (7a-5b)$，$(a-4b) \perp (7a-2b)$，求向量 a 与 b 的夹角 $(\overset{\wedge}{a,b})$.

4. 已知 $A(1,1,1)$，$B(2,2,1)$，$C(2,1,2)$，求与 $\overrightarrow{AB}$，$\overrightarrow{AC}$ 同时垂直的单位向量.

5. 求以 $A(1,2,3)$，$B(3,4,5)$，$C(2,4,7)$ 为顶点的三角形的面积.

6. 设 $a=\{2,-3,1\}$，$b=\{1,-2,3\}$，$c=\{2,1,2\}$，向量 r 满足 $r \perp a$ 且 $r \perp b$，$\mathrm{Prj}_c r=14$，求 r.

四、证明题

1. 用向量方法证明：对角线互相平分的四边形是平行四边形.

2. 设非零向量 e_1 与 e_2 不共线，$\overrightarrow{AB}=e_1+e_2$，$\overrightarrow{BC}=2e_1+8e_2$，$\overrightarrow{CD}=3e_1-3e_2$，试证：$A,B,D$ 三点共线.

3. 试用向量证明直径所对的圆周角为直角.

4. 试用向量证明不等式:

$$\sqrt{a_1^2 + a_2^2 + a_3^2} \cdot \sqrt{b_1^2 + b_2^2 + b_3^2} \geqslant a_1 b_1 + a_2 b_2 + a_3 b_3,$$

其中 $a_1, a_2, a_3, b_1, b_2, b_3$ 为任意实数,并指出等号成立的条件.

参考答案

一、1. C　2. D　3. D　4. C　5. C　6. A　7. D　8. D　9. D　10. A

二、1. $(6,1,9), (9,-5,12)$　2. $(3, 3\sqrt{2}, 3)$　方向相同　3. $\{-1, -\sqrt{2}, 1\}, 2, -\frac{1}{2}, -\frac{\sqrt{2}}{2}, \frac{1}{2}, \frac{2\pi}{3}, \frac{3\pi}{4}, \frac{\pi}{3}$

4. $\{-18, 9, -18\}$　5. $\sqrt{89}$　6. -61　7. -9　8. $-\frac{2}{3}\sqrt{2}$　9. $\pm\frac{\sqrt{59}}{59}\{-7, 3, 1\}$　10. $\{-4, 2, -4\}$

三、1. 三条中线长度分别为: $7, \frac{\sqrt{430}}{2}, \frac{\sqrt{262}}{2}$　2. ± 30　3. $\frac{\pi}{3}$　4. $\pm\frac{\sqrt{3}}{3}\{1, -1, -1\}$　5. $\sqrt{14}$

6. $\{14, 10, 2\}$

四、1. 提示:画出图形,假设向量,利用向量加法.

　　2. 提示:计算相关向量.

　　3. 提示:画出图形,假设向量,利用向量运算和性质.

　　4. 提示:设 $\boldsymbol{m} = \{a_1, a_2, a_3\}, \boldsymbol{n} = \{b_1, b_2, b_3\}$,利用性质:$\boldsymbol{m} \cdot \boldsymbol{n} \leqslant |\boldsymbol{m}| \cdot |\boldsymbol{n}|$. 等号成立的条件是这两个向量同向.

第二讲　空间解析几何

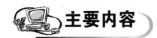

主要内容

一、曲面与方程

1. 定义

如果曲面 S 与三元方程 $F(x, y, z) = 0$ 有下述关系:

(1) 曲面 S 上任一点的坐标都满足方程 $F(x, y, z) = 0$;

(2) 不在曲面 S 上的点的坐标都不满足方程 $F(x, y, z) = 0$.

则方程 $F(x, y, z) = 0$ 就叫做曲面 S 的方程,而曲面 S 就叫做方程 $F(x, y, z) = 0$ 的图形.

2. 球面及其方程

球心在 (a, b, c),半径为 R 的球面方程为

$$(x - a)^2 + (y - b)^2 + (z - c)^2 = R^2.$$

3. 旋转曲面及其方程

以一条平面曲线 C 绕其平面上的一条直线 L 旋转一周所成的曲面称之为旋转曲面,这条定直线 L 叫旋转曲面的轴,曲线 C 称为曲面的母线.

设在 yOz 坐标面上有一已知曲线 C,它的方程为 $f(y, z) = 0$,则它绕 z 轴旋转所得旋

转曲面的方程为 $f(\pm\sqrt{x^2+y^2},z)=0$.

4. 柱面及其方程

平行于定直线并沿定曲线 C 移动的直线 L 形成的轨迹叫做柱面，C 为柱面的准线，L 为柱面的母线.

以 xOy 面上的曲线 $C:F(x,y)=0$ 为准线，平行于 z 轴的直线为母线的柱面方程为

$$F(x,y)=0.$$

5. 二次曲面

(1) 概念：三元二次方程 $F(x,y,z)=0$ 所表示的曲面称为二次曲面.

(2) 二次曲面的分类及其图形：常见的二次曲面可分为椭球面、椭圆锥面、单叶双曲面、双叶双曲面、椭圆抛物面、双曲抛物面(马鞍面)等，下面给出它们的方程.

椭球面：由方程 $\dfrac{x^2}{a^2}+\dfrac{y^2}{b^2}+\dfrac{z^2}{c^2}=1$ 所表示的曲面称为椭球面.

椭圆锥面：由方程 $\dfrac{x^2}{a^2}+\dfrac{y^2}{b^2}=z^2$ 所表示的曲面称为椭圆锥面.

单叶双曲面：由方程 $\dfrac{x^2}{a^2}+\dfrac{y^2}{b^2}-\dfrac{z^2}{c^2}=1$ 所表示的曲面称为单叶双曲面.

双叶双曲面：由方程 $\dfrac{x^2}{a^2}-\dfrac{y^2}{b^2}-\dfrac{z^2}{c^2}=1$ 所表示的曲面称为双叶双曲面.

椭圆抛物面：由方程 $\dfrac{x^2}{a^2}+\dfrac{y^2}{b^2}=z$ 所表示的曲面称为椭圆抛物面.

双曲抛物面：由方程 $\dfrac{x^2}{a^2}-\dfrac{y^2}{b^2}=z$ 所表示的曲面称为双曲抛物面.

二、空间曲线及其方程

1. 空间曲线 C 的一般方程

空间曲线可以看作两个曲面的交线，设 $F(x,y,z)=0$ 和 $G(x,y,z)=0$ 是两个曲面方程，它们的交线为 C，曲线 C 可以用方程组 $\begin{cases} F(x,y,z)=0 \\ G(x,y,z)=0 \end{cases}$ 来表示，上述方程组叫做空间曲线 C 的一般方程.

2. 空间曲线的参数方程

当 C 上动点的坐标 x,y,z 表示为参数 t 的函数时，方程组 $\begin{cases} x=x(t) \\ y=y(t) \\ z=z(t) \end{cases}$ 叫做空间曲线的参数方程.

3. 空间曲线在坐标面上的投影

设空间曲线 C 的一般方程为 $\begin{cases} F(x,y,z)=0 \\ G(x,y,z)=0 \end{cases}$，该方程组消去变量 z 后所得的方程

$$H(x,y)=0,$$

就是曲线 C 关于 xOy 面的投影柱面.

曲线 C 在 xOy 面上的投影曲线的方程为

$$\begin{cases} H(x,y) = 0 \\ z = 0 \end{cases}$$

三、平面及其方程

1. 平面的点法式方程

设平面经过点 $M_0(x_0,y_0,z_0)$，它的一个法线向量为 $\boldsymbol{n} = \{A,B,C\}$，则平面方程为

$$A(x-x_0) + B(y-y_0) + C(z-z_0) = 0,$$

此方程叫做平面的点法式方程.

2. 平面的一般方程

方程 $Ax + By + Cz + D = 0$ 称为平面的一般方程.

3. 平面的截距式方程

设 a,b,c 依次是平面在 x,y,z 轴上的截距，方程 $\dfrac{x}{a} + \dfrac{y}{b} + \dfrac{z}{c} = 1$ 叫做平面的截距式方程.

4. 特殊的平面方程

$Ax + By + Cz = 0$ 表示过原点的平面方程.

$Ax + By + D = 0$ 表示平行于 Oz 轴的平面.

$Ax + By = 0$ 表示过 Oz 轴的平面.

$Cz + D = 0$ 表示平行于坐标平面 xOy 的平面.

5. 两平面的位置关系及点到平面的距离

（1）设平面 Π_1 和 Π_2 的法线向量分别为 $\boldsymbol{n}_1 = \{A_1,B_1,C_1\}$ 和 $\boldsymbol{n}_2 = \{A_2,B_2,C_2\}$，那么平面 Π_1 和 Π_2 的夹角 θ 可由

$$\cos\theta = |\cos(\widehat{\boldsymbol{n}_1,\boldsymbol{n}_2})| = \frac{|A_1A_2 + B_1B_2 + C_1C_2|}{\sqrt{A_1^2+B_1^2+C_1^2} \cdot \sqrt{A_2^2+B_2^2+C_2^2}}$$

来确定.

（2）平面 Π_1 和 Π_2 垂直的充分必要条件为 $A_1A_2 + B_1B_2 + C_1C_2 = 0$；

平面 Π_1 和 Π_2 平行或重合的充分必要条件为 $\dfrac{A_1}{A_2} = \dfrac{B_1}{B_2} = \dfrac{C_1}{C_2}$.

（3）设 $P_0(x_0,y_0,z_0)$ 是平面 $Ax + By + Cz + D = 0$ 外一点，则点 P_0 到这平面的距离为

$$d = \frac{|Ax_0 + By_0 + Cz_0 + D|}{\sqrt{A^2+B^2+C^2}}.$$

四、空间直线及其方程

1. 空间直线的一般方程

方程组 $\begin{cases} A_1x + B_1y + C_1z + D_1 = 0 \\ A_2x + B_2y + C_2z + D_2 = 0 \end{cases}$ 叫做空间直线的一般方程.

2. 空间直线的对称式方程(点向式方程)

设直线 L 通过点 $M_0(x_0, y_0, z_0)$,且直线的方向向量为 $\boldsymbol{s} = \{m, n, p\}$,则方程组

$$\frac{x - x_0}{m} = \frac{y - y_0}{n} = \frac{z - z_0}{p}$$

叫做直线的对称式方程(点向式方程).

3. 空间直线的参数方程

设直线 L 通过点 $M_0(x_0, y_0, z_0)$,且直线的方向向量为 $\boldsymbol{s} = \{m, n, p\}$,则方程组

$$\begin{cases} x = x_0 + mt \\ y = y_0 + nt \\ z = z_0 + pt \end{cases}$$

叫做直线的参数方程.

4. 空间两条直线间的位置关系

设直线 L_1 和 L_2 的方向向量分别为 $\boldsymbol{s}_1 = \{m_1, n_1, p_1\}$ 和 $\boldsymbol{s}_2 = \{m_2, n_2, p_2\}$,那么 L_1 和 L_2 的夹角 φ 可由

$$\cos \varphi = | \cos (\overset{\wedge}{\boldsymbol{s}_1, \boldsymbol{s}_2}) | = \frac{| m_1 m_2 + n_1 n_2 + p_1 p_2 |}{\sqrt{m_1^2 + n_1^2 + p_1^2} \cdot \sqrt{m_2^2 + n_2^2 + p_2^2}}$$

来确定.

设有两直线 $L_1 : \dfrac{x - x_1}{m_1} = \dfrac{y - y_1}{n_1} = \dfrac{z - z_1}{p_1}, L_2 : \dfrac{x - x_2}{m_2} = \dfrac{y - y_2}{n_2} = \dfrac{z - z_2}{p_2}$,则

$$L_1 \perp L_2 \Leftrightarrow m_1 m_2 + n_1 n_2 + p_1 p_2 = 0,$$

$$L_1 /\!/ L_2 \Leftrightarrow \frac{m_1}{m_2} = \frac{n_1}{n_2} = \frac{p_1}{p_2}.$$

5. 直线与平面的夹角

设直线的方向向量 $\boldsymbol{s} = \{m, n, p\}$,平面的法线向量为 $\boldsymbol{n} = \{A, B, C\}$,直线与平面的夹角为 φ,那么

$$\sin \varphi = \frac{| Am + Bn + Cp |}{\sqrt{A^2 + B^2 + C^2} \cdot \sqrt{m^2 + n^2 + p^2}}.$$

直线与平面垂直的充分必要条件为

$$\frac{A}{m} = \frac{B}{n} = \frac{C}{p}.$$

直线与平面平行或直线在平面上的充分必要条件为

$$Am + Bn + Cp = 0.$$

设直线 L 的方向向量为 $\{m, n, p\}$,平面 Π 的法线向量为 $\{A, B, C\}$,则

$$L \perp \Pi \Leftrightarrow \frac{A}{m} = \frac{B}{n} = \frac{C}{p};$$

$$L /\!/ \Pi \Leftrightarrow Am + Bn + Cp = 0.$$

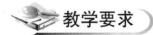 **教学要求**

➤ 理解曲面方程、柱面方程的概念，了解常见曲面的方程和图形.
➤ 理解空间曲线的一般方程与参数方程，会求空间曲线在坐标平面上的投影曲线.
➤ 掌握平面的方程及其求法，了解特殊的平面方程，会判别两平面的垂直、平行，会求两平面的夹角和点到平面间的距离.
➤ 掌握空间直线的方程及其求法，会判定两直线的平行、垂直，会判定直线与平面的关系.

重点例题

例 8-2-1 将 xOy 坐标面上的双曲线 $\dfrac{x^2}{a^2} - \dfrac{z^2}{c^2} = 1$ 分别绕 z 轴和 x 轴旋转一周，求所生成的旋转曲面的方程.

解 绕 z 轴旋转所得的旋转曲面叫做旋转单叶双曲面，它的方程为

$$\frac{x^2 + y^2}{a^2} - \frac{z^2}{c^2} = 1.$$

绕 x 轴旋转所得的旋转曲面叫做旋转双叶双曲面，它的方程为

$$\frac{x^2}{a^2} - \frac{y^2 + z^2}{c^2} = 1.$$

例 8-2-2 求曲面 $z = \sqrt{x^2 + y^2}$ 与 $z = \sqrt{1 - x^2}$ 所围成的立体在 xOy 坐标面上的投影区域.

解 两曲面方程联立成方程组 $\begin{cases} z = \sqrt{x^2 + y^2} \\ z = \sqrt{1 - x^2} \end{cases}$，消去 z 得投影柱面方程

$$2x^2 + y^2 = 1,$$

所以两曲面交线在 xOy 坐标面上的投影曲线为 $\begin{cases} 2x^2 + y^2 = 1 \\ z = 0 \end{cases}$，故立体在坐标面上的投影区域为

$$\{(x, y) \mid 2x^2 + y^2 \leqslant 1\}.$$

例 8-2-3 求过三点 $A(2, -1, 4)$，$B(-1, 3, -2)$ 和 $C(0, 2, 3)$ 的平面方程.

解 $\overrightarrow{AB} = \{-3, 4, -6\}$，$\overrightarrow{AC} = \{-2, 3, -1\}$，取平面法线向量

$$\boldsymbol{n} = \overrightarrow{AB} \times \overrightarrow{AC} = \begin{vmatrix} \boldsymbol{i} & \boldsymbol{j} & \boldsymbol{k} \\ -3 & 4 & -6 \\ -2 & 3 & -1 \end{vmatrix} = \{14, 9, -1\},$$

所求平面方程为

$$14(x-2)+9(y+1)-(z-4)=0.$$

化简得

$$14x+9y-z-15=0.$$

【点评】 寻找平面法线向量时,如果法线向量同时与两个已知向量(不平行)垂直,则可通过向量积运算获得所求平面的一个法线向量.

例 8-2-4 一平面通过两点 $M_1(1,1,1)$ 和 $M_2(0,1,-1)$ 且垂直于平面 $x+y+z=0$,求它的方程.

解 已知从点 M_1 到点 M_2 的向量为 $\boldsymbol{n}_1=\{-1,0,-2\}$,平面 $x+y+z=0$ 的法线向量为 $\boldsymbol{n}_2=\{1,1,1\}$,设所求平面的法线向量为 $\boldsymbol{n}=\{A,B,C\}$.

因为点 $M_1(1,1,1)$ 和 $M_2(0,1,-1)$ 在所求平面上,所以 $\boldsymbol{n}\perp\boldsymbol{n}_1$,即

$$-A-2C=0,A=-2C.$$

又因为所求平面垂直于平面 $x+y+z=0$,所以 $\boldsymbol{n}\perp\boldsymbol{n}_2$,即

$$A+B+C=0,B=C.$$

于是由点法式方程,所求平面为

$$-2C(x-1)+C(y-1)+C(z-1)=0,$$

即

$$2x-y-z=0.$$

例 8-2-5 问直线 $L:\dfrac{x-1}{2}=\dfrac{y+3}{-1}=\dfrac{z+2}{5}$ 是否在平面 $\varPi:4x+3y-z+3=0$ 上?

解 将直线化为参数式方程 $\begin{cases}x=1+2t\\y=-3-t\\z=-2+5t\end{cases}$,将上式代入平面方程,对任意 t 均有 $4(1+2t)+3(-3-t)-(-2+5t)+3=0$,所以直线在平面上.

【点评】 直线上的点与参数 t 取值一一对应,将直线参数方程代入平面方程,若对任意 t,等式成立,那就说明了直线上任意一点都在平面上,即平面通过该直线.

例 8-2-6 求平行于平面 $6x+y+6z+5=0$ 且与三个坐标面所围成的四面体体积为一个单位的平面方程.

解 设所求平面方程为 $\dfrac{x}{a}+\dfrac{y}{b}+\dfrac{z}{c}=1$,因为体积为 1,所以

$$\frac{1}{3}\cdot\frac{1}{2}abc=1.$$

由于所求平面与已知平面平行,故

$$\left\{\frac{1}{a},\frac{1}{b},\frac{1}{c}\right\}/\!/\{6,1,6\},$$

即

$$\frac{\dfrac{1}{a}}{6}=\frac{\dfrac{1}{b}}{1}=\frac{\dfrac{1}{c}}{6}.$$

设 $\dfrac{\frac{1}{a}}{6}=t$,则 $\qquad a=\dfrac{1}{6t},b=\dfrac{1}{t},c=\dfrac{1}{6t}.$

将上面三式代入体积式,解得 $t=\dfrac{1}{6}$,于是 $a=1,b=6,c=1$,所求平面方程为

$$6x+y+6z=6.$$

【点评】 本题选用平面的截距式方程,在便于表达体积的同时,也较易表达向量,从而简化了计算过程.

例 8-2-7 用对称式方程及参数方程表示直线 $\begin{cases}x+y+z=-1\\2x-y+3z=4\end{cases}$.

解 先求直线上的一点. 取 $x=1$,有

$$\begin{cases}y+z=-2\\-y+3z=2\end{cases}.$$

解此方程组,得 $y=-2,z=0$,即 $(1,-2,0)$ 就是直线上的一点.

再求这直线的方向向量 s. 以平面 $x+y+z=-1$ 和 $2x-y+3z=4$ 的法线向量的向量积作为直线的方向向量 s:

$$s=(i+j+k)\times(2i-j+3k)=\begin{vmatrix}i&j&k\\1&1&1\\2&-1&3\end{vmatrix}=4i-j-3k.$$

因此,所给直线的对称式方程为

$$\frac{x-1}{4}=\frac{y+2}{-1}=\frac{z}{-3}.$$

令 $\dfrac{x-1}{4}=\dfrac{y+2}{-1}=\dfrac{z}{-3}=t$,得所给直线的参数方程为

$$\begin{cases}x=1+4t\\y=-2-t\\z=-3t\end{cases}.$$

例 8-2-8 求过点 $(2,1,3)$ 且与直线 $\dfrac{x+1}{3}=\dfrac{y-1}{2}=\dfrac{z}{-1}$ 垂直相交的直线的方程.

解 过点 $(2,1,3)$ 与直线 $\dfrac{x+1}{3}=\dfrac{y-1}{2}=\dfrac{z}{-1}$ 垂直的平面为

$$3(x-2)+2(y-1)-(z-3)=0,$$

即 $\qquad 3x+2y-z=5.$

直线 $\dfrac{x+1}{3}=\dfrac{y-1}{2}=\dfrac{z}{-1}$ 与平面 $3x+2y-z=5$ 的交点坐标为 $\left(\dfrac{2}{7},\dfrac{13}{7},-\dfrac{3}{7}\right).$

以点 $(2,1,3)$ 为起点,以点 $\left(\dfrac{2}{7},\dfrac{13}{7},-\dfrac{3}{7}\right)$ 为终点的向量为

$$\left\{\frac{2}{7}-2,\frac{13}{7}-1,-\frac{3}{7}-3\right\}=-\frac{6}{7}\{2,-1,4\},$$

故所求直线的方程为

$$\frac{x-2}{2}=\frac{y-1}{-1}=\frac{z-3}{4}.$$

【点评】 本题的关键在于获得交点坐标,这里通过先求出过指定点与已知直线垂直相交的平面方程,再解出交点坐标,最后得到所求的直线方程.

例 8-2-9 求过点 $A(2,-1,3)$ 且与已知直线 $L:\dfrac{x-1}{2}=\dfrac{y}{-1}=\dfrac{z+2}{1}$ 相交,又与已知平面 $\Pi:3x-2y+z+5=0$ 平行的直线方程.

解 设所求直线与已知直线的交点为 $B(1+2t,-t,-2+t)$,由于所求直线与已知平面平行,故所求直线的方向向量与已知平面的法线向量垂直,即 $\overrightarrow{AB}\perp\{3,-2,1\}$.

又 $\overrightarrow{AB}=\{2t-1,-t+1,t-5\}$,所以

$$3(2t-1)-2(-t+1)+(t-5)=0,$$

解得 $t=\dfrac{10}{9}$. 于是 $\overrightarrow{AB}=\left\{\dfrac{11}{9},-\dfrac{1}{9},-\dfrac{35}{9}\right\}$,故可取所求直线的方向向量 $s=\{11,-1,-35\}$,所求直线方程为

$$\frac{x-2}{11}=\frac{y+1}{-1}=\frac{z-3}{-35}.$$

例 8-2-10 求通过直线 $L:\begin{cases}x+5y+z=0\\x-z+4=0\end{cases}$,且与已知平面 $x-4y-8z+12=0$ 的交角为 $\dfrac{\pi}{4}$ 的平面方程.

解 设过已知直线的平面束方程为 $x+5y+z+\lambda(x-z+4)=0$,则其法线向量为 $n_1=\{1+\lambda,5,1-\lambda\}$,又已知平面法线向量 $n_2=\{1,-4,-8\}$,由于两平面的夹角为 $\dfrac{\pi}{4}$,故

$$\cos\frac{\pi}{4}=\frac{|n_1\cdot n_2|}{|n_1|\cdot|n_2|}=\frac{|9\lambda-27|}{\sqrt{2\lambda^2+27}\cdot 9},$$

解得 $\lambda=-\dfrac{3}{4}$,因此,所设平面束方程中与已知平面夹角为 $\dfrac{\pi}{4}$ 的平面方程为

$$x+20y+7z-12=0.$$

经检验,平面 $x-z+4=0$ 与已知平面的夹角是 $\dfrac{\pi}{4}$,所以所求平面有两个,所求平面方程为

$$x+20y+7z-12=0,\quad x-z+4=0.$$

【点评】 使用平面束方程时,要注意少一个过已知直线的平面,一般最后要检查一下,该平面是否符合题设条件,以免遗漏问题的解.

课后习题

一、选择题

1. yOz 平面内的直线 $y+4z=1$ 绕 y 轴旋转一周所得曲面方程为（　　）.

A. $(1-y)^2=16(x^2+z^2)$

B. $(1-z)^2=16(x^2+y^2)$

C. $(1+z)^2=16(x^2+y^2)$

D. $z^2=16[(x-1)^2+y^2]$

2. 平面曲线 $\Gamma:\begin{cases}z=e^y\\x=0\end{cases}(y\geqslant0)$ 绕 Oz 轴旋转所形成的旋转曲面方程为（　　）.

A. $z=e^{\sqrt{x^2+y^2}}$　　B. $z=e^{\sqrt{x^2-y^2}}$　　C. $-\sqrt{x^2-y^2}=e^y$　D. $\sqrt{x^2-y^2}=e^y$

3. 已知球面经过 $(0,-3,1)$ 且与 xOy 面交成圆周 $\begin{cases}x^2+y^2=16\\z=0\end{cases}$，则此球面的方程是

（　　）.

A. $x^2+y^2+z^2+6z+16=0$

B. $x^2+y^2+z^2-16z=0$

C. $x^2+y^2+z^2-6z+16=0$

D. $x^2+y^2+z^2+6z-16=0$

4. 平面方程 $3x-5z+1=0$ 中，下列结论正确的是（　　）.

A. 平行于 zOx 平面

B. 平行于 y 轴

C. 垂直于 y 轴

D. 垂直于 x 轴

5. 直线 $\dfrac{x+3}{-2}=\dfrac{y+4}{-7}=\dfrac{z}{3}$ 与平面 $4x-2y-2z=0$ 的关系是（　　）.

A. 平行，但直线不在平面上

B. 直线在平面上

C. 垂直相交

D. 相交但不垂直

6. 曲面 $x^2+y^2+z^2=a^2$ 与 $x^2+y^2=2az(a>0)$ 的交线是（　　）.

A. 抛物线　　　　B. 双曲线　　　　C. 圆　　　　　D. 椭圆

7. 下列平面中，与平面 $x-2y+z+1=0$ 垂直的平面是（　　）.

A. $x-2y+z+5=0$

B. $2x-y+3z+5=0$

C. $x-y-3z+10=0$

D. $3x-5y+z-6=0$

8. 平面 $2z+3y=0$ 是（　　）.

A. 与 x 轴平行但无公共点的平面

B. 与 yOz 平面平行的平面

C. 通过 x 轴的平面

D. 与 x 轴垂直的平面

9. 平面 $Ax+By+Cz+D=0$ 过 x 轴，则（　　）.

A. $A=D=0$　　B. $B=0,C\neq0$　　C. $B\neq0,C=0$　　D. $B=C=0$

10. 设空间直线 $\dfrac{x}{0}=\dfrac{y}{1}=\dfrac{z}{2}$，则该直线过原点，且（　　）.

A. 与 x 轴垂直

B. 垂直于 y 轴，但不平行 x 轴

C. 与 x 轴平行

D. 垂直于 z 轴，但不平行 x 轴

11. 直线 $\begin{cases}x-3z+5=0\\y-2z+8=0\end{cases}$ 化成点向式方程为（　　）.

A. $\dfrac{x-5}{3}=\dfrac{y+1}{2}=\dfrac{z+1}{1}$　　　　B. $\dfrac{x+5}{3}=\dfrac{y+8}{2}=\dfrac{z}{1}$

C. $\dfrac{x-5}{3} = \dfrac{y+2}{2} = \dfrac{z-1}{1}$ 　　　　　　　D. $\dfrac{x+5}{3} = \dfrac{y-3}{2} = \dfrac{z+2}{1}$

12. 直线 $\dfrac{x-1}{2} = \dfrac{y+1}{3} = \dfrac{z-2}{4}$ 与平面 $x-2y+z=5$ 的位置关系是(　　).

A. 垂直　　　　　　B. 平行　　　　　　C. 重合　　　　　　D. 斜交

二、填空题

1. 曲线 $\begin{cases} \dfrac{y^2}{4} - x^2 = 1 \\ z = 0 \end{cases}$ 绕 x 轴旋转一周,所得的旋转曲面的方程为＿＿＿＿＿＿＿.

2. 设曲面方程 $\dfrac{x^2}{a^2} + \dfrac{y^2}{b^2} + \dfrac{z^2}{c^2} = 1$,当 $a=b$ 时,曲面可由 xOz 面上的曲线＿＿＿＿＿

绕＿＿＿＿轴旋转而成,或由 yOz 面上的曲线＿＿＿＿＿＿＿绕＿＿＿＿轴旋转而成.

3. 通过曲线 $2x^2 + y^2 + z^2 = 16, x^2 + z^2 - y^2 = 0$,且母线平行于 y 轴的柱面方程是

＿＿＿＿＿＿＿＿＿＿＿＿.

4. 点 $M(1,2,1)$ 到平面 $\varPi: 3x - 4y + 5z + 2 = 0$ 的距离为＿＿＿＿.

5. 过空间三点 $A(0,1,2), B(1,-1,0), C(2,1,3)$ 的平面方程为＿＿＿＿＿＿＿.

6. 过点 $(2,-1,3)$ 且垂直于直线 $\dfrac{x-1}{1} = \dfrac{y}{2} = \dfrac{z+1}{-1}$ 的平面方程为＿＿＿＿＿＿.

7. 平行于 Ox 轴,且过点 $P(3,-1,2)$ 及点 $Q(0,1,0)$ 的平面方程为＿＿＿＿＿＿＿

＿＿＿＿.

8. 直线 $\dfrac{x-12}{4} = \dfrac{y-9}{3} = \dfrac{z-1}{1}$ 与平面 $3x + 5y - z - 2 = 0$ 的交点为＿＿＿＿.

9. 设直线 $\dfrac{x-2}{2} = \dfrac{y+1}{-3} = \dfrac{z}{1}$ 与平面 $ax - 2y + 3z + 4 = 0$ 平行,则常数 $a =$ ＿＿＿＿.

10. 通过点 $(4,-1,3)$ 且平行于直线 $\dfrac{x-3}{2} = y = \dfrac{z-1}{5}$ 的直线方程为＿＿＿＿＿.

11. 直线 $\begin{cases} 5x - 3y + 3z - 9 = 0 \\ 3x - 2y + z - 1 = 0 \end{cases}$ 与直线 $\begin{cases} 2x + 2y - z + 23 = 0 \\ 3x + 8y + z - 18 = 0 \end{cases}$ 的夹角的余弦为

＿＿＿＿.

12. 直线 $\begin{cases} x + y + 3z = 0 \\ x - y - z = 0 \end{cases}$ 和平面 $x - y - z + 1 = 0$ 的夹角为＿＿＿＿.

三、解答题

1. 求曲线 $\begin{cases} x^2 + y^2 + z^2 = 1 \\ z = \dfrac{1}{2} \end{cases}$ 在坐标面上的投影.

2. 求抛物面 $y^2 + z^2 = x$ 与平面 $x + 2y - z = 0$ 的截线在 xOy 坐标面上的投影曲线方程.

3. 一动点与点 $M(1,0,0)$ 的距离是它到平面 $x=4$ 的距离的一半,试求该动点轨迹曲面与 yOz 面的交线方程.

4. 设平面通过 $P_0(5,-7,4)$,且在 x, y, z 三个轴上的截距相等,求平面方程.

5. 求过点 $A(1,1,-1), B(-2,-2,2)$ 和 $C(1,-1,2)$ 三点的平面方程.

6. 设平面经过原点及点 $(6,-3,2)$，且与平面 $4x-y+2z=8$ 垂直，求此平面方程.

7. 求通过点 $M_1(3,0,0)$ 和 $M_2(0,0,1)$ 且与 xOy 平面的夹角为 $\frac{\pi}{3}$ 的平面方程.

8. 求与已知平面 $2x+y+2z+5=0$ 平行，且与三坐标面所构成的四面体体积为 1 的平面方程.

9. 求通过两平面 $2x+y-4=0$ 与 $y+2z=0$ 的交线并且垂直于平面 $3x+2y+3z-6=0$ 的平面方程.

10. 求过点 $A(1,-2,4)$ 且与两平面 $x+2y-z=0$ 及 $3x+2y+z=0$ 都平行的直线方程.

11. 验证两直线 $L_1:\frac{x}{1}=\frac{y-5}{2}=\frac{z-2}{1}$ 与 $L_2:\frac{x-2}{3}=\frac{y-4}{1}=\frac{z-2}{1}$ 相交，并求出它们所在的平面方程.

12. 求过点 $(0,-1,3)$ 且与平面 $\Pi:x+2y-2z-1=0$ 垂直的直线方程，并求出直线与平面的交点坐标.

13. 试求通过点 $P(-1,0,4)$ 平行于平面 $\Pi:3x-4y+z=0$ 且与直线 $L:\frac{x+1}{3}=y-3=\frac{z}{2}$ 相交的直线方程.

14. 求过点 $(1,2,-1)$ 且与直线 $L:\frac{x+2}{-2}=\frac{y-1}{1}=\frac{z}{-1}$ 垂直相交的直线方程.

15. 求过点 $(3,1,-2)$ 且通过直线 $\frac{x-4}{5}=\frac{y+3}{2}=\frac{z}{1}$ 的平面方程.

16. 求过点 $M_0(1,0,-2)$ 且与平面 $3x+4y-z+6=0$ 平行，又与直线 $L:\frac{x-3}{1}=\frac{y+2}{4}=\frac{z}{1}$ 垂直的直线方程.

17. 求 过点 $M_0(2,4,0)$ 且与直线 $l_1:\begin{cases}x+7z-1=0\\y-3x-2=0\end{cases}$ 平行的直线方程.

18. 求与已知直线 $L_1:\frac{x+3}{2}=\frac{y-5}{3}=\frac{z}{1}$ 及 $L_2:\frac{x-10}{5}=\frac{y+7}{4}=\frac{z}{1}$ 都相交且和 $L_3:\frac{x+2}{8}=\frac{y-1}{7}=\frac{z-3}{1}$ 平行的直线 L.

四、证明题

1. 证明：直线 $L:\begin{cases}5x-3y+2z-5=0\\2x-y-z-1=0\end{cases}$ 在平面 $\Pi:4x-3y+7z-7=0$ 上.

2. 证明：$L_1:\begin{cases}x+y+z=0\\y+z+1=0\end{cases}$ 与 $L_2:\begin{cases}x+z+1=0\\x+y+1=0\end{cases}$ 垂直.

📖 参考答案

一、1. A　2. A　3. D　4. B　5. A　6. C　7. C　8. C　9. A　10. A　11. B　12. C

二、1. $x^2-\frac{y^2+z^2}{4}=-1$　2. $x=a\sqrt{1-\frac{z^2}{c^2}},z;y=b\sqrt{1-\frac{z^2}{c^2}},z$　3. $3x^2+2z^2=16$　4. $\frac{\sqrt{2}}{5}$

5. $2x+5y-4z+3=0$　**6.** $x+2y-z+3=0$　**7.** $y+z-1=0$　**8.** $(0,0,-2)$　**9.** $-\dfrac{9}{2}$

10. $\dfrac{x-4}{2}=\dfrac{y+1}{1}=\dfrac{z-3}{5}$　**11.** 0　**12.** 0

三、**1.** $\begin{cases} x^2+y^2=\dfrac{3}{4} \\ z=0 \end{cases}$　**2.** $\begin{cases} x^2+5y^2+4xy-x=0 \\ z=0 \end{cases}$　**3.** $\begin{cases} y^2+z^2=3 \\ x=0 \end{cases}$　**4.** $x+y+z=2$　**5.** $x-3y-$

$2z=0$　**6.** $2x+2y-3z=0$　**7.** $x\pm\sqrt{26}\,y+3z-3=0$　**8.** $2x+y+2z\pm2\sqrt[3]{3}=0$　**9.** $x-z-2=$

0　**10.** $\dfrac{x-1}{1}=\dfrac{y+2}{-1}=\dfrac{z-4}{-1}$　**11.** $x+2y-5z=0$　**12.** $\dfrac{x}{1}=\dfrac{y+1}{2}=\dfrac{z-3}{-2},(1,1,1)$　**13.** $\dfrac{x+1}{48}=$

$\dfrac{y}{37}=\dfrac{z-4}{4}$　**14.** $\dfrac{x-1}{-1}=\dfrac{y-2}{-1}=\dfrac{z+1}{1}$　**15.** $8x-9y-22z-59=0$　**16.** $\dfrac{x-1}{2}=\dfrac{y}{-1}=\dfrac{z+2}{2}$

17. $\dfrac{x-2}{-7}=\dfrac{y-4}{-21}=\dfrac{z}{1}$　**18.** $\dfrac{x+28}{8}=\dfrac{y+\frac{65}{2}}{7}=\dfrac{z+\frac{25}{2}}{1}$

四、**1.** 提示:计算直线 L 的方向向量 $s=a\times b=\begin{vmatrix} i & j & k \\ 5 & -3 & 2 \\ 2 & -1 & -1 \end{vmatrix}$,它与给定平面的法向量垂直;然后 L 上

取一点,说明它在平面上即可.

　2. 提示:分别计算两条直线的方向向量 $s_1=a\times b=\begin{vmatrix} i & j & k \\ 1 & 1 & 1 \\ 0 & 1 & 1 \end{vmatrix}$,$s_2=c\times d=\begin{vmatrix} i & j & k \\ 1 & 0 & 1 \\ 1 & 1 & 0 \end{vmatrix}$,然后说明

这两个向量垂直即可.

第九章

 多元函数微分学

第一讲　多元函数的微分法

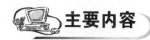 **主要内容**

一、开集、闭集及区域的特征

(1) 开集:点集 E 内的点均为 E 的内点.

(2) 闭集:点集 E 的聚点均属于 E.

(3) 区域:连通的开集为区域.

二、多元函数的定义

设 D 是 $\mathbb{R}^2$ 的一个非空子集,称映射 $f:D \to \mathbb{R}$ 为定义在 D 上的二元函数,通常记为 $z = f(x,y),(x,y) \in D$(或 $z = f(P),P \in D$),其中点集 D 称为该函数的定义域,x,y 称为自变量,z 称为因变量.

类似地可定义三元函数 $u = f(x,y,z),(x,y,z) \in D$ 以及三元以上的函数.

三、二元函数的极限

设二元函数 $f(P) = f(x,y)$ 的定义域为 D,$P_0(x_0,y_0)$ 是 D 的聚点. 如果存在常数 A,

对于任意给定的正数 ε,总存在正数 δ,使得当 $P(x,y) \in D \bigcap \mathring{U}(P_0,\delta)$ 时,都有 $|f(P) - A| = |f(x,y) - A| < \varepsilon$ 成立,则称常数 A 为函数 $f(x,y)$ 当 $(x,y) \to (x_0,y_0)$ 时的极限,记为

$$\lim_{(x,y) \to (x_0,y_0)} f(x,y) = A \text{ 或 } f(x,y) \to A((x,y) \to (x_0,y_0)),$$

也记作

$$\lim_{P \to P_0} f(P) = A \text{ 或 } f(P) \to A(P \to P_0).$$

注:(1) 二重极限存在,是指 P 以任何方式趋于 P_0 时,函数都无限接近于 A.

(2) 如果当 P 以两种不同方式趋于 P_0 时,函数趋于不同的值,则函数的极限不存在.

四、二元函数的连续性

设二元函数 $f(P) = f(x, y)$ 的定义域为 D,$P_0(x_0, y_0)$ 为 D 的聚点,且 $P_0 \in D$. 如果

$$\lim_{(x, y) \to (x_0, y_0)} f(x, y) = f(x_0, y_0),$$

则称函数 $f(x, y)$ 在点 $P_0(x_0, y_0)$ 连续.

如果函数 $f(x, y)$ 在 D 的每一点都连续,那么就称函数 $f(x, y)$ 在 D 上连续,或者称 $f(x, y)$ 是 D 上的连续函数.

二元函数的连续性概念可相应地推广到 n 元函数 $f(P)$ 上去.

五、有界闭区域上连续函数的性质

(1) 在有界闭区域 D 上的多元连续函数,必定在 D 上有界,且能取得它的最大值和最小值.

(2) 在有界闭区域 D 上的多元连续函数必取得介于最大值和最小值之间的任何值.

六、偏导数的基本概念

1. 一阶偏导数概念

设函数 $z = f(x, y)$ 在点 (x_0, y_0) 的某一邻域内有定义,当 y 固定在 y_0,而 x 在 x_0 处有增量 Δx 时,相应地函数有增量 $f(x_0 + \Delta x, y_0) - f(x_0, y_0)$. 如果极限

$$\lim_{\Delta x \to 0} \frac{f(x_0 + \Delta x, y_0) - f(x_0, y_0)}{\Delta x}$$

存在,则称此极限为函数 $z = f(x, y)$ 在点 (x_0, y_0) 处对 x 的偏导数,记作

$$\left.\frac{\partial z}{\partial x}\right|_{\substack{x = x_0 \\ y = y_0}}, \left.\frac{\partial f}{\partial x}\right|_{\substack{x = x_0 \\ y = y_0}}, \left.z_x\right|_{\substack{x = x_0 \\ y = y_0}} 或 f_x(x_0, y_0),$$

即

$$f_x(x_0, y_0) = \lim_{\Delta x \to 0} \frac{f(x_0 + \Delta x, y_0) - f(x_0, y_0)}{\Delta x}.$$

类似地,函数 $z = f(x, y)$ 在点 (x_0, y_0) 处对 y 的偏导数定义为

$$f_y(x_0, y_0) = \lim_{\Delta y \to 0} \frac{f(x_0, y_0 + \Delta y) - f(x_0, y_0)}{\Delta y}.$$

在几何上,$f_x(x_0, y_0)$ 表示曲线 $\begin{cases} z = f(x, y) \\ y = y_0 \end{cases}$ 在 (x_0, y_0) 的切线对 x 轴的斜率;

$f_y(x_0, y_0)$ 表示曲线 $\begin{cases} z = f(x, y) \\ x = x_0 \end{cases}$ 在 (x_0, y_0) 的切线对 y 轴的斜率.

三元及三元以上函数的偏导数可类似定义.

2. 高阶偏导数概念

如果函数 $z = f(x, y)$ 在区域 D 内的偏导数 $f_x(x, y)$,$f_y(x, y)$ 也具有偏导数,则它们

的偏导数称为函数 $z = f(x, y)$ 的二阶偏导数,按照对变量求导次序的不同,有下列四个二阶偏导数

$$\frac{\partial}{\partial x}\left(\frac{\partial z}{\partial x}\right) = \frac{\partial^2 z}{\partial x^2} = f_{xx}(x, y), \frac{\partial}{\partial y}\left(\frac{\partial z}{\partial x}\right) = \frac{\partial^2 z}{\partial x \partial y} = f_{xy}(x, y),$$

$$\frac{\partial}{\partial x}\left(\frac{\partial z}{\partial y}\right) = \frac{\partial^2 z}{\partial y \partial x} = f_{yx}(x, y), \frac{\partial}{\partial y}\left(\frac{\partial z}{\partial y}\right) = \frac{\partial^2 z}{\partial y^2} = f_{yy}(x, y),$$

其中 $f_{xy}(x, y), f_{yx}(x, y)$ 称为混合偏导数.

若 $f_{xy}(x, y), f_{yx}(x, y)$ 在点 (x, y) 连续,则有 $f_{xy}(x, y) = f_{yx}(x, y)$.

类似地,可定义三阶及三阶以上的偏导数,二阶及二阶以上的偏导数统称为高阶偏导数.

七、全微分的基本概念

如果函数 $z = f(x, y)$ 在点 (x, y) 的全增量 $\Delta z = f(x + \Delta x, y + \Delta y) - f(x, y)$ 可表示为

$$\Delta z = A\Delta x + B\Delta y + o(\rho)\,(\rho = \sqrt{(\Delta x)^2 + (\Delta y)^2}),$$

其中 A, B 不依赖于 $\Delta x, \Delta y$,而仅与 x, y 有关,则称函数 $z = f(x, y)$ 在点 (x, y) 可微分,且称 $A\Delta x + B\Delta y$ 为函数 $z = f(x, y)$ 在点 (x, y) 的全微分,记作 dz,即

$$dz = A\Delta x + B\Delta y.$$

如果函数在区域 D 内各点处都可微分,那么称这函数在 D 内可微分.

八、连续、偏导数、可微分的关系

若 $z = f(x, y)$ 在点 (x, y) 可微,则 $z = f(x, y)$ 在点 (x, y) 连续.

若 $z = f(x, y)$ 在点 (x, y) 可微,则 $z = f(x, y)$ 在点 (x, y) 偏导数存在.

若 $z = f(x, y)$ 的偏导数 $\frac{\partial z}{\partial x}, \frac{\partial z}{\partial y}$ 在点 (x, y) 连续,则函数在该点可微分.

九、多元复合函数的偏导数

如果函数 $u = \varphi(x, y)$, $v = \psi(x, y)$ 都在点 (x, y) 具有对 x 及 y 的偏导数,函数 $z = f(u, v)$ 在对应点 (u, v) 可微,则复合函数 $z = f[\varphi(x, y), \psi(x, y)]$ 在点 (x, y) 的两个偏导数存在,且有

$$\frac{\partial z}{\partial x} = \frac{\partial z}{\partial u} \cdot \frac{\partial u}{\partial x} + \frac{\partial z}{\partial v} \cdot \frac{\partial v}{\partial x}, \frac{\partial z}{\partial y} = \frac{\partial z}{\partial u} \cdot \frac{\partial u}{\partial y} + \frac{\partial z}{\partial v} \cdot \frac{\partial v}{\partial y}.$$

由于多元复合函数的情况很多,下面再列举几个求偏导数的公式,其可偏导的条件与上面类似:

(1) $z = f(u, v), u = \varphi(t), v = \psi(t)$,则

$$\frac{dz}{dt} = \frac{\partial z}{\partial u} \cdot \frac{du}{dt} + \frac{\partial z}{\partial v} \cdot \frac{dv}{dt}.$$

(2) $z = f(u,v)$, $u = \varphi(x,y)$, $v = \psi(y)$, 则

$$\frac{\partial z}{\partial x} = \frac{\partial z}{\partial u} \cdot \frac{\partial u}{\partial x}, \frac{\partial z}{\partial y} = \frac{\partial z}{\partial u} \cdot \frac{\partial u}{\partial y} + \frac{\partial z}{\partial v} \cdot \frac{\mathrm{d}v}{\mathrm{d}y}.$$

(3) $z = f(u,x,y)$, 且 $u = \varphi(x,y)$, 则

$$\frac{\partial z}{\partial x} = \frac{\partial f}{\partial u}\frac{\partial u}{\partial x} + \frac{\partial f}{\partial x}, \frac{\partial z}{\partial y} = \frac{\partial f}{\partial u}\frac{\partial u}{\partial y} + \frac{\partial f}{\partial y}.$$

十、隐函数的偏导数

(1) 若方程 $F(x,y) = 0$ 确定了函数 $y = f(x)$, 则

$$\frac{\mathrm{d}y}{\mathrm{d}x} = -\frac{F_x}{F_y}.$$

(2) 若方程 $F(x,y,z) = 0$ 确定了函数 $z = f(x,y)$, 则

$$\frac{\partial z}{\partial x} = -\frac{F_x}{F_z}, \frac{\partial z}{\partial y} = -\frac{F_y}{F_z}.$$

教学要求

➢ 了解平面及 n 维空间中开集、闭集、区域以及区域内点的邻域概念.

➢ 理解多元函数的概念,理解二元函数极限和连续性的概念,理解二元函数偏导数的概念,理解多元函数全微分的概念.

➢ 熟练掌握求多元函数一阶和高阶偏导数,熟练掌握多元复合函数的求导法则.

➢ 会求多元函数的全微分,会求多元隐函数的偏导数.

重点例题

例 9 - 1 - 1 求 $f(x,y) = \dfrac{\arcsin (3 - x^2 - y^2)}{\sqrt{x - y^2}}$ 的定义域.

解 $\begin{cases} |\, 3 - x^2 - y^2 \,| \leqslant 1 \\ x - y^2 > 0 \end{cases}$, 得 $\begin{cases} 2 \leqslant x^2 + y^2 \leqslant 4 \\ x > y^2 \end{cases}$,

所求定义域为 $D = \{(x,y) \mid 2 \leqslant x^2 + y^2 \leqslant 4, x > y^2\}$.

例 9 - 1 - 2 求下列各极限:

(1) $\lim\limits_{\substack{x \to 0 \\ y \to 0}} \dfrac{x^2 y}{x^2 + y^2} \sin \dfrac{1}{x^2 + y^2}$;　　　　(2) $\lim\limits_{\substack{x \to 0 \\ y \to 0}} \dfrac{\sqrt{x^2 + y^2 + 1} - 1}{x^2 + y^2}$.

解 (1) 因为 $0 \leqslant \left| \dfrac{x^2 y}{x^2 + y^2} \sin \dfrac{1}{x^2 + y^2} \right| \leqslant \left| \dfrac{x^2 y}{x^2 + y^2} \right| \leqslant |\, y \,|$, 且 $\lim\limits_{\substack{x \to 0 \\ y \to 0}} |\, y \,| = 0$,

所以 $$\lim\limits_{\substack{x \to 0 \\ y \to 0}} \frac{x^2 y}{x^2 + y^2} \sin \frac{1}{x^2 + y^2} = 0.$$

（2）用一元函数求极限的方法，分子有理化.

$$\lim_{\substack{x \to 0 \\ y \to 0}} \frac{\sqrt{x^2 + y^2 + 1} - 1}{x^2 + y^2} = \lim_{\substack{x \to 0 \\ y \to 0}} \frac{1}{\sqrt{x^2 + y^2 + 1} + 1} = \frac{1}{2}.$$

例 9 - 1 - 3　证明：$\lim\limits_{\substack{x \to 0 \\ y \to 0}} \dfrac{x^3 y}{x^6 + y^2}$ 不存在.

证明　取 $y = kx^3, \lim\limits_{\substack{x \to 0 \\ y \to 0}} \dfrac{x^3 y}{x^6 + y^2} = \lim\limits_{\substack{x \to 0 \\ y = kx^3}} \dfrac{x^3 kx^3}{x^6 + k^2 x^6} = \dfrac{k}{1 + k^2}$，其值随 k 的不同而变化，故极限不存在.

【点评】　因为 $\lim\limits_{(x,y) \to (x_0, y_0)} f(x,y)$ 存在，是指 (x,y) 以任意方式趋于 (x_0, y_0) 时，函数都无限接近某常数 A. 若 (x,y) 以两种不同方式趋于 (x_0, y_0) 时，函数趋于不同的值，则极限不存在.

例 9 - 1 - 4　设 $z = (3x - 2y)^{2x - 3y}$，求 $\dfrac{\partial z}{\partial x}, \dfrac{\partial z}{\partial y}$.

解　应用对数求导法，$\ln z = (2x - 3y)\ln(3x - 2y)$，

由 $\dfrac{1}{z} \cdot \dfrac{\partial z}{\partial x} = 2\ln(3x - 2y) + (2x - 3y) \cdot \dfrac{3}{3x - 2y}$，

得
$$\frac{\partial z}{\partial x} = (3x - 2y)^{2x - 3y} \cdot \left[2\ln(3x - 2y) + \frac{3(2x - 3y)}{3x - 2y} \right].$$

由 $\dfrac{1}{z} \cdot \dfrac{\partial z}{\partial y} = (-3) \cdot \ln(3x - 2y) + (2x - 3y) \cdot \dfrac{-2}{3x - 2y}$，

得
$$\frac{\partial z}{\partial y} = (3x - 2y)^{2x - 3y} \cdot \left[-3\ln(3x - 2y) - \frac{2(2x - 3y)}{3x - 2y} \right].$$

例 9 - 1 - 5　证明函数 $f(x,y) = \begin{cases} \dfrac{xy}{\sqrt{x^2 + y^2}} & x^2 + y^2 \neq 0 \\ 0 & x^2 + y^2 = 0 \end{cases}$ 在 $(0,0)$ 处连续，偏导存在，但不可微.

证明　记 $\rho = \sqrt{x^2 + y^2}$，则 $(x,y) \to (0,0) \Leftrightarrow \rho \to 0$，

$$\lim_{\substack{x \to 0 \\ y \to 0}} \frac{xy}{\sqrt{x^2 + y^2}} = \lim_{\rho \to 0} \frac{\rho^2 \cos\theta\sin\theta}{\rho} = \lim_{\rho \to 0} \rho\cos\theta\sin\theta = 0,$$

且 $f(0,0) = 0$，所以 $f(x,y)$ 在 $(0,0)$ 连续.

$$f_x(0,0) = \lim_{x \to 0} \frac{f(x,0) - f(0,0)}{x} = \lim_{x \to 0} \frac{\dfrac{0}{|x|} - 0}{x} = 0.$$

类似地，
$$f_y(0,0) = 0.$$

全增量
$$\Delta z = f(\Delta x, \Delta y) - f(0,0) = \frac{\Delta x \Delta y}{\sqrt{(\Delta x)^2 + (\Delta y)^2}},$$

$$\frac{\Delta z - f_x(0,0) \cdot \Delta x - f_y(0,0) \cdot \Delta y}{\rho} = \frac{\Delta x \Delta y}{(\Delta x)^2 + (\Delta y)^2},$$

由于 $\lim\limits_{\substack{\Delta x \to 0 \\ \Delta y \to 0}} \dfrac{\Delta x \Delta y}{(\Delta x)^2 + (\Delta y)^2}$ 不存在,所以 $f(x,y)$ 在 $(0,0)$ 不可微.

【点评】 用定义证明不可微即证明极限 $\lim\limits_{\rho \to 0} \dfrac{\Delta z - f_x(x_0,y_0)\Delta x - f_y(x_0,y_0)\Delta y}{\rho}$ 不等于 0.

例 9-1-6 求函数 $z = (x^2 + y^2) e^{-\arctan \frac{x}{y}}$ 的全微分 $\mathrm{d}z$.

解 $\dfrac{\partial z}{\partial x} = 2x e^{-\arctan \frac{x}{y}} + (x^2 + y^2) e^{-\arctan \frac{x}{y}} \dfrac{-1}{1 + \left(\dfrac{x}{y}\right)^2} \cdot \dfrac{1}{y} = (2x - y) e^{-\arctan \frac{x}{y}},$

$\dfrac{\partial z}{\partial y} = 2y e^{-\arctan \frac{x}{y}} + (x^2 + y^2) e^{-\arctan \frac{x}{y}} \dfrac{-1}{1 + \left(\dfrac{x}{y}\right)^2} \cdot \left(-\dfrac{x}{y^2}\right) = (2y + x) e^{-\arctan \frac{x}{y}},$

$\mathrm{d}z = \dfrac{\partial z}{\partial x} \mathrm{d}x + \dfrac{\partial z}{\partial y} \mathrm{d}y = e^{-\arctan \frac{x}{y}} \left[(2x - y)\mathrm{d}x + (2y + x)\mathrm{d}y\right].$

例 9-1-7 设 $z = u^2 \cos v^2, u = x + y, v = x - y$,求 $\dfrac{\partial z}{\partial x}, \dfrac{\partial z}{\partial y}$.

解 应用复合函数求导法则,

$$\frac{\partial z}{\partial x} = \frac{\partial z}{\partial u} \cdot \frac{\partial u}{\partial x} + \frac{\partial z}{\partial v} \cdot \frac{\partial v}{\partial x} = 2u \cos v^2 - u^2 \cdot 2v \sin v^2$$
$$= 2(x + y) \cos (x - y)^2 - 2(x + y)^2 (x - y) \sin (x - y)^2,$$
$$\frac{\partial z}{\partial y} = \frac{\partial z}{\partial u} \cdot \frac{\partial u}{\partial y} + \frac{\partial z}{\partial v} \cdot \frac{\partial v}{\partial y} = 2u \cos v^2 + u^2 \cdot 2v \sin v^2$$
$$= 2(x + y) \cos (x - y)^2 + 2(x + y)^2 (x - y) \sin (x - y)^2.$$

例 9-1-8 设 $z = f(u,x,y), u = xe^y$,其中 f 具有二阶连续偏导数,求 $\dfrac{\partial^2 z}{\partial x \partial y}$.

解 $$\frac{\partial z}{\partial x} = \frac{\partial f}{\partial u} \cdot \frac{\partial u}{\partial x} + \frac{\partial f}{\partial x} = f_1' \cdot e^y + f_2',$$

$$\frac{\partial^2 z}{\partial x \partial y} = \frac{\partial}{\partial y}(f_1' \cdot e^y + f_2') = e^y \cdot \frac{\partial}{\partial y} f_1' + f_1' \cdot e^y + \frac{\partial}{\partial y} f_2'$$
$$= f_1' \cdot e^y + e^y \cdot (f_{11}'' \cdot xe^y + f_{13}'') + f_{21}'' \cdot xe^y + f_{23}''$$
$$= f_1' \cdot e^y + f_{11}'' \cdot xe^{2y} + f_{13}'' \cdot e^y + f_{21}'' \cdot xe^y + f_{23}''.$$

【点评】 注意 f_{11}'' 表示 $\dfrac{\partial^2 f}{\partial u^2}$,即 $\dfrac{\partial}{\partial u}(f_1')$,它是 f_1' 对第一个中间变量的偏导数,而不同于 $\dfrac{\partial}{\partial x}(f_1')$,后者是 f_1' 对自变量 x 求偏导数,由于 f_1' 是关于自变量的复合函数,故采用多元函数复合求导法则.

例 9-1-9　设 $z = f\left(xy, \dfrac{x}{y}\right) + g\left(\dfrac{y}{x}\right)$，其中 f 具有二阶连续偏导数，g 具有二阶连续导数，求 $\dfrac{\partial^2 z}{\partial x \partial y}$.

解　$\dfrac{\partial z}{\partial x} = f_1' \cdot y + f_2' \cdot \dfrac{1}{y} + g' \cdot \left(-\dfrac{y}{x^2}\right),$

$\dfrac{\partial^2 z}{\partial x \partial y} = f_1' + y \cdot \dfrac{\partial}{\partial y} f_1' - \dfrac{1}{y^2} \cdot f_2' + \dfrac{1}{y} \cdot \dfrac{\partial}{\partial y} f_2' - \dfrac{1}{x^2} \cdot g' - \dfrac{y}{x^2} \left(g'' \cdot \dfrac{1}{x}\right)$

$\qquad = f_1' + y \cdot \left(f_{11}'' \cdot x - \dfrac{x}{y^2} \cdot f_{12}''\right) - \dfrac{1}{y^2} \cdot f_2' + \dfrac{1}{y} \cdot \left(f_{21}'' \cdot x - \dfrac{x}{y^2} \cdot f_{22}''\right) - $

$\qquad\quad \dfrac{1}{x^2} \cdot g' - \dfrac{y}{x^3} \cdot g''$

$\qquad = f_1' - \dfrac{1}{y^2} f_2' + xy f_{11}'' - \dfrac{x}{y^3} f_{22}'' - \dfrac{1}{x^2} g' - \dfrac{y}{x^3} g''.$

【点评】　当 f 具有二阶连续偏导数时，$f_{12}'' = f_{21}''$，另外复合函数 $g\left(\dfrac{y}{x}\right)$ 的中间变量只有一个，故对中间变量的一阶、二阶导数分别为 g', g''.

例 9-1-10　设 $z + \mathrm{e}^z = xy$ 确定 $z = z(x, y)$，求 $\dfrac{\partial z}{\partial x}, \dfrac{\partial z}{\partial y}, \dfrac{\partial^2 z}{\partial x \partial y}$.

解　令 $F(x, y, z) = z + \mathrm{e}^z - xy$，则 $F_x = -y, F_y = -x, F_z = 1 + \mathrm{e}^z$，

$\qquad \dfrac{\partial z}{\partial x} = -\dfrac{F_x}{F_z} = \dfrac{y}{1 + \mathrm{e}^z}, \dfrac{\partial z}{\partial y} = -\dfrac{F_y}{F_z} = \dfrac{x}{1 + \mathrm{e}^z},$

$\qquad \dfrac{\partial^2 z}{\partial x \partial y} = \dfrac{\partial}{\partial y}\left(\dfrac{y}{1 + \mathrm{e}^z}\right) = \dfrac{1 + \mathrm{e}^z - y \cdot \dfrac{\partial}{\partial y}(1 + \mathrm{e}^z)}{(1 + \mathrm{e}^z)^2} = \dfrac{1 + \mathrm{e}^z - y \cdot \mathrm{e}^z \dfrac{\partial z}{\partial y}}{(1 + \mathrm{e}^z)^2}$

$\qquad\qquad = \dfrac{1 + \mathrm{e}^z - y \cdot \mathrm{e}^z \cdot \dfrac{x}{1 + \mathrm{e}^z}}{(1 + \mathrm{e}^z)^2} = \dfrac{(1 + \mathrm{e}^z)^2 - xy \mathrm{e}^z}{(1 + \mathrm{e}^z)^3}.$

【点评】　用隐函数求导法则时，所设的函数 $F(x, y, z)$ 是三元函数，x, y, z 都是自变量，而求出的一阶偏导式 $\dfrac{\partial z}{\partial x} = -\dfrac{F_x}{F_z} = \dfrac{y}{1 + \mathrm{e}^z}, \dfrac{\partial z}{\partial y} = -\dfrac{F_y}{F_z} = \dfrac{x}{1 + \mathrm{e}^z}$ 中的 z 是由方程 $z + \mathrm{e}^z = xy$ 所确定的，因此计算 $\dfrac{\partial}{\partial y}(1 + \mathrm{e}^z)$ 时，采用视 z 为中间变量的复合函数求导法则.

例 9-1-11　设 $\varphi(u, v)$ 具有连续偏导数，证明由方程 $\varphi(cx - az, cy - bz) = 0$ 所确定的函数 $z = f(x, y)$ 满足 $a\dfrac{\partial z}{\partial x} + b\dfrac{\partial z}{\partial y} = c$.

证明　使用隐函数求导法则，令 $F(x, y, z) = \varphi(cx - az, cy - bz)$，则

$\qquad\qquad F_x = \varphi_1' \cdot c, F_y = \varphi_2' \cdot c, F_z = \varphi_1' \cdot (-a) + \varphi_2' \cdot (-b),$

$\qquad\quad \dfrac{\partial z}{\partial x} = -\dfrac{F_x}{F_z} = \dfrac{\varphi_1' \cdot c}{\varphi_1' \cdot a + \varphi_2' \cdot b}, \dfrac{\partial z}{\partial y} = -\dfrac{F_y}{F_z} = \dfrac{\varphi_2' \cdot c}{\varphi_1' \cdot a + \varphi_2' \cdot b},$

所以 $a\dfrac{\partial z}{\partial x}+b\dfrac{\partial z}{\partial y}=a\cdot\dfrac{\varphi_1'\cdot c}{\varphi_1'\cdot a+\varphi_2'\cdot b}+b\cdot\dfrac{\varphi_2'\cdot c}{\varphi_1'\cdot a+\varphi_2'\cdot b}=c.$

【点评】 求由方程确定的隐函数一阶偏导时,一般都可以使用隐函数求导法则,此处由于所设的三元函数是复合函数的形式,故再使用多元复合函数求导法则.

例 9-1-12 求方程组 $\begin{cases}x+y+z=0\\x^2+y^2+z^2=1\end{cases}$ 所确定函数 $x=x(z),y=y(z)$ 的导数 $\dfrac{\mathrm{d}x}{\mathrm{d}z}$,

$\dfrac{\mathrm{d}y}{\mathrm{d}z}.$

解 方程两边对 z 求导得 $\begin{cases}\dfrac{\mathrm{d}x}{\mathrm{d}z}+\dfrac{\mathrm{d}y}{\mathrm{d}z}=-1\\2x\dfrac{\mathrm{d}x}{\mathrm{d}z}+2y\dfrac{\mathrm{d}y}{\mathrm{d}z}=-2z\end{cases}$,在 $\begin{vmatrix}1&1\\x&y\end{vmatrix}\neq0$ 条件下,有

$$\dfrac{\mathrm{d}x}{\mathrm{d}z}=\dfrac{\begin{vmatrix}-1&1\\-z&y\end{vmatrix}}{\begin{vmatrix}1&1\\x&y\end{vmatrix}}=\dfrac{z-y}{y-x},\dfrac{\mathrm{d}y}{\mathrm{d}z}=\dfrac{\begin{vmatrix}1&-1\\x&-z\end{vmatrix}}{\begin{vmatrix}1&1\\x&y\end{vmatrix}}=\dfrac{x-z}{y-x}.$$

课后习题

一、选择题

1. 平面上点集 $E=\{(x,y)\mid0<x^2+y^2<1\}$ 是(   ).

A. 闭集　　　　　B. 开集　　　　　C. 非开非闭集　　　　　D. 无界集

2. 平面上点 $P(0,0)$ 是点集 $E=\{(x,y)\mid0<|x-1|<1,0<|y-1|<1\}$ 的(   ).

A. 外点　　　　　B. 内点　　　　　C. 聚点　　　　　D. 中心点

3. 平面上点集 $E=\{(x,y)\mid1\leqslant x^2+y^2<4\}$ 是(   ).

A. 开集　　　　　B. 闭集　　　　　C. 连通集　　　　　D. 开区域

4. 对于函数 $f(x,y)=\dfrac{x^2y}{x^4+y^2}$,$|x|+|y|\neq0$,则极限 $\lim\limits_{\substack{x\to0\\y\to0}}f(x,y)=$(   ).

A. 等于 0　　　　　　　　　　　　　B. 不存在

C. 等于 $\dfrac{1}{2}$　　　　　　　　　　　　　D. 存在且不等于 0 或 $\dfrac{1}{2}$

5. 函数 $f(x,y)=\begin{cases}\dfrac{xy}{\sqrt{x^2+y^2}}&x^2+y^2\neq0\\0&x^2+y^2=0\end{cases}$ (   ).

A. 处处连续　　　　　　　　　　　　B. 处处有极限,但不连续

C. 仅在 $(0,0)$ 点连续　　　　　　　　D. 除 $(0,0)$ 点外处处连续

6. 二重极限 $\lim\limits_{\substack{x\to x_0\\y\to y_0}}f(x,y)$ 存在是累次极限 $\lim\limits_{x\to x_0}\lim\limits_{y\to y_0}f(x,y)$ 存在的(   ).

A. 必要条件　　　　　　　　　　　　B. 充分条件

C. 充分必要条件　　　　　　　　　　D. 既不是充分条件也不是必要条件

7. 函数 $z = f(x,y)$ 在点 (x_0, y_0) 处连续是它在该点偏导数存在的( ).

A. 必要而非充分条件
B. 充分而非必要条件
C. 充分必要条件
D. 既非充分又非必要条件

8. 二元函数 $f(x,y) = \begin{cases} \dfrac{xy}{x^2+y^2} & (x,y) \neq (0,0) \\ 0 & (x,y) = (0,0) \end{cases}$ 在点 $(0,0)$ 处( ).

A. 连续,偏导数存在
B. 连续,偏导数不存在
C. 不连续,偏导数存在
D. 不连续,偏导数不存在

9. 设 $u = \arcsin \dfrac{x}{\sqrt{x^2+y^2}}$,则 $\dfrac{\partial u}{\partial x} = ($).

A. $\dfrac{|x|}{x^2+y^2}$
B. $\dfrac{-|y|}{x^2+y^2}$
C. $\dfrac{|y|}{x^2+y^2}$
D. $\dfrac{-|x|}{x^2+y^2}$

10. 设 $z = x + (y-2)\arcsin\sqrt{\dfrac{x}{y}}$,那么 $\dfrac{\partial z}{\partial y}\Big|_{(1,2)} = ($).

A. 0
B. 1
C. $\dfrac{\pi}{2}$
D. $\dfrac{\pi}{4}$

11. 设 $f(x,y) = x^y e^x$,则 $f'_x(1,x) = ($).

A. 0
B. e
C. $e(x+1)$
D. $1 + ex$

12. 设 $u = \arctan\dfrac{y}{x}$,则 $\dfrac{\partial^2 u}{\partial x^2} + \dfrac{\partial^2 u}{\partial y^2} = ($).

A. $\dfrac{4xy}{(x^2+y^2)^2}$
B. $\dfrac{-4xy}{(x^2+y^2)^2}$
C. 0
D. $\dfrac{2xy}{(x^2+y^2)^2}$

13. 函数 $z = f(x,y)$ 在点 (x_0, y_0) 处具有偏导数是它在该点存在全微分的( ).

A. 必要而非充分条件
B. 充分而非必要条件
C. 充分必要条件
D. 既非充分又非必要条件

14. 函数 $f(x,y) = \begin{cases} \dfrac{x^2 y^2}{x^4 + y^4} & (x,y) \neq (0,0) \\ 0 & (x,y) = (0,0) \end{cases}$ 在点 $(0,0)$ 处( ).

A. 连续但不可微
B. 可微
C. 偏导数存在但不可微
D. 不连续且偏导数不存在

15. 设 $u = f(x,y,z), z = g(x,y), y = h(x)$ 均为可微分函数,则 $\dfrac{du}{dx} = ($).

A. $f'_1 + h'f'_2 + (g'_1 + h'g'_2)f'_3$
B. $f'_1 + h'f'_2 + 2xf'_3$
C. $f'_1 + h'f'_2$
D. f'_1

16. 设 $z = \left(1 + \dfrac{x}{y}\right)^{\frac{x}{y}}$,则 $dz\,|_{(1,1)} = ($).

A. $(2\ln 2 + 1)dx - dy$
B. $(2\ln 2 + 1)dx + dy$
C. $(2\ln 2 - 1)dx - dy$
D. $(2\ln 2 - 1)dx + dy$

二、填空题

1. 平面点集 $E = \{(x,y) \mid 0 < y < x+1, x \geqslant -1\}$ 的边界是_____.

2. 函数 $f(x,y) = \sqrt{x - \sqrt{y}}$ 的定义域 $E = $_____.

3. 设 $f\left(x+y,\dfrac{y}{x}\right)=x^2-y^2$，则 $f(x,y)=$ _____.

4. 设函数 $f(x,y)=\dfrac{2xy}{x^2+y^2}$，则 $f\left(1,\dfrac{y}{x}\right)=$ _____.

5. 函数 $f(x,y)=\begin{cases} x\sin\dfrac{1}{y}+y\sin\dfrac{1}{x} & xy\neq 0 \\ 1 & xy=0 \end{cases}$，则极限 $\lim\limits_{\substack{x\to 0 \\ y\to 0}} f(x,y)=$ _____.

6. 函数 $f(x,y)=\begin{cases} \dfrac{\sin(xy)}{x} & x\neq 0 \\ 0 & x=0 \end{cases}$ 不连续的点集为 _____.

7. 二重极限 $\lim\limits_{\substack{x\to 0 \\ y\to 1}}(1+xe^y)^{\frac{2y+x}{x}}=$ _____.

8. 设函数 $f(x,y)=x+(y-1)\arcsin\sqrt{\dfrac{x}{y}}$，则 $f_1'(x,1)=$ _____.

三、解答题

1. 求函数 $z=\ln(y-x)+\sqrt{1-x^2-y^2}$ 的定义域.

2. 求极限 $\lim\limits_{\substack{x\to 0 \\ y\to 0}}\dfrac{xye^x}{4-\sqrt{16+xy}}$.

3. 讨论极限 $\lim\limits_{\substack{x\to 0 \\ y\to 0}}\dfrac{x^4+3x^2y^2+2xy^3}{(x^2+y^2)^2}$ 的存在性.

4. 求极限 $\lim\limits_{\substack{x\to\infty \\ y\to 0}}\left(1-\dfrac{1}{x}\right)^{\frac{x^2}{x+y}}$.

5. 设 $f(x,y)=\begin{cases} (x^2+y^2)\sin\dfrac{1}{x^2+y^2} & x^2+y^2\neq 0 \\ 0 & x^2+y^2=0 \end{cases}$，试根据偏导数定义求 $f_x(0,0)$, $f_y(0,0)$.

6. 设 $f(x,y)=\sqrt{x^2+y^4}$，问 $f_x(0,0)$ 与 $f_y(0,0)$ 是否存在？若存在，求其值.

7. 设 $f(x,y)=\displaystyle\int_x^{x+y}e^{-t^2}\,dt$，求 $f_{xx}(1,-1)$.

8. 设 $f(x,y)=|x-y|\varphi(x,y)$，其中 $\varphi(x,y)$ 在点 $(0,0)$ 的邻域内连续，试问欲使 $f_x(0,0)$ 存在，函数 $\varphi(x,y)$ 应满足什么条件？

9. 设 $u=\left(\dfrac{x}{y}\right)^{\frac{1}{z}}$，求 $du\,|_{(1,1,1)}$.

10. 设 $z=(1+xy)^y$，求 dz.

11. 设 $z=\arctan\dfrac{x+1}{y}$，$y=e^{(1+x)^2}$，求 $\dfrac{dz}{dx}$.

12. 设 $u(x,y,z)=\dfrac{z}{x^2+y^2}$，求 du.

13. 设 $z=x^2\ln y$，而 $x=\dfrac{u}{v}$，$y=3u-v$，求 $\dfrac{\partial z}{\partial u}$, $\dfrac{\partial z}{\partial v}$.

14. 设 $z = \arctan(xy)$，而 $y = e^x$，求 $\dfrac{dz}{dy}$.

15. 设 $f(x,y)$ 有连续偏导数，$u = f(e^x, e^y)$，求 du.

16. 设 $f(u,v)$ 具有一阶连续偏导，$u = f(x^2 - y^2, e^{xy})$，求 $\dfrac{\partial u}{\partial x}, \dfrac{\partial u}{\partial y}$.

17. 设 $f(t)$ 二阶可导，$g(u,v)$ 具有二阶连续偏导，$z = f(2x - y) + g(x, xy)$，求 $\dfrac{\partial^2 z}{\partial x \partial y}$.

18. 设 $f(u,v)$ 具有二阶连续偏导，$z = 2yf\left(\dfrac{x^2}{y}, 3y\right)$，求 $\dfrac{\partial^2 z}{\partial y^2}$.

19. 设 $z = z(x,y)$ 是由方程 $z^3 - 3xyz = a^3$ 所确定的 x 与 y 的隐函数，求 $\dfrac{\partial z}{\partial x}, \dfrac{\partial^2 z}{\partial x \partial y}$.

四、证明题

1. 证明 $\lim\limits_{\substack{x \to 0 \\ y \to 0}} \dfrac{xy}{x^2 + y^2} \sin(xy) = 0$.

2. 设函数 $f(x,y)$ 在有界闭区域 D 上连续，试证在 D 中至少存在一点 (ξ, η)，使 $f(\xi, \eta) = \sum\limits_{i=1}^{n} t_i f(x_i, y_i)$，这里 $(x_i, y_i) \in D, t_i \in (0,1)(i = 1, 2, \cdots, n)$ 且 $\sum\limits_{i=1}^{n} t_i = 1$.

3. 试证：$f(x,y) = \begin{cases} \dfrac{x^3 - y^3}{x^2 + y^2} & (x,y) \neq (0,0) \\ 0 & (x,y) = (0,0) \end{cases}$ 在原点 $(0,0)$ 处偏导数存在，但不可微.

4. 设 $2\sin(x + 2y - 3z) = x + 2y - 3z$，证明：$\dfrac{\partial z}{\partial x} + \dfrac{\partial z}{\partial y} = 1$.

5. 设 $z = z(x,y)$ 是由方程 $F\left(x + \dfrac{z}{y}, y + \dfrac{z}{x}\right) = 0$ 给出，证明：$x\dfrac{\partial z}{\partial x} + y\dfrac{\partial z}{\partial y} + xy = z$.

📖 参考答案

一、1. B 2. C 3. C 4. B 5. A 6. B 7. D 8. C 9. C 10. D 11. C 12. C 13. A 14. C 15. A 16. A

二、1. $\{(x,y) \mid y = 0, x \geqslant -1\} \bigcup \{(x,y) \mid y = x + 1, x \geqslant -1\}$ 2. $\{(x,y) \mid 0 \leqslant y \leqslant x^2, x \geqslant 0\}$

3. $\dfrac{x^2(1-y)}{1+y}$ 4. $\dfrac{2xy}{x^2 + y^2}$ 5. 0 6. $\{(x,y) \mid x = 0, y \neq 0\}$ 7. e^{2e} 8. 1

三、1. $D = \{(x,y) \mid x^2 + y^2 \leqslant 1, y > x\}$ 2. -8

3. 提示：函数 $f(x,y) = \dfrac{x^4 + 3x^2y^2 + 2xy^3}{(x^2 + y^2)^2}$ 沿 y 轴趋向于 $(0,0)$ 点时，

$$\lim_{\substack{x = 0 \\ y \to 0}} \frac{x^4 + 3x^2y^2 + 2xy^3}{(x^2 + y^2)^2} = \lim_{y \to 0} \frac{0}{y^4} = 0.$$

而当沿着 x 轴趋向于 $(0,0)$ 点时，

$$\lim_{\substack{y = 0 \\ x \to 0}} \frac{x^4 + 3x^2y^2 + 2xy^3}{(x^2 + y^2)^2} = \lim_{x \to 0} \frac{x^4}{x^4} = 1.$$

由多元函数极限的定义可知，$\lim\limits_{\substack{x \to 0 \\ y \to 0}} \dfrac{x^4 + 3x^2y^2 + 2xy^3}{(x^2 + y^2)^2}$ 不存在.

4. $\dfrac{1}{e}$　**5.** $f_x(0,0)=0, f_y(0,0)=0$　**6.** $f_x(0,0)$ 不存在，$f_y(0,0)=0$.

7. 提示：$f_x(x,y)=\mathrm{e}^{-(x+y)^2}-\mathrm{e}^{-x^2}, f_{xx}(x,y)=-2(x+y)\mathrm{e}^{-(x+y)^2}+2x\mathrm{e}^{-x^2}$，
$f_{xx}(1,-1)=2\mathrm{e}^{-1}$

8. 提示：$\displaystyle\lim_{\Delta x\to 0^+}\frac{f(\Delta x,0)-f(0,0)}{\Delta x}=\lim_{\Delta x\to 0^+}\frac{\Delta x\,\varphi(\Delta x,0)}{\Delta x}=\lim_{\Delta x\to 0^+}\varphi(\Delta x,0)$

$\displaystyle\lim_{\Delta x\to 0^-}\frac{f(\Delta x,0)-f(0,0)}{\Delta x}=\lim_{\Delta x\to 0^-}\frac{-\Delta x\,\varphi(\Delta x,0)}{\Delta x}=-\lim_{\Delta x\to 0^-}\varphi(\Delta x,0)$

$\varphi(0,0)=0$

9. $\mathrm{d}x-\mathrm{d}y$

10. $\dfrac{\partial z}{\partial x}=y^2(1+xy)^{y-1}, \dfrac{\partial z}{\partial y}=(1+xy)^y\left[\ln(1+xy)+\dfrac{xy}{1+xy}\right]$

$\mathrm{d}z=\dfrac{\partial z}{\partial x}\mathrm{d}x+\dfrac{\partial z}{\partial y}\mathrm{d}y=y^2(1+xy)^{y-1}\mathrm{d}x+(1+xy)^y\left[\ln(1+xy)+\dfrac{xy}{1+xy}\right]\mathrm{d}y$

11. $\dfrac{\partial z}{\partial x}=\dfrac{y}{y^2+(x+1)^2}, \dfrac{\partial z}{\partial y}=\dfrac{-(x+1)}{y^2+(x+1)^2}$

$\dfrac{\mathrm{d}z}{\mathrm{d}x}=\dfrac{\partial z}{\partial x}+\dfrac{\partial z}{\partial y}\cdot\dfrac{\mathrm{d}y}{\mathrm{d}x}=\dfrac{(-1-2x^2-4x)\mathrm{e}^{(1+x)^2}}{\mathrm{e}^{2(1+x)^2}+(x+1)^2}$

12. $\dfrac{\partial u}{\partial x}=-\dfrac{2xz}{(x^2+y^2)^2}, \dfrac{\partial u}{\partial y}=-\dfrac{2yz}{(x^2+y^2)^2}, \dfrac{\partial u}{\partial z}=\dfrac{1}{x^2+y^2}$

$\mathrm{d}u=\dfrac{\partial u}{\partial x}\mathrm{d}x+\dfrac{\partial u}{\partial y}\mathrm{d}y+\dfrac{\partial u}{\partial z}\mathrm{d}z=-\dfrac{2xz}{(x^2+y^2)^2}\mathrm{d}x-\dfrac{2yz}{(x^2+y^2)^2}\mathrm{d}y+\dfrac{1}{x^2+y^2}\mathrm{d}z$

13. $\dfrac{\partial z}{\partial u}=\dfrac{\partial z}{\partial x}\dfrac{\partial x}{\partial u}+\dfrac{\partial z}{\partial y}\dfrac{\partial y}{\partial u}=2\dfrac{u}{v^2}\ln(3u-v)+\dfrac{3u^2}{(3u-v)v^2}$

$\dfrac{\partial z}{\partial v}=\dfrac{\partial z}{\partial x}\dfrac{\partial x}{\partial v}+\dfrac{\partial z}{\partial y}\dfrac{\partial y}{\partial v}=-2\dfrac{u^2}{v^3}\ln(3u-v)-\dfrac{u^2}{(3u-v)v^2}$

14. 提示：$x=\ln y$

$\dfrac{\mathrm{d}z}{\mathrm{d}y}=\dfrac{\partial z}{\partial x}\dfrac{\mathrm{d}x}{\mathrm{d}y}+\dfrac{\partial z}{\partial y}=\dfrac{1+\ln y}{1+(\ln y)^2 y^2}$

15. $\dfrac{\partial u}{\partial x}=f_1'\mathrm{e}^x, \dfrac{\partial u}{\partial y}=f_2'\mathrm{e}^y$

$\mathrm{d}u=\dfrac{\partial u}{\partial x}\mathrm{d}x+\dfrac{\partial u}{\partial y}\mathrm{d}y=f_1'\mathrm{e}^x\mathrm{d}x+f_2'\mathrm{e}^y\mathrm{d}y$

16. $\dfrac{\partial u}{\partial x}=2xf_1'+y\mathrm{e}^{xy}f_2', \dfrac{\partial u}{\partial y}=-2yf_1'+x\mathrm{e}^{xy}f_2'$

17. $\dfrac{\partial z}{\partial x}=2f'+g_1'+yg_2'$

$\dfrac{\partial^2 z}{\partial x\partial y}=-2f''+xg_{12}''+g_2'+xyg_{22}''$

18. $\dfrac{\partial z}{\partial y}=2f-2\dfrac{x^2}{y}f_1'+6yf_2'$

$\dfrac{\partial^2 z}{\partial y^2}=12f_2'+\dfrac{2x^4}{y^3}f_{11}''-\dfrac{12x^2}{y}f_{12}''+18yf_{22}''$

19. $\dfrac{\partial z}{\partial x}=\dfrac{yz}{z^2-xy}, \dfrac{\partial z}{\partial y}=\dfrac{xz}{z^2-xy}$　　$\dfrac{\partial^2 z}{\partial x\partial y}=\dfrac{z^5-2xyz^3-x^2y^2z}{(z^2-xy)^3}$

四、**1.** 提示：当 $x\to 0, y\to 0$ 时，$\sin(xy)$ 是无穷小，$\dfrac{xy}{x^2+y^2}$ 是有界函数，无穷小与有界函数的乘积仍是无穷小.

2. 证明：函数 $f(x,y)$ 在闭区域 D 上连续，则 $f(x,y)$ 在闭区域 D 上可取得最大值 M 和最小值 m，即

$m \leqslant f(x,y) \leqslant M, \forall (x,y) \in D$, 所以 $\sum\limits_{i=1}^{n} t_i m \leqslant \sum\limits_{i=1}^{n} t_i f(x_i, y_i) \leqslant \sum\limits_{i=1}^{n} t_i M$. 又因为 $\sum\limits_{i=1}^{n} t_i = 1$, 所以 $m \leqslant$

$\sum\limits_{i=1}^{n} t_i f(x_i, y_i) \leqslant M$. 由闭区域上连续函数介值定理得, D 中至少存在一点 (ξ, η), 使得 $f(\xi, \eta) =$

$\sum\limits_{i=1}^{n} t_i f(x_i, y_i)$.

3. 证明: $f_x(0,0) = \lim\limits_{\Delta x \to 0} \dfrac{f(0+\Delta x, 0) - f(0,0)}{\Delta x} = \lim\limits_{\Delta x \to 0} \dfrac{\Delta x}{\Delta x} = 1$,

$f_y(0,0) = \lim\limits_{\Delta y \to 0} \dfrac{f(0, 0+\Delta y) - f(0,0)}{\Delta y} = \lim\limits_{\Delta y \to 0} \dfrac{-\Delta y}{\Delta y} = -1$,

$f(\Delta x, \Delta y) - f(0,0) = \dfrac{(\Delta x)^3 - (\Delta y)^3}{(\Delta x)^2 + (\Delta y)^2} = \Delta x - \Delta y + \dfrac{\Delta x \Delta y (\Delta x - \Delta y)}{(\Delta x)^2 + (\Delta y)^2}$.

由全微分的定义, 现来计算 $\dfrac{\Delta x \Delta y (\Delta x - \Delta y)}{(\Delta x)^2 + (\Delta y)^2}$ 与 $\rho = \sqrt{(\Delta x)^2 + (\Delta y)^2}$ 的关系.

$\lim\limits_{\substack{\Delta x \to 0 \\ \Delta y \to 0}} \dfrac{\dfrac{\Delta x \Delta y (\Delta x - \Delta y)}{(\Delta x)^2 + (\Delta y)^2}}{\sqrt{(\Delta x)^2 + (\Delta y)^2}} = \lim\limits_{\substack{\Delta x \to 0 \\ \Delta y \to 0}} \dfrac{\Delta x \Delta y (\Delta x - \Delta y)}{\left[(\Delta x)^2 + (\Delta y)^2\right]^{\frac{3}{2}}}$.

当沿着 $\Delta y = k \Delta x$ 轴趋向于 $(0,0)$ 点时,

$\lim\limits_{\substack{\Delta x \to 0 \\ \Delta y = k\Delta x}} \dfrac{\Delta x \Delta y (\Delta x - \Delta y)}{\left[(\Delta x)^2 + (\Delta y)^2\right]^{\frac{3}{2}}} = \lim\limits_{\Delta x \to 0} \dfrac{k(1-k)(\Delta x)^3}{(1+k^2)^{\frac{3}{2}}(\Delta x)^3} = \dfrac{k(1-k)}{(1+k^2)^{\frac{3}{2}}}$.

当斜率 k 取不同的值时, 极限值不同. 当 $k \neq 1$ 时,

$\dfrac{\Delta x \Delta y (\Delta x - \Delta y)}{(\Delta x)^2 + (\Delta y)^2}$ 与 $\rho = \sqrt{(\Delta x)^2 + (\Delta y)^2}$

是同阶无穷小. 由全微分的定义得, 在 $(0,0)$ 点不可微.

4. 提示: $\dfrac{\partial z}{\partial x} = \dfrac{2\cos(x+2y-3z) - 1}{3[2\cos(x+2y-3z) - 1]} = \dfrac{1}{3}$, $\dfrac{\partial z}{\partial y} = \dfrac{4\cos(x+2y-3z) - 2}{3[2\cos(x+2y-3z) - 1]} = \dfrac{2}{3}$.

5. 证明: $\dfrac{\partial z}{\partial x} = -\dfrac{F_x}{F_z} = -\dfrac{F'_1 - \dfrac{z}{x^2}F'_2}{\dfrac{F'_1}{y} + \dfrac{F'_2}{x}}$, $\dfrac{\partial z}{\partial y} = -\dfrac{F_y}{F_z} = -\dfrac{\left(-\dfrac{z}{y^2}\right)F'_1 + F'_2}{\dfrac{F'_1}{y} + \dfrac{F'_2}{x}}$,

$x\dfrac{\partial z}{\partial x} + y\dfrac{\partial z}{\partial y} + xy = -\dfrac{F'_1 - \dfrac{z}{x^2}F'_2}{\dfrac{F'_1}{y} + \dfrac{F'_2}{x}}x + \dfrac{\dfrac{z}{y^2}F'_1 - F'_2}{\dfrac{F'_1}{y} + \dfrac{F'_2}{x}}y + xy = z$.

第二讲 多元函数微分学的应用

主要内容

一、空间曲线的切线与法平面

对于由方程: $x = \varphi(t)$, $y = \psi(t)$, $z = \omega(t)$ 给定的曲线, 对应参量 t_0 的点 $P_0(x_0, y_0, z_0)$
处的切线方程为

$$\dfrac{x - x_0}{\varphi'(t_0)} = \dfrac{y - y_0}{\psi'(t_0)} = \dfrac{z - z_0}{\omega'(t_0)}.$$

法平面方程为

$$\varphi'(t_0)(x-x_0)+\psi'(t_0)(y-y_0)+\omega'(t_0)(z-z_0)=0.$$

二、空间曲面的切平面与法线

（1）对于由方程：$F(x,y,z)=0$ 给定的曲面，对应点 $P_0(x_0,y_0,z_0)$ 处的切平面方程为

$$F_x(x_0,y_0,z_0)(x-x_0)+F_y(x_0,y_0,z_0)(y-y_0)+F_z(x_0,y_0,z_0)(z-z_0)=0.$$

法线方程为

$$\frac{x-x_0}{F_x(x_0,y_0,z_0)}=\frac{y-y_0}{F_y(x_0,y_0,z_0)}=\frac{z-z_0}{F_z(x_0,y_0,z_0)}.$$

（2）对于由方程：$z=f(x,y)$ 给定的曲面，对应点 $P_0(x_0,y_0,z_0)$ 处的切平面方程为

$$f_x(x_0,y_0)(x-x_0)+f_y(x_0,y_0)(y-y_0)-(z-z_0)=0.$$

法线方程为

$$\frac{x-x_0}{f_x(x_0,y_0)}=\frac{y-y_0}{f_y(x_0,y_0)}=\frac{z-z_0}{-1}.$$

三、方向导数与梯度

1. 方向导数（即函数沿某个方向的变化率）

设函数 $z=f(x,y)$ 在点 $P_0(x_0,y_0)$ 可微分，单位向量 $\boldsymbol{l}=\{\cos\alpha,\cos\beta\}$，那么函数 $f(x,y)$ 在点 P_0 处沿方向 $\boldsymbol{l}$ 的方向导数为

$$\frac{\partial f}{\partial \boldsymbol{l}}=\frac{\partial f(x_0,y_0)}{\partial x}\cos\alpha+\frac{\partial f(x_0,y_0)}{\partial y}\cos\beta.$$

2. 函数 $z=f(x,y)$ 在点 $P_0(x_0,y_0)$ 梯度

$$\operatorname{grad}f(x_0,y_0)=\frac{\partial f(x_0,y_0)}{\partial x}\boldsymbol{i}+\frac{\partial f(x_0,y_0)}{\partial y}\boldsymbol{j}.$$

意义：梯度为一个向量，其方向与函数 $f(x,y)$ 在点 P_0 处取得最大方向导数的方向相同，其模等于方向导数的最大值.

四、多元函数极值及最值

1. 驻点

对于函数 $z=f(x,y),(x,y)\in D$，满足 $\dfrac{\partial f}{\partial x}=\dfrac{\partial f}{\partial y}=0$ 的点称为驻点.

2. 极值点的必要条件

设函数 $z=f(x,y),(x,y)\in D$ 在点 $P_0(x_0,y_0)$ 具有偏导数，且在点 $P_0(x_0,y_0)$ 有极值，则点 $P_0(x_0,y_0)$ 必为驻点.

3. 极值点的充分条件

对于函数 $z=f(x,y)$ 的驻点 $P_0(x_0,y_0)$，记 $A=f_{xx}(P_0),B=f_{xy}(P_0),C=f_{yy}(P_0)$.

(1) 当 $AC - B^2 > 0$ 且 $A < 0$ 时,函数 $z = f(x,y)$ 在点 $P_0(x_0,y_0)$ 处取得极大值.

(2) 当 $AC - B^2 > 0$ 且 $A > 0$ 时,函数 $z = f(x,y)$ 在点 $P_0(x_0,y_0)$ 处取得极小值.

(3) 当 $AC - B^2 < 0$ 时,函数 $z = f(x,y)$ 在点 $P_0(x_0,y_0)$ 处没有极值.

(4) 当 $AC - B^2 = 0$ 时,函数 $z = f(x,y)$ 在点 $P_0(x_0,y_0)$ 处可能有极值,也可能没有极值.

4. 多元函数条件极值及拉格朗日乘数法

(1) 条件极值问题提法:求函数 $z = f(x,y)$ 在条件 $\varphi(x,y) = 0$ 下的极值.

(2) 拉格朗日乘数法:构造函数 $F(x,y,\lambda) = f(x,y) + \lambda\varphi(x,y)$ 求解:

$$\begin{cases} F_x(x,y,\lambda) = 0 \\ F_y(x,y,\lambda) = 0, \\ F_\lambda(x,y,\lambda) = 0 \end{cases} 即 \begin{cases} f_x(x,y) + \lambda\varphi_x(x,y) = 0 \\ f_y(x,y) + \lambda\varphi_y(x,y) = 0. \\ \varphi(x,y) = 0 \end{cases}$$

满足上述方程组的点 $P_0(x_0,y_0)$ 为极值可能点.

教学要求

➤ 掌握空间曲线的切线与法平面的概念及计算.

➤ 掌握空间曲面的切平面与法线的概念及计算.

➤ 会求函数的方向导数,了解梯度的概念.

➤ 理解多元函数无条件极值的概念,掌握无条件极值的判别法.

➤ 会求实际问题的无条件极值及最值.

➤ 理解多元函数的条件极值,会用拉格朗日乘数法求实际问题的条件极值.

重点例题

例 9 - 2 - 1 求螺旋线 $x = a\cos\theta, y = a\sin\theta, z = b\theta$ 在点 $(a,0,0)$ 处的切线及法平面方程.

解 曲线在点 $(a,0,0)$ 所对应的参数 $\theta = 0$,于是曲线在该点处的切向量为

$$\boldsymbol{T} = \{-a\sin\theta, a\cos\theta, b\} \mid_{\theta=0} = \{0, a, b\},$$

故所求切线方程为

$$\frac{x-a}{0} = \frac{y}{a} = \frac{z}{b},$$

法平面方程为

$$0 \cdot (x-a) + a \cdot y + b \cdot z = 0,$$

即

$$ay + bz = 0.$$

例 9 - 2 - 2 求曲线 $x^2 + y^2 + z^2 = 6, x + y + z = 0$ 在点 $(1, -2, 1)$ 处的切线及法平面方程.

解 为求切向量,将所给方程的两边对 x 求导数,得

$$\begin{cases} 2x + 2y \dfrac{\mathrm{d}y}{\mathrm{d}x} + 2z \dfrac{\mathrm{d}z}{\mathrm{d}x} = 0 \\ 1 + \dfrac{\mathrm{d}y}{\mathrm{d}x} + \dfrac{\mathrm{d}z}{\mathrm{d}x} = 0 \end{cases},$$

解方程组得 $\dfrac{\mathrm{d}y}{\mathrm{d}x} = \dfrac{z-x}{y-z}, \dfrac{\mathrm{d}z}{\mathrm{d}x} = \dfrac{x-y}{y-z}$.

在点 $(1, -2, 1)$ 处 $\dfrac{\mathrm{d}y}{\mathrm{d}x} = 0, \dfrac{\mathrm{d}z}{\mathrm{d}x} = -1$,从而

$$\boldsymbol{T} = \{1, 0, -1\}.$$

所求切线方程为

$$\frac{x-1}{1} = \frac{y+2}{0} = \frac{z-1}{-1},$$

法平面方程为

$$(x-1) + 0 \cdot (y+2) - (z-1) = 0,$$

即 $x - z = 0.$

例 9 - 2 - 3 求球面 $x^2 + y^2 + z^2 = 14$ 在点 $(1, 2, 3)$ 处的切平面及法线方程.

解 $F(x, y, z) = x^2 + y^2 + z^2 - 14,$

$$F_x = 2x, F_y = 2y, F_z = 2z,$$

$$F_x(1,2,3) = 2, F_y(1,2,3) = 4, F_z(1,2,3) = 6.$$

法向量为

$$\boldsymbol{n} = \{2, 4, 6\} \text{ 或 } \boldsymbol{n} = \{1, 2, 3\}.$$

所求切平面方程为

$$2(x-1) + 4(y-2) + 6(z-3) = 0,$$

即 $x + 2y + 3z - 14 = 0.$

法线方程为

$$\frac{x-1}{1} = \frac{y-2}{2} = \frac{z-3}{3}.$$

例 9 - 2 - 4 求椭球面 $x^2 + 2y^2 + z^2 = 1$ 上平行于平面 $x - y + 2z = 0$ 的切平面方程.

解 曲面在点 (x, y, z) 处的法向量为 $\{2x, 4y, 2z\}$,由题意,

$\{2x, 4y, 2z\} \mathbin{/\!/} \{1, -1, 2\}$,可令 $\dfrac{x}{1} = \dfrac{2y}{-1} = \dfrac{z}{2} = t$,则 $x = t, y = -\dfrac{t}{2}, z = 2t$.

由于该点 (x, y, z) 在椭球面 $x^2 + 2y^2 + z^2 = 1$ 上,所以

$$t^2 + 2\left(-\frac{t}{2}\right)^2 + (2t)^2 = 1,$$

解得 $t = \pm\sqrt{\dfrac{2}{11}}$，故满足条件的点为 $\pm\left(\sqrt{\dfrac{2}{11}}, -\sqrt{\dfrac{1}{22}}, 2\sqrt{\dfrac{2}{11}}\right)$，从而所求切平面方程为

$$x - y + 2z = \pm\sqrt{\dfrac{11}{2}}.$$

例 9 - 2 - 5　试证曲面 $\sqrt{x} + \sqrt{y} + \sqrt{z} = \sqrt{a}\,(a > 0)$ 上任何点处的切平面在各坐标轴上的截距之和等于 a.

证明　$F(x,y,z) = \sqrt{x} + \sqrt{y} + \sqrt{z} - \sqrt{a}$，则法向量为

$$\boldsymbol{n} = \left\{\dfrac{1}{2\sqrt{x}}, \dfrac{1}{2\sqrt{y}}, \dfrac{1}{2\sqrt{z}}\right\}.$$

曲面上点 (x_0, y_0, z_0) 处的切平面方程为

$$\dfrac{1}{\sqrt{x_0}}(x - x_0) + \dfrac{1}{\sqrt{y_0}}(y - y_0) + \dfrac{1}{\sqrt{z_0}}(z - z_0) = 0,$$

即

$$\dfrac{x}{\sqrt{x_0}} + \dfrac{y}{\sqrt{y_0}} + \dfrac{z}{\sqrt{z_0}} = \sqrt{x_0} + \sqrt{y_0} + \sqrt{z_0} = \sqrt{a},$$

由于截距分别为　$\sqrt{a}\,\sqrt{x_0}, \sqrt{a}\,\sqrt{y_0}, \sqrt{a}\,\sqrt{z_0}$，故截距之和

$$\sqrt{a}\,\sqrt{x_0} + \sqrt{a}\,\sqrt{y_0} + \sqrt{a}\,\sqrt{z_0} = \sqrt{a}\sqrt{a} = a.$$

例 9 - 2 - 6　求函数 $u = xyz$ 在点 $(5,1,2)$ 处沿从点 $(5,1,2)$ 到点 $(9,4,14)$ 的方向的方向导数.

解　$\boldsymbol{l} = \{9-5, 4-1, 14-2\} = \{4,3,12\}$，模为 $|\boldsymbol{l}| = \sqrt{4^2 + 3^2 + 12^2} = 13$，方向余弦为

$$\cos\alpha = \dfrac{4}{13}, \cos\beta = \dfrac{3}{13}, \cos\gamma = \dfrac{12}{13},$$

而

$$\dfrac{\partial u}{\partial x} = yz, \dfrac{\partial u}{\partial y} = xz, \dfrac{\partial u}{\partial z} = xy,$$

所以　$\left.\dfrac{\partial u}{\partial l}\right|_{(5,1,2)} = \left.\dfrac{\partial u}{\partial x}\right|_{(5,1,2)} \cdot \cos\alpha + \left.\dfrac{\partial u}{\partial y}\right|_{(5,1,2)} \cdot \cos\beta + \left.\dfrac{\partial u}{\partial z}\right|_{(5,1,2)} \cdot \cos\gamma$

$$= \dfrac{4}{13} \times 2 + \dfrac{3}{13} \times 10 + \dfrac{12}{13} \times 5 = \dfrac{98}{13}.$$

例 9 - 2 - 7　设在 xOy 平面上，各点的温度 T 与点的位置的关系为 $T = 4x^2 + 9y^2$，问在什么方向上，点 $P(9,4)$ 处的温度变化率取得最大值？并求此最大值.

解　沿点 $P(9,4)$ 的梯度方向，方向导数取得最大值(即温度变化率取得最大值)，方向导数的最大值等于梯度向量的模.

因 $\mathrm{grad}\,T\,|_P = \left.\dfrac{\partial T}{\partial x}\right|_P \cdot \boldsymbol{i} + \left.\dfrac{\partial T}{\partial y}\right|_P \cdot \boldsymbol{j} = 72\boldsymbol{i} + 72\boldsymbol{j}$，$|\,72\boldsymbol{i} + 72\boldsymbol{j}\,| = \sqrt{72^2 + 72^2} = 72\sqrt{2}$，

所以在点 $P(9,4)$ 处沿向量 $\{1,1\}$ 方向，温度变化率取得最大值，最大值为 $72\sqrt{2}$.

例 9 - 2 - 8 求函数 $f(x, y) = e^{x-y}(x^2 - 2y^2)$ 的极值.

解 由 $\begin{cases} f_x = e^{x-y}(x^2 - 2y^2) + 2xe^{x-y} = 0 \\ f_y = -e^{x-y}(x^2 - 2y^2) - 4ye^{x-y} = 0 \end{cases}$,得驻点 $P_1(-4, -2), P_2(0, 0)$.

又 $f_{xx} = e^{x-y}(x^2 - 2y^2 + 4x + 2)$, $f_{xy} = e^{x-y}(2y^2 - x^2 - 2x - 4y)$, $f_{yy} = e^{x-y}(x^2 - 2y^2 + 8y - 4)$.

在点 $P_1(-4, -2)$ 处,$A = -6e^{-2}, B = 8e^{-2}, C = -12e^{-2}, AC - B^2 = 8e^{-4} > 0, A < 0$,故 $f(-4, -2) = 8e^{-2}$ 是极大值.

在点 $P_2(0, 0)$ 处,$A = 2, B = 0, C = -4, AC - B^2 = -8 < 0$,故 $P_2(0, 0)$ 不是极值点.

例 9 - 2 - 9 求函数 $z = x^2 + y^2$ 在圆域 $(x - \sqrt{2})^2 + (y - \sqrt{2})^2 \leqslant 9$ 上的最大值及最小值.

解 由 $\begin{cases} f_x = 2x = 0 \\ f_y = 2y = 0 \end{cases}$,得驻点 $P(0, 0)$,由于 $z(0, 0) = 0, z = x^2 + y^2 \geqslant 0$,易知在圆域 $(x - \sqrt{2})^2 + (y - \sqrt{2})^2 \leqslant 9$ 上的最小值为 0.

再求 $z = x^2 + y^2$ 在圆 $(x - \sqrt{2})^2 + (y - \sqrt{2})^2 = 9$ 上的最大值,为此令

$$F(x, y) = x^2 + y^2 + \lambda \left[(x - \sqrt{2})^2 + (y - \sqrt{2})^2 - 9 \right],$$

由 $\begin{cases} F_x = 2x + 2\lambda(x - \sqrt{2}) = 0 \\ F_y = 2y + 2\lambda(y - \sqrt{2}) = 0 \\ (x - \sqrt{2})^2 + (y - \sqrt{2})^2 = 9 \end{cases}$,根据前两式得 $x = y$,代入第三式解得

$x = y = \dfrac{5\sqrt{2}}{2}$ 和 $x = y = -\dfrac{\sqrt{2}}{2}$,$z\left(\dfrac{5\sqrt{2}}{2}, \dfrac{5\sqrt{2}}{2}\right) = 25, z\left(-\dfrac{\sqrt{2}}{2}, -\dfrac{\sqrt{2}}{2}\right) = 1$.

比较 $z(0, 0), z\left(\dfrac{5\sqrt{2}}{2}, \dfrac{5\sqrt{2}}{2}\right), z\left(-\dfrac{\sqrt{2}}{2}, -\dfrac{\sqrt{2}}{2}\right)$ 可得函数 $z = x^2 + y^2$ 在圆域 $(x - \sqrt{2})^2 + (y - \sqrt{2})^2 \leqslant 9$ 上的最大值为 25,最小值为 0.

例 9 - 2 - 10 抛物面 $z = x^2 + y^2$ 被平面 $x + y + z = 1$ 截成一椭圆,求原点到这椭圆的最长与最短距离.

解 本题是具有两个约束条件的条件极值问题,令 (x, y, z) 是椭圆上任一点,则目标函数为 $d = \sqrt{x^2 + y^2 + z^2}$,为计算方便,将问题转化为求 $d^2 = x^2 + y^2 + z^2$ 在条件 $x^2 + y^2 - z = 0$ 及 $x + y + z - 1 = 0$ 下的极值问题.

令 $F(x, y, z) = x^2 + y^2 + z^2 + \lambda(x^2 + y^2 - z) + \mu(x + y + z - 1)$,

求解 $\begin{cases} F_x = 2x + 2\lambda x + \mu = 0 \\ F_y = 2y + 2\lambda y + \mu = 0 \\ F_z = 2z - \lambda + \mu = 0 \\ x^2 + y^2 - z = 0 \\ x + y + z - 1 = 0 \end{cases}$,

得
$$\begin{cases} x = y = \dfrac{1}{2}(-1 \pm \sqrt{3}), \\ z = 2 \mp \sqrt{3} \end{cases},$$

从而
$$d_1 = \sqrt{9 + 5\sqrt{3}}, d_2 = \sqrt{9 - 5\sqrt{3}},$$

所以原点到椭圆的最长距离为 $\sqrt{9 + 5\sqrt{3}}$，最短距离为 $\sqrt{9 - 5\sqrt{3}}$.

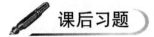 课后习题

一、选择题

1. 曲线 $4x = y^5, y = \sqrt{z}$ 在点 $(8, 2, 4)$ 处的切线方程是（　　）.

A. $\dfrac{x + 12}{20} = y - 1 = \dfrac{z}{4}$　　　　　　B. $\dfrac{x + 12}{20} = y = \dfrac{z + 4}{4}$

C. $\dfrac{x - 8}{20} = y - 2 = \dfrac{z - 4}{4}$　　　　　　D. $\dfrac{x - 8}{5} = y - 2 = \dfrac{z - 4}{4}$

2. 光滑曲线 $y = y(x), z = z(x)$ 的切向量是（　　）.

A. $\{y'_x, z'_x, 1\}$　　　B. $\{-1, y'_x, z'_x\}$　　　C. $\{1, y'_x, z'_x\}$　　　D. $\{0, y'_x, z'_x\}$

3. 光滑曲面 $z = f(x, y)$ 的法向量是（　　）.

A. $\{z'_x, z'_y, -1\}$　　　B. $\{z'_x, z'_y, 1\}$　　　C. $\{z'_x, z'_y, 0\}$　　　D. $\{1, z'_x, z'_y\}$

4. 若曲面 $x^2 + 2y^2 + 3z^2 = 21$ 的切平面平行于平面 $x - 4y + 6z + 25 = 0$，则切点坐标为（　　）.

A. $(\pm 1, \mp 2, \pm 2)$　　　　　　B. $(\pm 1, \pm 2, \pm 2)$

C. $(\pm 1, 2, 2)$　　　　　　D. $(\pm 1, \pm 2, 2)$

5. 函数 $u = 8x^2 y^2 - 2y + 4x + 6z$ 在原点沿向量 $\vec{a} = \{2, 3, 1\}$ 方向的方向导数为（　　）.

A. $-\dfrac{8}{\sqrt{14}}$　　　B. $\dfrac{8}{\sqrt{14}}$　　　C. $\dfrac{3}{\sqrt{14}}$　　　D. $-\dfrac{3}{\sqrt{14}}$

6. 函数 $z = \ln(x + \ln y)$ 在点 $(e, 1)$ 沿 $\boldsymbol{a} = \{2, -1\}$ 方向的方向导数是（　　）.

A. $\dfrac{\sqrt{5}}{e}$　　　B. $\dfrac{1}{e\sqrt{5}}$　　　C. $e\sqrt{5}$　　　D. $5\sqrt{e}$

7. 函数 $z = 2x + y$ 在点 $(1, 2)$ 沿各方向的方向导数的最大值为（　　）.

A. 3　　　　　B. 0　　　　　C. $\sqrt{5}$　　　　　D. 2

8. 设函数 $z = 2x^2 - 3y^2$，则（　　）.

A. 函数 z 在点 $(0, 0)$ 处取得极大值

B. 函数 z 在点 $(0, 0)$ 处取得极小值

C. 点 $(0, 0)$ 非函数 z 的极值点

D. 点 $(0, 0)$ 是函数 z 的最大值点或最小值点，但不是极值点

9. 设函数 $z = f(x, y)$ 具有二阶连续偏导数，在点 $P_0(x_0, y_0)$ 处，有 $f_x(P_0) = 0$, $f_y(P_0) = 0, f_{xx}(P_0) = f_{yy}(P_0) = 0, f_{xy}(P_0) = f_{yx}(P_0) = 2$，则（　　）.

A. 点 P_0 是函数 z 的极大值点　　　　B. 点 P_0 是函数 z 的极小值点

C. 点 P_0 非函数 z 的极值点　　　　　D. 条件不够,无法判定

10. $z_x(x_0,y_0)=0$ 和 $z_y(x_0,y_0)=0$ 是函数 $z=z(x,y)$ 在点 (x_0,y_0) 处取得极大值或极小值的(　　).

A. 必要条件但非充分条件　　　　　B. 充分条件但非必要条件

C. 充要条件　　　　　　　　　　　D. 既非必要条件也非充分条件

11. 函数 $f(x,y,z)=z-2$ 在 $4x^2+2y^2+z^2=1$ 条件下的极大值是(　　).

A. 1　　　　　　B. 0　　　　　　C. -1　　　　　　D. -2

12. 设函数 $z=z(x,y)$ 是旋转双叶双曲面 $-x^2-y^2+z^2=1$ 的 $z>0$ 的部分,则点 $(0,0)$ 是函数 z 的(　　).

A. 极大值点但非最大值点　　　　　B. 极大值点且是最大值点

C. 极小值点但非最小值点　　　　　D. 极小值点且是最小值点

二、填空题

1. 曲线 $x^2+y^2+z^2=4$, $x^2+y^2=2x$ 在点 $P(1,1,\sqrt{2})$ 处的切线方程是_____.

2. 设函数 $z=z(x,y)$ 由方程 $\frac{1}{2}x^2+3xy-y^2-5x+5y+e^z+2z=4$ 确定,则函数 z 的驻点是_____.

3. 设函数 $z=f(x,y)$ 在点 (x_0,y_0) 处可微,则点 (x_0,y_0) 是函数 z 的极值点的必要条件为_____.

4. 若函数 $f(x,y)=x^2+2xy+3y^2+ax+by+6$ 在点 $(1,-1)$ 处取得极值,则常数 $a=$_____, $b=$_____.

5. 若函数 $z=2x^2+2y^2+3xy+ax+by+c$ 在点 $(-2,3)$ 处取得极小值 -3,则常数 a,b,c 之积 $abc=$_____.

三、解答题

1. 求曲线 $x=e^{2t}$, $y=\ln t$, $z=t^2$ 在对应于 $t=2$ 点处的切线方程.

2. 若曲线 $\begin{cases} x^2-y^2-z=0 \\ x^2+2y^2+z^2=3 \end{cases}$ 在点 $(1,-1,0)$ 处的切向量与 y 轴正向成钝角,试求它与 x 轴正向夹角的余弦.

3. 求曲线 $\begin{cases} x-y-z=0 \\ x^2-y^2-z^2=-2 \end{cases}$ 在点 $(0,1,-1)$ 处的法平面方程.

4. 求过直线 $\begin{cases} x+y-z=0 \\ x-y-z=1 \end{cases}$ 且与曲面 $-x^2+4y^2+4z^2=1$ 相切的平面方程.

5. 求曲面 $x^2+2y^2+3z^2=21$ 平行于平面 $x+2y+6z=0$ 的切平面方程.

6. 在曲面 $x^2+2y^2+2z^2+xy+2yz+3zx+4=0$ 上求一点,使曲面在该点处的切平面平行于平面 $2x-y+z=0$,并写出切平面方程.

7. 求正数 λ,使曲面 $xyz=\lambda$ 与椭球面 $\frac{x^2}{a^2}+\frac{y^2}{b^2}+\frac{z^2}{c^2}=1$ 在某点相切,并写出这个切点的坐标 $(a>0,b>0,c>0)$.

8. 求函数 $u=x^2+3y-2z^2$ 在点 $(1,0,1)$ 处沿与直线 $\begin{cases} x+y=1 \\ y+z=1 \end{cases}$ 平行的向量 $\boldsymbol{a}$ 方向

的方向导数.

9. 函数 $u = z^4 - 3xz + x^2 + y^2$ 在点 $(1,1,1)$ 处沿哪个方向的方向导数值最大,并求此最大方向导数的值.

10. 求函数 $z = xe^{2y}$ 在点 $(1,0)$ 处沿向量 $\{1,-1\}$ 方向的方向导数.

11. 设曲线 $x = 2t+1, y = 3t^2-1, z = t^3+2$ 在 $t = -1$ 对应点处的法平面为 S,试求点 $(-2,4,1)$ 到 S 的距离 d.

12. 求函数 $z = 2x^2 - 3xy + 2y^2 + 4x - 3y + 1$ 的极值.

13. 求函数 $z = x^3 - \dfrac{3}{2}y^2 + 3xy - 6x + 3$ 在闭域 $D: 0 \leqslant x \leqslant 2, 0 \leqslant y \leqslant 2$ 上的最小值和最大值.

14. 求函数 $f(x,y,z) = -2x^2$ 在 $x^2 - y^2 - 2z^2 = 2$ 条件下的极大值.

15. 在椭圆 $x^2 + 4y^2 = 4$ 上求一点,使其到直线 $2x + 3y - 6 = 0$ 的距离为最近.

16. 求旋转椭球面 $\dfrac{x^2}{96} + y^2 + z^2 = 1$ 到平面 $3x + 4y + 12z = 288$ 的最短与最近距离.

17. 求函数 $z = xy$ 在条件 $x + y = 1$ 下的极大值.

18. 利用拉格朗日乘数法,在旋转抛物面 $z = x^2 + y^2$ 和平面 $z = h$ 所围成的立体内,求底面平行于 xOy 平面的最大长方体的体积($h > 0$).

19. 已知三角形一条边长为 a,其对角为 α,利用拉格朗日乘数法求其他两条边的长,使三角形的面积为最大.

20. 现投资 a 万元修建一座形状为长方体的厂房,已知每单位面积征地费用为 b 元,设厂房的长、宽、高分别为 x, y, z 单位,则其造价 $C = kxyz^2$,其中常数 $k > 0$,问如何设计厂房的长、宽、高,方能使其容积最大?

参考答案

一、1. C 2. C 3. A 4. A 5. B 6. B 7. C 8. C 9. C 10. A 11. D 12. D

二、1. $x - 1 = \dfrac{y-1}{0} = \dfrac{z - \sqrt{2}}{-\dfrac{\sqrt{2}}{2}}$ 2. $\left(-\dfrac{5}{11}, \dfrac{20}{11}\right)$ 3. $f_x(x_0, y_0) = 0, f_y(x_0, y_0) = 0$ 4. $0, 4$ 5. 30

三、1. $\dfrac{x - e^4}{2e^4} = \dfrac{y - \ln 2}{\dfrac{1}{2}} = \dfrac{z-4}{4}$.

2. 提示:设曲线参数方程为 $x = x, y = y(x), z = z(x)$,由曲线的一般方程对 x 求导可得
$$\begin{cases} 2x - 2y\dfrac{\partial y}{\partial x} - \dfrac{\partial z}{\partial x} = 0 \\ 2x + 4y\dfrac{\partial y}{\partial x} + 2z\dfrac{\partial z}{\partial x} = 0 \end{cases},\ 根据题意取切线方向为 \left\{-1, -\dfrac{1}{2}, -3\right\},则 \cos\theta = -\dfrac{2}{\sqrt{41}}.$$

3. $2x + y + z = 0$.

4. 提示:过直线 $\begin{cases} x + y - z = 0 \\ x - y - z = 1 \end{cases}$ 的平面束 $x + y - z + \lambda(x - y - z - 1) = 0$,

即 $(1+\lambda)x + (1-\lambda)y - (1+\lambda)z - \lambda = 0$.

设切点为 (x_0, y_0, z_0),法向量为 $\{-x_0, 4y_0, 4z_0\}$,由题意可知

$$\dfrac{-x_0}{1+\lambda} = \dfrac{4y_0}{1-\lambda} = \dfrac{4z_0}{-(1+\lambda)} = k \Rightarrow x_0 = -k(1+\lambda), y_0 = \dfrac{k(1-\lambda)}{4}, z_0 = \dfrac{-k(1+\lambda)}{4}.$$

$$\begin{cases} (1+\lambda)x_0 + (1-\lambda)y_0 - (1+\lambda)z_0 - \lambda = 0 \\ -x_0^2 + 4y_0^2 + 4z_0^2 = 1 \end{cases} \Rightarrow \lambda = -\frac{1}{3} \ \text{或} \ \lambda = -1,$$

切平面方程为 $2y + 1 = 0$ 或 $2x + 4y - 2z + 1 = 0$.

5. 提示:设切点为 (x_0, y_0, z_0), $\frac{2x_0}{1} = \frac{4y_0}{2} = \frac{6z_0}{6} = k$, 切平面 $x + 2y + 6z \pm 3\sqrt{35} = 0$.

6. 提示:方法同上, $2x - y + z \pm 4 = 0$.

7. 提示:设切点为 (x_0, y_0, z_0), $\dfrac{y_0 z_0}{\frac{2x_0}{a^2}} = \dfrac{x_0 z_0}{\frac{2y_0}{b^2}} = \dfrac{x_0 y_0}{\frac{2z_0}{c^2}}$.

$\lambda = \dfrac{8}{a^2 b^2 c^2}, \left\{ \dfrac{2}{bc}, \dfrac{2}{ac}, \dfrac{2}{ab} \right\}, \left\{ -\dfrac{2}{bc}, -\dfrac{2}{ac}, \dfrac{2}{ab} \right\}, \left\{ \dfrac{2}{bc}, -\dfrac{2}{ac}, -\dfrac{2}{ab} \right\}, \left\{ -\dfrac{2}{bc}, \dfrac{2}{ac}, -\dfrac{2}{ab} \right\}$.

8. $a = \begin{vmatrix} i & j & k \\ 1 & 1 & 0 \\ 0 & 1 & 1 \end{vmatrix} = \{1, -1, 1\}, \cos\alpha = \dfrac{1}{\sqrt{3}}, \cos\beta = \dfrac{-1}{\sqrt{3}}, \cos\gamma = \dfrac{1}{\sqrt{3}}$, 则 $\dfrac{\partial u}{\partial a} = -\dfrac{5\sqrt{3}}{3}$.

9. 提示:沿梯度方向 $\{-1, 2, 1\}$, 最大为 $\sqrt{6}$.

10. $-\dfrac{\sqrt{2}}{2}$.

11. 提示:对应点的法平面为 $2x - 6y + 3z + 11 = 0, d = \dfrac{|-2 \times 2 + 4 \times (-6) + 1 \times 3 + 11|}{\sqrt{2^2 + (-6)^2 + 3^2}} = 2$.

12. 驻点 $(-1, 0)$, 取得极小值 -1.

13. 提示:在区域内部利用极值两个定理判断在驻点 $(1, 1)$ 处不取得极值.
在边界上(四条边界)上最大、最小值分别为 $\max z = 5, \min z = -3$.

14. 0

15. 提示:设 $\begin{cases} x = 2\cos\theta \\ y = \sin\theta \end{cases}, 0 \leqslant \theta \leqslant 2\pi$, 则 $d = \dfrac{|4\cos\theta + 3\sin\theta - 6|}{\sqrt{2^2 + 3^2}} = \dfrac{|5\sin(\theta+\varphi) - 6|}{\sqrt{13}}$, 其中 $\cos\varphi = \dfrac{3}{5}, \sin\varphi = \dfrac{4}{5}$, 当 $\sin(\theta+\varphi) = 1$ 时, $d_{\min} = \dfrac{\sqrt{13}}{13}$, 椭圆上的点 $\left(\dfrac{8}{5}, \dfrac{3}{5}\right)$ 到直线 $2x + 3y - 6 = 0$ 的距离最近.

16. $d = \dfrac{|3x + 4y + 12z - 288|}{13}$, 驻点 $\pm\left(9, \dfrac{1}{8}, \dfrac{3}{8}\right), d_{\min} = 19\dfrac{9}{13}, d_{\max} = 24\dfrac{8}{13}$.

17. 提示:根据拉格朗日乘数法极大值为 $z\left(\dfrac{1}{2}, \dfrac{1}{2}\right) = \dfrac{1}{4}$.

18. 提示:由题意长方体上平面在平面 $z = h$ 内,设下平面第一象限的顶点坐标 (x, y, z),

$V = 2x \times 2y \times (h - z)$, 条件 $z = x^2 + y^2$, 利用拉格朗日乘数法 $V_{\max} = \dfrac{h^3}{8}$.

19. 提示:设两边长为 x, y, 则 $S = \dfrac{1}{2}xy\sin\alpha$, 条件 $a^2 = x^2 + y^2 - 2xy\cos\alpha$,

利用拉格朗日乘数法 $x = y = \dfrac{a}{2\sin\frac{\alpha}{2}}, S_{\max} = \dfrac{a^2 \cot\frac{\alpha}{2}}{4}$.

20. 提示:$V = xyz$, 条件 $kxyz^2 + xyb = a, x = y = \sqrt{\dfrac{a}{2b}}, z = \sqrt{\dfrac{b}{k}}, V_{\max} = \dfrac{a}{2\sqrt{kb}}$.

第十章

重 积 分

第一讲 二重积分的概念、性质与计算

主要内容

一、二重积分的概念与性质

1. 二重积分的定义

设 $f(x,y)$ 是有界闭区域 D 上的有界函数,将闭区域 D 任意分成 n 个小闭区域

$$\Delta\sigma_1,\Delta\sigma_2,\cdots,\Delta\sigma_n,$$

其中 $\Delta\sigma_i$ 表示第 i 个小区域,也表示它的面积. 在每个 $\Delta\sigma_i$ 上任取一点 (ξ_i,η_i),作乘积 $f(\xi_i,\eta_i)\Delta\sigma_i(i=1,2,\cdots,n)$,并作和 $\sum\limits_{i=1}^{n}f(\xi_i,\eta_i)\Delta\sigma_i$. 如果当各小闭区域的直径中的最大值 λ 趋于零时,这个和的极限总存在,则称此极限为函数 $f(x,y)$ 在闭区域 D 上的二重积分,记作 $\iint\limits_{D}f(x,y)\mathrm{d}\sigma$,即

$$\iint\limits_{D}f(x,y)\mathrm{d}\sigma = \lim_{\lambda\to 0}\sum_{i=1}^{n}f(\xi_i,\eta_i)\Delta\sigma_i,$$

其中 $f(x,y)$ 叫做被积函数,$f(x,y)\mathrm{d}\sigma$ 叫做被积表达式,$\mathrm{d}\sigma$ 叫做面积元素,x 与 y 叫做积分变量,D 叫做积分区域.

2. 二重积分的几何意义

当 $f(x,y)\geqslant 0$ 时,二重积分 $\iint\limits_{D}f(x,y)\mathrm{d}\sigma$ 表示以曲面 $z=f(x,y)$ 为顶,xOy 面上闭区域 D 为底的曲顶柱体的体积. 当 $f(x,y)\leqslant 0$ 时,柱体就在 xOy 面的下方,二重积分的绝对值等于该柱体的体积. 当 $f(x,y)$ 在区域 D 上有正有负时,$\iint\limits_{D}f(x,y)\mathrm{d}\sigma$ 表示曲面 $z=f(x,y)$ 在区域 D 上所对应的曲顶柱体的体积的代数和.

3. 二重积分的性质

(1) 线性性质：$\iint\limits_D [\alpha f(x,y) + \beta g(x,y)]\mathrm{d}\sigma = \alpha\iint\limits_D f(x,y)\mathrm{d}\sigma + \beta\iint\limits_D g(x,y)\mathrm{d}\sigma.$

(2) 积分区域的可分可加性：设闭区域 D 分为两个闭区域 D_1 与 D_2，则

$$\iint\limits_D f(x,y)\mathrm{d}\sigma = \iint\limits_{D_1} f(x,y)\mathrm{d}\sigma + \iint\limits_{D_2} f(x,y)\mathrm{d}\sigma.$$

(3) 1 的积分：$\sigma = \iint\limits_D 1 \cdot \mathrm{d}\sigma = \iint\limits_D \mathrm{d}\sigma$，其中 σ 为 D 的面积.

(4) 设在 D 上，$f(x,y) \leqslant g(x,y)$，则有 $\iint\limits_D f(x,y)\mathrm{d}\sigma \leqslant \iint\limits_D g(x,y)\mathrm{d}\sigma.$

特殊地，由于 $-|f(x,y)| \leqslant f(x,y) \leqslant |f(x,y)|$，故有

$$\left|\iint\limits_D f(x,y)\mathrm{d}\sigma\right| \leqslant \iint\limits_D |f(x,y)|\ \mathrm{d}\sigma.$$

(5) 若在 D 上，$m \leqslant f(x,y) \leqslant M$，则 $m\sigma \leqslant \iint\limits_D f(x,y)\mathrm{d}\sigma \leqslant M\sigma$，其中 σ 为 D 的面积.

(6) 二重积分中值定理：设函数 $f(x,y)$ 在闭区域 D 上连续，σ 为 D 的面积，则至少存在一点 $(\xi,\eta) \in D$，使得 $\iint\limits_D f(x,y)\mathrm{d}\sigma = f(\xi,\eta) \cdot \sigma.$

二、二重积分的计算方法

1. 利用直角坐标计算二重积分

(1) X—型区域 $D: \varphi_1(x) \leqslant y \leqslant \varphi_2(x), a \leqslant x \leqslant b$，

$$\iint\limits_D f(x,y)\mathrm{d}\sigma = \int_a^b \left[\int_{\varphi_1(x)}^{\varphi_2(x)} f(x,y)\mathrm{d}y\right]\mathrm{d}x.$$

(2) Y—型区域 $D: \psi_1(y) \leqslant x \leqslant \psi_2(y), c \leqslant y \leqslant d$，

$$\iint\limits_D f(x,y)\mathrm{d}\sigma = \int_c^d \left[\int_{\psi_1(y)}^{\psi_2(y)} f(x,y)\mathrm{d}x\right]\mathrm{d}y.$$

2. 利用极坐标计算二重积分

极坐标系下面积元素 $\mathrm{d}\sigma = \rho\mathrm{d}\rho\mathrm{d}\theta$，若积分区域 D 可表示为 $\varphi_1(\theta) \leqslant \rho \leqslant \varphi_2(\theta), \alpha \leqslant \theta \leqslant \beta$，则 $\iint\limits_D f(x,y)\mathrm{d}\sigma = \iint\limits_D f(\rho\cos\theta, \rho\sin\theta)\rho\mathrm{d}\rho\mathrm{d}\theta = \int_\alpha^\beta \mathrm{d}\theta \int_{\varphi_1(\theta)}^{\varphi_2(\theta)} f(\rho\cos\theta, \rho\sin\theta)\rho\mathrm{d}\rho.$

教学要求

➢ 理解二重积分的概念，了解二重积分的性质，熟练掌握二重积分在直角坐标系和极坐标系下的计算方法，会交换二次积分的积分顺序.

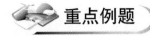 **重点例题**

例 10-1-1 试用二重积分的几何意义计算下列二重积分:

(1) $\iint\limits_{D} \sqrt{R^2 - x^2 - y^2}\,\mathrm{d}x\mathrm{d}y$,其中 $D = \{(x,y) \mid x^2 + y^2 \leqslant R^2\}$;

(2) $\iint\limits_{D} \sqrt{x^2 + y^2}\,\mathrm{d}x\mathrm{d}y$,其中 $D = \{(x,y) \mid x^2 + y^2 \leqslant 1\}$.

解 (1) 由二重积分的几何意义知,$\iint\limits_{D} \sqrt{R^2 - x^2 - y^2}\,\mathrm{d}x\mathrm{d}y$ 表示以原点为球心,R 为半径的上半球体的体积,因此,

$$\iint\limits_{D} \sqrt{R^2 - x^2 - y^2}\,\mathrm{d}x\mathrm{d}y = \frac{2}{3}\pi R^3.$$

(2) 由二重积分的几何意义知,$\iint\limits_{D} \sqrt{x^2 + y^2}\,\mathrm{d}x\mathrm{d}y$ 表示以圆锥面 $z = \sqrt{x^2 + y^2}$ 为曲顶,积分区域为单位圆的曲顶柱体的体积,即半径与高均为 1 的圆柱体体积减去半径与高均为 1 的圆锥体体积,因此,

$$\iint\limits_{D} \sqrt{x^2 + y^2}\,\mathrm{d}x\mathrm{d}y = \pi - \frac{1}{3}\pi = \frac{2}{3}\pi.$$

例 10-1-2 交换下列积分的次序:

(1) $\int_1^2 \mathrm{d}x \int_1^x f(x,y)\,\mathrm{d}y$;

(2) $\int_{\frac{1}{2}}^1 \mathrm{d}y \int_{\frac{1}{y}}^2 f(x,y)\,\mathrm{d}x + \int_1^{\sqrt{2}} \mathrm{d}y \int_{y^2}^2 f(x,y)\,\mathrm{d}x$.

解

(1) 画出积分区域 D 的图形(如图 10-1,10-2),$\int_1^2 \mathrm{d}x \int_1^x f(x,y)\,\mathrm{d}y = \int_1^2 \mathrm{d}y \int_y^2 f(x,y)\,\mathrm{d}x$.

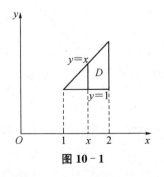

图 10-1

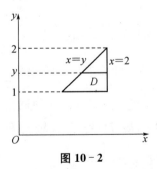

图 10-2

(2) 画出积分区域 D 的图形(如图 10-3),$\int_{\frac{1}{2}}^1 \mathrm{d}y \int_{\frac{1}{y}}^2 f(x,y)\,\mathrm{d}x + \int_1^{\sqrt{2}} \mathrm{d}y \int_{y^2}^2 f(x,y)\,\mathrm{d}x = \int_1^2 \mathrm{d}x \int_{\frac{1}{x}}^{\sqrt{x}} f(x,y)\,\mathrm{d}y$.

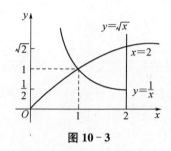

图 10-3

【点评】 要交换积分次序,首先由所给二次积分上、下限画出积分区域 D,然后由 D 再去确定交换积分次序后的二次积分上、下限.

例 10-1-3 求 $\iint\limits_D (x^2 + y)\mathrm{d}x\mathrm{d}y$,其中 D 是由抛物线 $y = x^2$ 与 $x = y^2$ 所围平面闭区域,如图 10-4 所示.

解 联立两抛物线 $\begin{cases} y = x^2 \\ x = y^2 \end{cases}$,求得曲线的交点坐标为

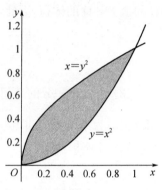

图 10-4

$(0,0),(1,1)$,于是积分区域 $D:\begin{cases} 0 \leqslant x \leqslant 1 \\ x^2 \leqslant y \leqslant \sqrt{x} \end{cases}$ (如图10-4),

$$\iint\limits_D (x^2 + y)\mathrm{d}x\mathrm{d}y = \int_0^1 \mathrm{d}x \int_{x^2}^{\sqrt{x}} (x^2 + y)\mathrm{d}y$$

$$= \int_0^1 \Big[x^2(\sqrt{x} - x^2) + \frac{1}{2}(x - x^4) \Big]\mathrm{d}x = \frac{33}{140}.$$

例 10-1-4 求 $\iint\limits_D x^2 \mathrm{e}^{-y^2}\mathrm{d}x\mathrm{d}y$,其中 D 是以$(0,0),(1,1),(0,1)$ 为顶点的三角形.

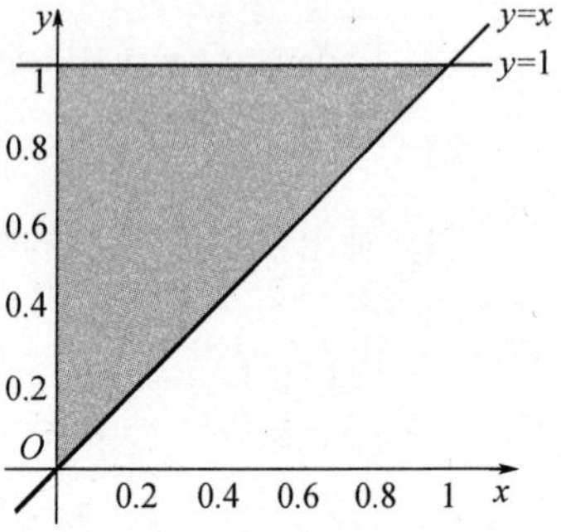

解 由于 $\int \mathrm{e}^{-y^2}\mathrm{d}y$ 无法用初等函数表示,故积分时必须

考虑次序,将积分区域 D 表示成 $\begin{cases} 0 \leqslant y \leqslant 1 \\ 0 \leqslant x \leqslant y \end{cases}$ (如图 10-5),

$$\iint\limits_D x^2 \mathrm{e}^{-y^2}\mathrm{d}x\mathrm{d}y = \int_0^1 \mathrm{e}^{-y^2}\mathrm{d}y \int_0^y x^2 \mathrm{d}x = \int_0^1 \mathrm{e}^{-y^2} \cdot \frac{y^3}{3}\mathrm{d}y$$

$$= \int_0^1 \mathrm{e}^{-y^2} \cdot \frac{y^2}{6}\mathrm{d}y^2 = \frac{1}{6}\Big(1 - \frac{2}{\mathrm{e}} \Big).$$

例 10-1-5 计算下列二重积分 $\iint\limits_D x\cos(xy)\mathrm{d}x\mathrm{d}y$,其中

图 10-5

D 是由 $-1 \leqslant x \leqslant 1, 0 \leqslant y \leqslant 1$ 所确定的区域.

解 积分区域 D 关于 y 轴对称,被积函数 $x\cos(xy)$ 是关于 x 的奇函数,故 $\int_{-1}^1 x\cos(xy)\mathrm{d}x = 0$,从而

$$\iint\limits_D x\cos(xy)\mathrm{d}x\mathrm{d}y = \int_0^1 \mathrm{d}y \int_{-1}^1 x\cos(xy)\mathrm{d}x = \int_0^1 0 \cdot \mathrm{d}y = 0.$$

【点评】 利用被积函数的奇偶性和积分区域的对称性,可以简化二重积分的计算,但必

须同时考虑到两者的特性时才能进行. 如本例中, 先对 x 积分时, 被积函数是关于 x 的奇函数, 而积分区域 D 关于 y 轴对称, 故二重积分等于零.

例 10-1-6 计算 $\iint\limits_{D} |y-x^2| \, \mathrm{d}x\mathrm{d}y$, 其中 D: $|x| \leqslant 1$, $0 \leqslant y \leqslant 2$.

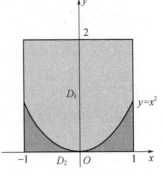

解 用曲线 $y=x^2$ 将积分区域 D 分为两部分 $D_1 + D_2$ (如图10-6),
$$D_1 = \{(x,y) \mid x^2 \leqslant y \leqslant 2, -1 \leqslant x \leqslant 1\},$$
$$D_2 = \{(x,y) \mid 0 \leqslant y \leqslant x^2, -1 \leqslant x \leqslant 1\},$$
于是

图 10-6

$$
\begin{aligned}
\iint\limits_{D} |y-x^2| \, \mathrm{d}x\mathrm{d}y &= \iint\limits_{D_1}(y-x^2)\mathrm{d}x\mathrm{d}y + \iint\limits_{D_2}(x^2-y)\mathrm{d}x\mathrm{d}y \\
&= \int_{-1}^{1}\mathrm{d}x\int_{x^2}^{2}(y-x^2)\mathrm{d}y + \int_{-1}^{1}\mathrm{d}x\int_{0}^{x^2}(x^2-y)\mathrm{d}y \\
&= \int_{-1}^{1}\left(\frac{y^2}{2}-x^2 y\right)\Big|_{x^2}^{2}\mathrm{d}x + \int_{-1}^{1}\left(x^2 y-\frac{y^2}{2}\right)\Big|_{0}^{x^2}\mathrm{d}x \\
&= \int_{-1}^{1}\left(2-2x^2+\frac{1}{2}x^4\right)\mathrm{d}x + \int_{-1}^{1}\frac{1}{2}x^4\mathrm{d}x \\
&= 2\int_{0}^{1}\left(2-2x^2+\frac{1}{2}x^4\right)\mathrm{d}x + \int_{0}^{1}x^4\mathrm{d}x \\
&= 2\left(2-\frac{2}{3}+\frac{1}{10}\right)+\frac{1}{5} = \frac{46}{15}.
\end{aligned}
$$

【点评】 计算形如 $\iint\limits_{D} |f(x,y)| \, \mathrm{d}x\mathrm{d}y$ 这类积分, 令 $f(x,y)=0$, 得到将积分区域分为两块 (或两块以上) 的曲线, 利用积分的可加性, 将二重积分化为各区域上的二重积分之和, 与此同时, 所有绝对值符号都已去掉.

例 10-1-7 写出积分 $\iint\limits_{D} f(x,y)\mathrm{d}x\mathrm{d}y$ 的极坐标二次积分形式, 其中积分区域 D 是由单位圆 $x^2+y^2=1$ 与直线 $x+y=1$ 所围的弓形 (较小部分区域)

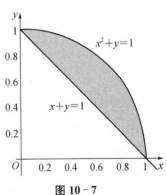

解 直角坐标与极坐标的关系 $\begin{cases} x=\rho\cos\theta, \\ y=\rho\sin\theta \end{cases}$, 所以单位圆极坐标方程为 $\rho=1$, 直线的极坐标方程为 $\rho\cos\theta + \rho\sin\theta = 1$, 即 $\rho=\dfrac{1}{\cos\theta+\sin\theta}$, 积分区域的极坐标表示为

图 10-7

$$\begin{cases} 0 \leqslant \theta \leqslant \dfrac{\pi}{2} \\ \dfrac{1}{\cos\theta + \sin\theta} \leqslant \rho \leqslant 1 \end{cases} \text{（如图 } 10-7\text{）}, \iint\limits_{D} f(x,y)\mathrm{d}x\mathrm{d}y = \int_0^{\frac{\pi}{2}} \mathrm{d}\theta \int_{\frac{1}{\cos\theta+\sin\theta}}^1 f(\rho\cos\theta, \rho\sin\theta)\rho\mathrm{d}\rho.$$

【点评】 将二重积分化为极坐标系下的二次积分, 要把面积元素 $\mathrm{d}x\mathrm{d}y$ 替换成 $\rho\mathrm{d}\rho\mathrm{d}\theta$, 被积函数中的 x, y 分别用 $\rho\cos\theta, \rho\sin\theta$ 替换, 在进行积分区域的极坐标表示时, 也须将直角坐标方程转换成极坐标方程.

例 10-1-8 求 $\iint\limits_{D} \sin(x^2 + y^2)\mathrm{d}x\mathrm{d}y$, 其中 D 是由 $x^2 + y^2 = 1$ 与 $x^2 + y^2 = 4$ 所围的平面闭区域.

解 积分区域的极坐标表示 $\begin{cases} 0 \leqslant \theta \leqslant 2\pi \\ 1 \leqslant \rho \leqslant 2 \end{cases}$ （如图 $10-8$）,

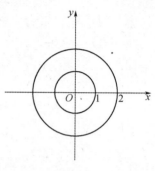

$$\iint\limits_{D} \sin(x^2+y^2)\mathrm{d}x\mathrm{d}y = \int_0^{2\pi}\mathrm{d}\theta\int_1^2 \sin\rho^2 \cdot \rho\mathrm{d}\rho = \pi(\cos 1 - \cos 4).$$

例 10-1-9 求 $\iint\limits_{D}(x^2+y^2)\mathrm{d}x\mathrm{d}y$, 其中 D 是由圆 $x^2+y^2 = 2y, x^2+y^2 = 4y$ 及直线 $x - \sqrt{3}y = 0, y - \sqrt{3}x = 0$ 所围成的平面闭区域.

图 10-8

解 圆 $x^2+y^2 = 2y$ 的极坐标方程为 $\rho = 2\sin\theta$, 圆 $x^2+y^2 = 4y$ 的极坐标方程为 $\rho = 4\sin\theta$, 直线 $x-\sqrt{3}y = 0$ 的极坐标方程为 $\theta = \dfrac{\pi}{6}$, 直线 $y-\sqrt{3}x = 0$ 的极坐标方程为 $\theta = \dfrac{\pi}{3}$, 积分区域 D 的极坐标表示为 $\begin{cases} \dfrac{\pi}{6} \leqslant \theta \leqslant \dfrac{\pi}{3} \\ 2\sin\theta \leqslant \rho \leqslant 4\sin\theta \end{cases}$ （如图 $10-9$）, $\iint\limits_{D}(x^2+$

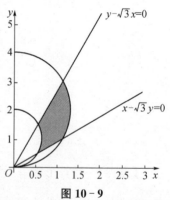

$$y^2)\mathrm{d}x\mathrm{d}y = \int_{\frac{\pi}{6}}^{\frac{\pi}{3}}\mathrm{d}\theta\int_{2\sin\theta}^{4\sin\theta}\rho^2 \cdot \rho\mathrm{d}\rho = 15\left(\dfrac{\pi}{4} - \dfrac{\sqrt{3}}{8}\right).$$

图 10-9

【点评】 当积分区域为圆域或圆环或是它们的一部分, 且被积函数含有 x^2+y^2 (即 ρ^2) 或 $\dfrac{y}{x}$ (即 $\tan\theta$) 等易于化为极坐标形式的因子时, 利用极坐标系计算二重积分较为简便.

例 10-1-10 设 $f(x)$ 在 $[0,1]$ 上连续, 并设 $\int_0^1 f(x)\mathrm{d}x = A$, 求 $\int_0^1 \mathrm{d}x \int_x^1 f(x)f(y)\mathrm{d}y$.

解 由于 $\int_x^1 f(y)\mathrm{d}y$ 不能直接积分, 故考虑改变积分次序, 积分区域如图 $10-10$ 所示,

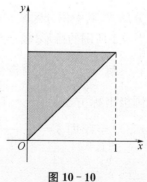

$$\int_0^1\mathrm{d}x\int_x^1 f(x)f(y)\mathrm{d}y = \int_0^1 f(y)\mathrm{d}y\int_0^y f(x)\mathrm{d}x$$
$$= \int_0^1 f(x)\mathrm{d}x\int_0^x f(y)\mathrm{d}y = \int_0^1\mathrm{d}x\int_0^x f(x)f(y)\mathrm{d}y,$$

图 10-10

故 $\displaystyle\int_0^1 \mathrm{d}x \int_x^1 f(x)f(y)\mathrm{d}y = \frac{1}{2}\Big(\int_0^1 \mathrm{d}x \int_x^1 f(x)f(y)\mathrm{d}y + \int_0^1 \mathrm{d}x \int_0^x f(x)f(y)\mathrm{d}y\Big)$

$$= \frac{1}{2}\int_0^1 \mathrm{d}x \int_0^1 f(x)f(y)\mathrm{d}y = \frac{1}{2}\int_0^1 f(x)\mathrm{d}x \int_0^1 f(y)\mathrm{d}y$$

$$= \frac{1}{2}\Big[\int_0^1 f(x)\mathrm{d}x\Big]^2 = \frac{1}{2}A^2.$$

例 10-1-11 设在$[a,b]$上$f(x)$连续且大于零,试用二重积分证明不等式

$$\int_a^b f(x)\mathrm{d}x \cdot \int_a^b \frac{1}{f(x)}\mathrm{d}x \geqslant (b-a)^2.$$

证明 设$D = \{(x,y) \mid a \leqslant x \leqslant b, a \leqslant y \leqslant b\}$,则

$$\iint\limits_D f(x) \cdot \frac{1}{f(y)}\mathrm{d}x\mathrm{d}y = \int_a^b f(x)\mathrm{d}x \cdot \int_a^b \frac{1}{f(y)}\mathrm{d}y = \int_a^b f(x)\mathrm{d}x \cdot \int_a^b \frac{1}{f(x)}\mathrm{d}x.$$

同理,

$$\iint\limits_D f(y) \cdot \frac{1}{f(x)}\mathrm{d}x\mathrm{d}y = \int_a^b f(x)\mathrm{d}x \cdot \int_a^b \frac{1}{f(x)}\mathrm{d}x,$$

于是

$$\int_a^b f(x)\mathrm{d}x \cdot \int_a^b \frac{1}{f(x)}\mathrm{d}x = \frac{1}{2}\Big(\iint\limits_D f(x) \cdot \frac{1}{f(y)}\mathrm{d}x\mathrm{d}y + \iint\limits_D f(y) \cdot \frac{1}{f(x)}\mathrm{d}x\mathrm{d}y\Big)$$

$$= \frac{1}{2}\iint\limits_D \Big[\frac{f(x)}{f(y)} + \frac{f(y)}{f(x)}\Big]\mathrm{d}x\mathrm{d}y$$

$$\geqslant \frac{1}{2}\iint\limits_D 2\sqrt{\frac{f(x)}{f(y)} \cdot \frac{f(y)}{f(x)}}\mathrm{d}x\mathrm{d}y = \iint\limits_D \mathrm{d}x\mathrm{d}y = (b-a)^2,$$

证毕.

例 10-1-12 设$D = \{(x,y) \mid x^2+y^2 \leqslant \sqrt{2}, x \geqslant 0, y \geqslant 0\}$,$[1+x^2+y^2]$表示不超过$1+x^2+y^2$的最大整数,计算二重积分$\displaystyle\iint\limits_D xy[1+x^2+y^2]\mathrm{d}x\mathrm{d}y.$

解 设 $D_1 = \{(x,y) \mid x^2+y^2 < 1, x \geqslant 0, y \geqslant 0\},$

$$D_2 = \{(x,y) \mid 1 \leqslant x^2+y^2 \leqslant \sqrt{2}, x \geqslant 0, y \geqslant 0\},$$

则 $\displaystyle\iint\limits_D xy[1+x^2+y^2]\mathrm{d}x\mathrm{d}y = \iint\limits_{D_1} xy[1+x^2+y^2]\mathrm{d}x\mathrm{d}y + \iint\limits_{D_2} xy[1+x^2+y^2]\mathrm{d}x\mathrm{d}y$

$$= \iint\limits_{D_1} xy\mathrm{d}x\mathrm{d}y + \iint\limits_{D_2} 2xy\mathrm{d}x\mathrm{d}y$$

$$= \int_0^{\frac{\pi}{2}} \sin\theta \cdot \cos\theta\mathrm{d}\theta \int_0^1 \rho^2 \cdot \rho\mathrm{d}\rho + \int_0^{\frac{\pi}{2}} \sin\theta \cdot \cos\theta\mathrm{d}\theta \int_1^{\sqrt[4]{2}} 2\rho^2 \cdot \rho\mathrm{d}\rho$$

$$= \frac{3}{8}.$$

课后习题

一、选择题

1. 设 $I_1 = \iint\limits_{D}(x+y)^2 \mathrm{d}\sigma, I_2 = \iint\limits_{D}(x+y)^3 \mathrm{d}\sigma$,其中 $D = \{(x,y) \mid (x-2)^2+(y-1)^2 \leqslant 1\}$,则( ).

A. $I_1 = I_2$ B. $I_1 > I_2$ C. $I_1 < I_2$ D. 无法比较

2. 设积分区域 $D = \{(x,y) \mid x^2+y^2 \leqslant 1, x \geqslant 0, y \geqslant 0\}$,则 $\iint\limits_{D} \mathrm{d}\sigma = ($).

A. 2π B. π C. $\dfrac{\pi}{2}$ D. $\dfrac{\pi}{4}$

3. 交换二次积分顺序后,$\int_0^1 \mathrm{d}x \int_0^{1-x} f(x,y)\mathrm{d}y = ($).

A. $\int_0^1 \mathrm{d}y \int_0^1 f(x,y)\mathrm{d}x$ B. $\int_0^1 \mathrm{d}y \int_0^{1-x} f(x,y)\mathrm{d}x$

C. $\int_0^{1-x} \mathrm{d}y \int_0^1 f(x,y)\mathrm{d}x$ D. $\int_0^1 \mathrm{d}y \int_0^{1-y} f(x,y)\mathrm{d}x$

4. 设 D 是矩形域 $0 \leqslant x \leqslant \dfrac{\pi}{4}, -1 \leqslant y \leqslant 1$,则 $\iint\limits_{D} x\cos(2xy)\mathrm{d}x\mathrm{d}y$ 的值为(   ).

A. 0 B. $-\dfrac{1}{2}$ C. $\dfrac{1}{2}$ D. $\dfrac{1}{4}$

5. 设 D 由 $x = 0, y = 1, y = x$ 围成,则 $\iint\limits_{D} f(x,y)\mathrm{d}x\mathrm{d}y = ($).

A. $\int_0^1 \mathrm{d}y \int_0^1 f(x,y)\mathrm{d}x$ B. $\int_0^1 \mathrm{d}x \int_0^x f(x,y)\mathrm{d}y$

C. $\int_0^1 \mathrm{d}y \int_y^1 f(x,y)\mathrm{d}x$ D. $\int_0^1 \mathrm{d}y \int_0^y f(x,y)\mathrm{d}x$

6. 设 $f(x,y)$ 是连续函数,交换二次积分 $\int_0^a \mathrm{d}x \int_0^x f(x,y)\mathrm{d}y (a > 0)$ 的积分次序的结果为(   ).

A. $\int_0^a \mathrm{d}y \int_y^a f(x,y)\mathrm{d}x$ B. $\int_0^a \mathrm{d}y \int_0^a f(x,y)\mathrm{d}x$

C. $\int_0^a \mathrm{d}y \int_0^y f(x,y)\mathrm{d}x$ D. $\int_0^a \mathrm{d}y \int_a^y f(x,y)\mathrm{d}x$

7. 设 $f(x,y)$ 为连续函数,则积分 $\int_0^1 \mathrm{d}x \int_0^{x^2} f(x,y)\mathrm{d}y + \int_1^2 \mathrm{d}x \int_0^{2-x} f(x,y)\mathrm{d}y$ 可交换积分次序为(   ).

A. $\int_0^1 \mathrm{d}y \int_0^y f(x,y)\mathrm{d}x + \int_1^2 \mathrm{d}y \int_0^{2-y} f(x,y)\mathrm{d}x$

B. $\int_0^1 \mathrm{d}y \int_0^{x^2} f(x,y)\mathrm{d}x + \int_1^2 \mathrm{d}y \int_0^{2-x} f(x,y)\mathrm{d}x$

C. $\int_0^1 \mathrm{d}y \int_{\sqrt{y}}^{2-y} f(x,y)\mathrm{d}x$

D. $\int_0^1 dy \int_{x^2}^{2-x} f(x,y)dx$

8. 若区域 D 为 $|x| \leqslant 1$，$|y| \leqslant 1$，则 $\iint\limits_D x e^{\cos(xy)} \sin(xy)dxdy = ($ 　　$)$.

A. e　　　　　B. e^{-1}　　　　　C. 0　　　　　D. π

9. 设 D：$x^2 + y^2 \leqslant 1$，则 $\iint\limits_D e^{-y^2} xdxdy = ($ 　　$)$.

A. $\pi(1-e)$　　　B. $\pi\left(1-\dfrac{1}{e}\right)$　　　C. 0　　　D. $\pi\left(1+\dfrac{1}{e}\right)$

10. 设 $f(x,y)$ 连续，且 $f(x,y) = xy + \iint\limits_D f(u,v)dudv$，其中 D 是由 $y=0$，$y=x^2$，$x=1$ 所围区域，则 $f(x,y) = ($ 　　$)$.

A. xy　　　　　B. $2xy$　　　　　C. $xy + \dfrac{1}{8}$　　　　　D. $xy + 1$

11. 设 D 是由 $|x| \leqslant 1$，$|y| \leqslant 1$ 围成的平面区域，则二重积分 $\iint\limits_D |x|d\sigma = ($ 　　$)$.

A. 1　　　　　B. 2　　　　　C. π　　　　　D. 0

12. 设 D：$x^2 + y^2 \leqslant 1$，f 是 D 上的连续函数，则 $\iint\limits_D f(\sqrt{x^2 + y^2})dxdy = ($ 　　$)$.

A. $2\pi \int_0^1 rf(r)dr$　　　　　　　　B. $4\pi \int_0^1 rf(r)dr$

C. $2\pi \int_0^1 f(r^2)dr$　　　　　　　　D. $4\pi \int_0^r rf(r)dr$

13. 设积分区域 D 是圆环 $1 \leqslant x^2 + y^2 \leqslant 4$，则二重积分 $\iint\limits_D \sqrt{x^2 + y^2}dxdy = ($ 　　$)$.

A. $\int_0^{2\pi}d\theta \int_1^4 r^2 dr$　　B. $\int_4^{2\pi}d\theta \int_1^4 rdr$　　C. $\int_0^{2\pi}d\theta \int_1^2 r^2 dr$　　D. $\int_0^{2\pi}d\theta \int_1^2 rdr$

14. 设 $f(x)$ 为连续函数，$F(t) = \int_1^t dy \int_y^t f(x)dx$，则 $F'(2) = ($ 　　$)$.

A. $2f(2)$　　　　B. $f(2)$　　　　C. $-f(2)$　　　　D. 0

二、填空题

1. 交换二次积分的次序，$\int_0^{\frac{\pi}{2}}dx \int_{\cos x}^1 f(x,y)dy = $ _____.

2. 交换二次积分的次序 $\int_{-1}^2 dy \int_{y^2}^{y+2} f(x,y)dx = $ _____.

3. 交换积分顺序后，$\int_1^e dx \int_0^{\ln x} f(x,y)dy = $ _____.

4. 交换积分 $\int_0^1 dx \int_0^x f(x,y)dy + \int_1^2 dx \int_0^{2-x} f(x,y)dy$ 的次序得_____.

5. 设 D：$(x-1)^2 + y^2 \leqslant 1$，则 $\iint\limits_D ydxdy = $ _____.

6. 设 D 由 $y = \dfrac{1}{x}$，$y = x$，$x = 1$ 围成，则二重积分 $\iint\limits_D (x-2y)d\sigma = $ _____.

三、解答题

1. 利用二重积分的性质估计积分的值.

$I = \iint\limits_{D} xy(x+y)\mathrm{d}\sigma$，其中 $D = \{(x,y) \mid 0 \leqslant x \leqslant 1, 0 \leqslant y \leqslant 1\}$.

2. 利用二重积分的性质估计积分的值.

$I = \iint\limits_{D} (x^2 + 4y^2 + 9)\mathrm{d}\sigma$，其中 $D = \{(x,y) \mid x^2 + y^2 \leqslant 4\}$.

3. 求 $\iint\limits_{D} \left(\dfrac{x}{y}\right)^2 \mathrm{d}x\mathrm{d}y$，其中 D 由 $y = \dfrac{1}{x}, y = x$ 和 $y = 2$ 围成。

4. 求 $\iint\limits_{D} (x - y^2)\mathrm{d}\sigma$，其中 D 由 $y = x, y = 2x, y = 2$ 围成.

5. 求 $I = \displaystyle\int_{\pi}^{2\pi}\mathrm{d}y \int_{y-\pi}^{\pi} \dfrac{\sin x}{x}\mathrm{d}x$.

6. 求 $\iint\limits_{D} \dfrac{\sin x}{x}\mathrm{d}x\mathrm{d}y$，其中 D 是由 $y = 2x, x = 2y$ 与 $x = 2$ 围成的第一象限中的区域.

7. 计算二重积分 $\iint\limits_{D} y\mathrm{d}\sigma$，其中 D 是由 $x^2 + y^2 = 2x$ 和 $y = x$ 围成的面积小的那部分区域.

8. 求 $\iint\limits_{D} \cos(x+y)\mathrm{d}x\mathrm{d}y$，其中 D 由 $x = 0, y = \pi$ 和 $y = x$ 围成.

9. 求 $\iint\limits_{D} \arctan \dfrac{y}{x}\mathrm{d}\sigma$，其中 D 为由 $y = \sqrt{1-x^2}$ 与 x 轴和 y 轴正半轴围成的区域.

10. 利用极坐标计算二重积分 $\iint\limits_{D} \ln(1+x^2+y^2)\mathrm{d}\sigma$，其中 D 是由圆周 $x^2 + y^2 = 1$ 及坐标轴所围成的在第一象限内的闭区域.

11. 求使 $\iint\limits_{D} \sqrt{a^2 - x^2 - y^2}\mathrm{d}x\mathrm{d}y = 1$ 的 a 值，其中 $D: x^2 + y^2 \leqslant a^2 (a > 0)$.

12. 计算二重积分 $\iint\limits_{D} y\mathrm{d}x\mathrm{d}y$，其中 D 是由 $x^2 + y^2 = 2ax$ 与 x 轴所围成的上半个圆 $(a > 0)$.

13. 利用极坐标计算二次积分 $\displaystyle\int_{-2}^{2}\mathrm{d}x \int_{0}^{\sqrt{4-x^2}} \sqrt{x^2+y^2}\mathrm{d}y$.

14. 计算 $I = \displaystyle\int_{0}^{1}\mathrm{d}y \int_{0}^{\sqrt{1-y^2}} \sin(x^2+y^2)\mathrm{d}x$.

15. 求 $\iint\limits_{D} \left(\dfrac{y}{x}\right)^2 \mathrm{d}x\mathrm{d}y$，其中 D 由 $y = \sqrt{1-x^2}, y = x$ 及 x 轴围成.

16. 计算积分 $\displaystyle\int_{0}^{1}\mathrm{d}x \int_{x}^{\sqrt[3]{x}} \mathrm{e}^{y^2}\mathrm{d}y$.

17. 设 D 是以 $O(0,0), A(1,0), B(1,1)$ 为顶点的三角形区域，求 $\iint\limits_{D} x\cos(x+y)\mathrm{d}x\mathrm{d}y$.

18. 计算二重积分 $\iint\limits_{D} \sin y^2 \mathrm{d}x\mathrm{d}y$，其中 D 是由直线 $x = 1, x = 3, y = 2$ 及 $y = x - 1$ 所围成的区域.

19. 计算二重积分 $\iint\limits_{D} xy\mathrm{d}x\mathrm{d}y$，其中 $D: y \leqslant x \leqslant \sqrt{16 - y^2}$.

四、证明题

1. 证明：$\dfrac{200}{102} \leqslant I = \displaystyle\iint\limits_{|x|+|y|\leqslant 10} \dfrac{\mathrm{d}x\mathrm{d}y}{100+\cos^2 x+\cos^2 y} \leqslant 2$.

2. 设 $f(x)$ 在 $[0,a]$ 上连续，积分区域 $D=\{(x,y)\mid x\leqslant y\leqslant a, 0\leqslant x\leqslant a\}$，试证明：

$$\iint\limits_{D} f(x)f(y)\mathrm{d}x\mathrm{d}y = \dfrac{1}{2}\left(\int_0^a f(x)\mathrm{d}x\right)^2.$$

3. 证明：$\displaystyle\int_0^a \mathrm{d}x \int_0^x \dfrac{f'(y)}{\sqrt{(a-x)(x-y)}}\mathrm{d}y = \pi[f(a)-f(0)]$.

📖 参考答案

一、1. C 2. D 3. D 4. C 5. D 6. A 7. C 8. C 9. C 10. C 11. B 12. A 13. C 14. B

二、1. $\displaystyle\int_0^1 \mathrm{d}y \int_{\arccos y}^{\frac{\pi}{2}} f(x,y)\mathrm{d}x$ 2. $\displaystyle\int_0^1 \mathrm{d}x \int_{-\sqrt{x}}^{\sqrt{x}} f(x,y)\mathrm{d}y + \int_1^4 \mathrm{d}x \int_{x-2}^{\sqrt{x}} f(x,y)\mathrm{d}y$ 3. $\displaystyle\int_0^1 \mathrm{d}y \int_{e^y}^{e} f(x,y)\mathrm{d}x$

4. $\displaystyle\int_0^1 \mathrm{d}y \int_y^{2-y} f(x,y)\mathrm{d}x$ 5. 0 6. $-\dfrac{1}{2}$

三、1. $0\leqslant I\leqslant 2$ 2. $36\pi\leqslant I\leqslant 100\pi$ 3. $\dfrac{27}{64}$ 4. -1 5. 提示：交换积分顺序，$I=2$ 6. 提示：

$\displaystyle\iint\limits_{D} \dfrac{\sin x}{x}\mathrm{d}x\mathrm{d}y = \int_0^2 \mathrm{d}x \int_{\frac{x}{2}}^{2x} \dfrac{\sin x}{x}\mathrm{d}y = \dfrac{3}{2}(1-\cos 2)$ 7. $\dfrac{1}{6}$ 8. -2 9. $\dfrac{\pi^2}{16}$ 10. $\dfrac{\pi}{4}(2\ln 2-1)$ 11. 提示：

$\displaystyle\iint\limits_{D} \sqrt{a^2-x^2-y^2}\mathrm{d}x\mathrm{d}y = \int_0^{2\pi} \mathrm{d}\theta \int_0^a \sqrt{a^2-r^2}r\mathrm{d}r = 1$，得 $a=\sqrt[3]{\dfrac{3}{2\pi}}$ 12. $\dfrac{2}{3}a^3$ 13. $\dfrac{8}{3}\pi$ 14. 提示：积分区

域为单位圆在第一象限部分 $I = \displaystyle\int_0^{\frac{\pi}{2}} \mathrm{d}\theta \int_0^1 \sin(r^2)r\mathrm{d}r = \dfrac{\pi}{4}(1-\cos 1)$ 15. 提示：利用极坐标计算，

$\displaystyle\iint\limits_{D} \left(\dfrac{y}{x}\right)^2 \mathrm{d}x\mathrm{d}y = \int_0^{\frac{\pi}{4}} \mathrm{d}\theta \int_0^1 \left(\dfrac{r\sin\theta}{r\cos\theta}\right)^2 r\mathrm{d}r = \dfrac{1}{2}-\dfrac{\pi}{8}$ 16. 提示：$\displaystyle\int_0^1 \mathrm{d}x \int_x^{\sqrt[3]{x}} e^{y^2}\mathrm{d}y = \int_0^1 \mathrm{d}y \int_{y^3}^{y} e^{y^2}\mathrm{d}x = \dfrac{e}{2}-1$

17. 提示：根据被积函数特点，先对 y 进行积分 $\displaystyle\iint\limits_{D} x\cos(x+y)\mathrm{d}x\mathrm{d}y = \int_0^1 \mathrm{d}x \int_0^x x\cos(x+y)\mathrm{d}y = \dfrac{1}{4}\sin 2 -$

$\dfrac{1}{2}\cos 2-\sin 1+\cos 1$ 18. 提示：根据被积函数特点，先对 x 进行积分 $\displaystyle\iint\limits_{D} \sin y^2 \mathrm{d}x\mathrm{d}y = \int_0^2 \mathrm{d}y \int_1^{y+1} \sin y^2 \mathrm{d}x =$

$\dfrac{1}{2}-\dfrac{\cos 4}{2}$ 19. $\dfrac{95}{2}$

四、1. 提示：$\dfrac{1}{102} \leqslant \dfrac{1}{100+\cos^2 x+\cos^2 y} \leqslant \dfrac{1}{100}$.

2. 提示：$\displaystyle\int_0^a f(y)\mathrm{d}y \int_0^y f(x)\mathrm{d}x = \int_0^a f(x)\mathrm{d}x \int_0^x f(y)\mathrm{d}y$，

$2\displaystyle\iint\limits_{D} f(x)f(y)\mathrm{d}x\mathrm{d}y = \int_0^a f(x)\mathrm{d}x \int_x^a f(y)\mathrm{d}y + \int_0^a f(x)\mathrm{d}x \int_0^x f(y)\mathrm{d}y.$

3. 提示：改变积分顺序

$\displaystyle\int_0^a \mathrm{d}x \int_0^x \dfrac{f'(y)}{\sqrt{(a-x)(x-y)}}\mathrm{d}y = \int_0^a f'(y)\mathrm{d}y \int_y^a \dfrac{1}{\sqrt{(a-x)(x-y)}}\mathrm{d}x$

$= \displaystyle\int_0^a f'(y)\mathrm{d}y \int_y^a \dfrac{1}{\sqrt{\left(\dfrac{a-y}{2}\right)^2 - \left(\dfrac{a+y}{2}-x\right)^2}}\mathrm{d}x = \pi[f(a)-f(0)].$

第二讲　三重积分的概念、性质与计算

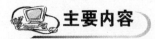 **主要内容**

一、三重积分的概念与性质

1. 三重积分的定义

设 $f(x,y,z)$ 是空间有界闭区域 Ω 上的有界函数. 将 Ω 任意分成 n 个小闭区域

$$\Delta V_1, \Delta V_2, \cdots, \Delta V_n,$$

其中 ΔV_i 表示第 i 个小闭区域, 也表示它的体积. 在每个 ΔV_i 上任取一点 (ξ_i, η_i, ζ_i), 作乘积 $f(\xi_i, \eta_i, \zeta_i) \Delta V_i (i=1,2,\cdots,n)$, 并作和 $\sum_{i=1}^{n} f(\xi_i, \eta_i, \zeta_i) \Delta V_i$. 如果当各小闭区域的直径中的最大值 λ 趋于零时, 和的极限总存在, 则称此极限为函数 $f(x,y,z)$ 在闭区域 Ω 上的三重积分, 记作 $\iiint\limits_{\Omega} f(x,y,z) \mathrm{d}V$, 即

$$\iiint\limits_{\Omega} f(x,y,z) \mathrm{d}V = \lim_{\lambda \to 0} \sum_{i=1}^{n} f(\xi_i, \eta_i, \zeta_i) \Delta V_i,$$

其中 $f(x,y,z)$ 叫做被积函数, $f(x,y,z)\mathrm{d}V$ 叫做被积表达式, $\mathrm{d}V$ 叫做体积元素, x,y,z 叫做积分变量, Ω 叫做积分区域.

2. 三重积分的性质

与二重积分类似.

二、三重积分的计算方法

1. 利用直角坐标计算三重积分

直角坐标系下体积元素 $\mathrm{d}V = \mathrm{d}x\mathrm{d}y\mathrm{d}z$, 计算可分"先一后二"和"先二后一"两种方法.

(1) "先一后二"法:

设空间闭区域 Ω 可表为: $z_1(x,y) \leqslant z \leqslant z_2(x,y), y_1(x) \leqslant y \leqslant y_2(x), a \leqslant x \leqslant b$, 其中 $D: y_1(x) \leqslant y \leqslant y_2(x), a \leqslant x \leqslant b$.

它是闭区域 Ω 在 xOy 面上的投影区域, 则

$$\iiint\limits_{\Omega} f(x,y,z) \mathrm{d}V = \iint\limits_{D} \left[\int_{z_1(x,y)}^{z_2(x,y)} f(x,y,z) \mathrm{d}z \right] \mathrm{d}\sigma = \int_a^b \mathrm{d}x \int_{y_1(x)}^{y_2(x)} \mathrm{d}y \int_{z_1(x,y)}^{z_2(x,y)} f(x,y,z) \mathrm{d}z.$$

(2) "先二后一"法:

设空间闭区域 $\Omega = \{(x,y,z) \mid (x,y) \in D_z, c_1 \leqslant z \leqslant c_2\}$, 其中 D_z 是竖坐标为 z 的平面截空间闭区域 Ω 所得到的一个平面闭区域, 则有

$$\iiint\limits_{\Omega} f(x,y,z) \mathrm{d}V = \int_{c_1}^{c_2} \mathrm{d}z \iint\limits_{D_z} f(x,y,z) \mathrm{d}x\mathrm{d}y.$$

2. 利用柱面坐标计算三重积分

柱面坐标与直角坐标的关系 $\begin{cases} x = \rho\cos\theta \\ y = \rho\sin\theta \\ z = z \end{cases}$，柱面坐标系下的体积元素 $\mathrm{d}V = \rho\mathrm{d}\rho\mathrm{d}\theta\mathrm{d}z$，若

空间闭区域 Ω 可表为：

$$z_1(\rho,\theta) \leqslant z \leqslant z_2(\rho,\theta), \varphi_1(\theta) \leqslant \rho \leqslant \varphi_2(\theta), \alpha \leqslant \theta \leqslant \beta,$$

则

$$\iiint\limits_{\Omega} f(x,y,z)\mathrm{d}x\mathrm{d}y\mathrm{d}z = \iiint\limits_{\Omega} f(\rho\cos\theta, \rho\sin\theta, z)\rho\mathrm{d}\rho\mathrm{d}\theta\mathrm{d}z$$
$$= \int_{\alpha}^{\beta}\mathrm{d}\theta \int_{\varphi_1(\theta)}^{\varphi_2(\theta)} \rho\mathrm{d}\rho \int_{z_1(\rho,\theta)}^{z_2(\rho,\theta)} f(\rho\cos\theta, \rho\sin\theta, z)\mathrm{d}z.$$

3. 利用球面坐标计算三重积分

球面坐标与直角坐标的关系 $\begin{cases} x = r\sin\varphi\cos\theta \\ y = r\sin\varphi\sin\theta \\ z = r\cos\varphi \end{cases}$，其中 $0 \leqslant r < +\infty, 0 \leqslant \varphi < \pi, 0 \leqslant \theta \leqslant 2\pi$，

球面坐标系下的体积元素 $\mathrm{d}V = r^2\sin\varphi\mathrm{d}r\mathrm{d}\varphi\mathrm{d}\theta$，若空间闭区域 Ω 可表为：

$$r_1(\varphi,\theta) \leqslant r \leqslant r_2(\varphi,\theta), \varphi_1(\theta) \leqslant \varphi \leqslant \varphi_2(\theta), \alpha \leqslant \theta \leqslant \beta,$$

则

$$\iiint\limits_{\Omega} f(x,y,z)\mathrm{d}V = \iiint\limits_{\Omega} f(r\sin\varphi\cos\theta, r\sin\varphi\sin\theta, r\cos\varphi)r^2\sin\varphi\mathrm{d}r\mathrm{d}\varphi\mathrm{d}\theta$$
$$= \int_{\alpha}^{\beta}\mathrm{d}\theta \int_{\varphi_1(\theta)}^{\varphi_2(\theta)}\mathrm{d}\varphi \int_{r_1(\varphi,\theta)}^{r_2(\varphi,\theta)} f(r\sin\varphi\cos\theta, r\sin\varphi\sin\theta, r\cos\varphi)r^2\sin\varphi\mathrm{d}r.$$

教学要求

➢ 了解三重积分的概念与性质，掌握三重积分在空间直角坐标系、柱面坐标系、球面坐标系下的计算方法.

重点例题

例 10 - 2 - 1 把三重积分 $\iiint\limits_{\Omega} f(x,y,z)\mathrm{d}x\mathrm{d}y\mathrm{d}z$ 分别化为直角坐标、柱面坐标下的三次积分，其中 Ω 是由 $z = x^2 + y^2$ 与平面 $z = 1$ 所确定的区域.

解 先把三重积分化为直角坐标系下的三次积分：

由 $z = x^2 + y^2$ 和 $z = 1$ 得 $x^2 + y^2 = 1$，所以 Ω 在 xOy 面上的投影区域为 $x^2 + y^2 \leqslant 1$，如图 10 - 11 所示，Ω 可用不等式表示为：

$$x^2 + y^2 \leqslant z \leqslant 1, -\sqrt{1-x^2} \leqslant y \leqslant \sqrt{1-x^2}, -1 \leqslant x \leqslant 1.$$

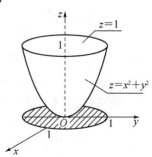

图 10 - 11

因此，$\iiint\limits_{\Omega} f(x,y,z)\mathrm{d}x\mathrm{d}y\mathrm{d}z = \int_{-1}^{1}\mathrm{d}x\int_{-\sqrt{1-x^2}}^{\sqrt{1-x^2}}\mathrm{d}y\int_{x^2+y^2}^{1}f(x,y,z)\mathrm{d}z.$

再把三重积分化为柱面坐标系下的三次积分：

Ω 的投影区域的极坐标表示为：$0\leqslant\rho\leqslant1,0\leqslant\theta\leqslant2\pi$，

Ω 可用柱面坐标不等式表示为：$\rho^2\leqslant z\leqslant1,0\leqslant\rho\leqslant1,0\leqslant\theta\leqslant2\pi$，因此

$$\iiint\limits_{\Omega} f(x,y,z)\mathrm{d}x\mathrm{d}y\mathrm{d}z = \int_0^{2\pi}\mathrm{d}\theta\int_0^1\rho\mathrm{d}\rho\int_{\rho^2}^1 f(\rho\cos\theta,\rho\sin\theta,z)\mathrm{d}z.$$

例 10 - 2 - 2 计算 $\iiint\limits_{\Omega}\dfrac{\mathrm{d}x\mathrm{d}y\mathrm{d}z}{(1+x+y+z)^3}$，其中 Ω 为平面 $x=0,y=0,z=0,x+y+z=1$ 所围成的四面体.

解 $\Omega=\{(x,y,z)\mid 0\leqslant z\leqslant1-x-y,0\leqslant y\leqslant1-x,$
$0\leqslant x\leqslant1\}$，如图 10 - 12 所示，于是

$$\iiint\limits_{\Omega}\frac{\mathrm{d}x\mathrm{d}y\mathrm{d}z}{(1+x+y+z)^3}=\int_0^1\mathrm{d}x\int_0^{1-x}\mathrm{d}y\int_0^{1-x-y}\frac{1}{(1+x+y+z)^3}\mathrm{d}z$$

$$=\int_0^1\mathrm{d}x\int_0^{1-x}\left[-\frac{1}{8}+\frac{1}{2(1+x+y)^2}\right]\mathrm{d}y$$

$$=-\int_0^1\left[\frac{1-x}{8}+\frac{1}{4}-\frac{1}{2(1+x)}\right]\mathrm{d}x$$

$$=\frac{1}{2}\left(\ln2-\frac{5}{8}\right).$$

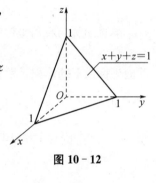

图 10 - 12

例 10 - 2 - 3 利用柱面坐标计算三重积分 $\iiint\limits_{\Omega} z\mathrm{d}x\mathrm{d}y\mathrm{d}z$，其中 Ω 是由曲面 $z=\sqrt{2-x^2-y^2}$ 及 $z=x^2+y^2$ 所围成的闭区域.

解 由 $z=\sqrt{2-x^2-y^2}$ 和 $z=x^2+y^2$ 消去 z 得 $x^2+y^2=1$，从而知 Ω 在 xOy 面上的投影区域为 $x^2+y^2\leqslant1$，如图 10 - 13 所示，利用柱面坐标，Ω 可表示为：

$$\rho^2\leqslant z\leqslant\sqrt{2-\rho^2},0\leqslant\rho\leqslant1,0\leqslant\theta\leqslant2\pi,$$

于是，$\iiint\limits_{\Omega} z\mathrm{d}x\mathrm{d}y\mathrm{d}z=\int_0^{2\pi}\mathrm{d}\theta\int_0^1\rho\mathrm{d}\rho\int_{\rho^2}^{\sqrt{2-\rho^2}}z\mathrm{d}z=\dfrac{1}{2}\int_0^{2\pi}\mathrm{d}\theta\int_0^1\rho(2-\rho^2-$

$\rho^4)\mathrm{d}\rho=\dfrac{1}{2}\cdot2\pi\left(\rho^2-\dfrac{\rho^4}{4}-\dfrac{\rho^6}{6}\right)\Big|_0^1=\dfrac{7}{12}\pi.$

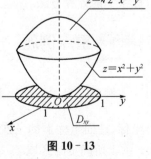

图 10 - 13

例 10 - 2 - 4 使用"先二后一"法计算 $\iiint\limits_{\Omega} z\mathrm{d}x\mathrm{d}y\mathrm{d}z$，其中 Ω 是由锥面 $z=\dfrac{h}{R}\sqrt{x^2+y^2}$ 与平面 $z=h(R>0,h>0)$ 所围成的闭区域.

解 过点 $(0,0,z)$，平行于 xOy 面的平面与 Ω 交得平面圆域 D_z，其半径为 $\dfrac{Rz}{h}$，面积为

$\dfrac{\pi R^2}{h^2}z^2,\Omega\{(x,y,z)\,|\,(x,y)\in D_z,\,0\leqslant z\leqslant h\}$,如图 10-14 所示,

于是 $\displaystyle\iiint\limits_{\Omega}z\mathrm{d}x\mathrm{d}y\mathrm{d}z=\int_0^h z\mathrm{d}z\iint\limits_{D_z}\mathrm{d}x\mathrm{d}y=\int_0^h z\cdot\dfrac{\pi R^2}{h^2}z^2\mathrm{d}z=\dfrac{1}{4}\pi R^2h^2.$

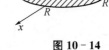

图 10-14

【点评】 当被积函数与 x,y 无关, D_z 的面积容易求出时,采用"先二后一"法计算较为简便.

例 10-2-5 试问下列等式是否成立,为什么?

(1) $\displaystyle\iiint\limits_{\Omega}(x^2+y^2+z^2)\mathrm{d}V=a^2\int_0^{2\pi}\mathrm{d}\theta\int_0^{\pi}\sin\varphi\mathrm{d}\varphi\int_0^a r^2\mathrm{d}r=\dfrac{4}{3}\pi a^5=0$,其中 Ω 是由球面 $x^2+y^2+z^2=a^2$ 所围的区域.

(2) $\displaystyle\iiint\limits_{\Omega}\dfrac{z\ln(x^2+y^2+z^2)}{1+x^2+y^2+z^2}\mathrm{d}x\mathrm{d}y\mathrm{d}z=0$,其中 Ω 是由球面 $x^2+y^2+z^2=1$ 所围的区域.

(3) $\displaystyle\iiint\limits_{\Omega}(x+y+z)\mathrm{d}x\mathrm{d}y\mathrm{d}z=3\iiint\limits_{\Omega}x\mathrm{d}x\mathrm{d}y\mathrm{d}z$,其中 Ω:$x+y+z\leqslant 1,x\geqslant 0,y\geqslant 0,z\geqslant 0$.

解 (1) 不成立,错误的原因在于将被积函数 $x^2+y^2+z^2$ 用 a^2 代替,事实上点 (x,y,z) 代表区域 Ω 内的任意点,因此不满足方程 $x^2+y^2+z^2=a^2$.

(2) 正确,该等式可利用对称性得到,因为积分区域关于 xOy 坐标面对称,被积函数关于变量 z 为奇函数,因此积分为零.

【点评】 当积分区域关于 xOy 坐标面对称时,则 Ω 的联立不等式形如

$$\Omega=\{(x,y,z)\,|-\varphi(x,y)\leqslant z\leqslant\varphi(x,y),(x,y)\in\Omega_{xy}\}.$$

又被积函数关于变量 z 为奇函数,则

$$\iiint\limits_{\Omega}f(x,y,z)\mathrm{d}x\mathrm{d}y\mathrm{d}z=\iint\limits_{\Omega_{xy}}\mathrm{d}x\mathrm{d}y\int_{-\varphi(x,y)}^{\varphi(x,y)}f(x,y,z)\mathrm{d}z=\iint\limits_{\Omega_{xy}}0\cdot\mathrm{d}x\mathrm{d}y=0.$$

(3) 正确,这里使用了变量的轮换对称性,由于 Ω 对变量 x,y,z 具有轮换对称性,故

$$\iiint\limits_{\Omega}x\mathrm{d}x\mathrm{d}y\mathrm{d}z=\iiint\limits_{\Omega}y\mathrm{d}x\mathrm{d}y\mathrm{d}z=\iiint\limits_{\Omega}z\mathrm{d}x\mathrm{d}y\mathrm{d}z.$$

例 10-2-6 计算三重积分 $\displaystyle\iiint\limits_{\Omega}(x+y+z)^2\mathrm{d}x\mathrm{d}y\mathrm{d}z$,其中 Ω 是由球面 $x^2+y^2+z^2=R^2(R>0)$ 所围的区域.

解 积分区域关于三个坐标面都对称,xy,xz 是关于 x 的奇函数,yz 是关于 y 的奇函数,故 $\displaystyle\iiint\limits_{\Omega}xy\mathrm{d}x\mathrm{d}y\mathrm{d}z=\iiint\limits_{\Omega}xz\mathrm{d}x\mathrm{d}y\mathrm{d}z=\iiint\limits_{\Omega}yz\mathrm{d}x\mathrm{d}y\mathrm{d}z=0.$

利用球面坐标,Ω 可表示为:$0\leqslant r\leqslant R,0\leqslant\varphi\leqslant\pi,0\leqslant\theta\leqslant 2\pi$,从而

$$\iiint\limits_{\Omega}(x+y+z)^2\mathrm{d}x\mathrm{d}y\mathrm{d}z=\iiint\limits_{\Omega}(x^2+y^2+z^2+2xy+2yz+2xz)\mathrm{d}x\mathrm{d}y\mathrm{d}z$$

$$=\iiint\limits_{\Omega}(x^2+y^2+z^2)\mathrm{d}x\mathrm{d}y\mathrm{d}z=\int_0^{2\pi}\mathrm{d}\theta\int_0^{\pi}\sin\varphi\mathrm{d}\varphi\int_0^R r^2\cdot r^2\mathrm{d}r=\dfrac{4}{5}\pi R^5.$$

例 10 - 2 - 7 证明 $\int_0^x dv \int_0^v du \int_0^u f(t)dt = \frac{1}{2}\int_0^x (x-t)^2 f(t)dt$.

证明 由于积分区域 $0 \leqslant t \leqslant u, 0 \leqslant u \leqslant v$ 可表示为 $t \leqslant u \leqslant v, 0 \leqslant t \leqslant v$, 故

$$\int_0^v du \int_0^u f(t)dt = \int_0^v dt \int_t^v f(t)du = \int_0^v f(t)(v-t)dt,$$

从而

$$\int_0^x dv \int_0^v du \int_0^u f(t)dt = \int_0^x dv \int_0^v f(t)(v-t)dt.$$

又因为积分区域 $0 \leqslant t \leqslant v, 0 \leqslant v \leqslant x$ 可表示为 $t \leqslant v \leqslant x, 0 \leqslant t \leqslant x$, 所以

$$\int_0^x dv \int_0^v f(t)(v-t)dt = \int_0^x dt \int_t^x f(t)(v-t)dv,$$

于是

$$\int_0^x dv \int_0^v du \int_0^u f(t)dt = \int_0^x dt \int_t^x f(t)(v-t)dv = \int_0^x f(t)dt \int_t^x (v-t)dv$$

$$= \frac{1}{2}\int_0^x (x-t)^2 f(t)dt.$$

课后习题

一、选择题

1. 设 Ω 是由 $1 \leqslant x^2+y^2+z^2 \leqslant 4$ 与 $z \geqslant \sqrt{x^2+y^2}$ 所确定的立体,则 $\iiint\limits_\Omega f(z)dV$ 等于( ).

A. $\int_0^{2\pi} d\theta \int_0^{\frac{\pi}{4}} d\varphi \int_1^2 f(r\cos\varphi)r^2 \sin\varphi dr$

B. $\int_0^{\frac{\pi}{2}} d\theta \int_0^{\frac{\pi}{2}} d\varphi \int_1^2 f(r\cos\varphi)r^2 \sin\varphi dr$

C. $\int_0^{2\pi} d\theta \int_0^{\frac{\pi}{2}} d\varphi \int_1^2 f(r\cos\varphi)r^2 \sin\varphi dr$

D. $\int_0^{2\pi} d\theta \int_0^{\frac{\pi}{2}} d\varphi \int_1^{\sqrt{4-r^2}} f(r\cos\varphi)r^2 \sin\varphi dr$

2. 设 Ω 是平面 $z=1$ 与旋转抛物面 $x^2+y^2=z$ 所围区域,则 $\iiint\limits_\Omega \dfrac{dxdydz}{x^2+y^2+1}$ 化为三次积分等于( ).

A. $\int_0^{2\pi} d\theta \int_0^1 \dfrac{r}{1+r^2}dr \int_{r^2}^1 dz$

B. $\int_0^{2\pi} d\theta \int_{r^2}^1 \dfrac{r}{1+r^2}dr \int_0^1 dz$

C. $\int_0^{\pi} d\theta \int_0^1 \dfrac{r}{1+r^2}dr \int_{r^2}^1 dz$

D. $\int_{-\pi}^{\pi} d\theta \int_{r^2}^1 \dfrac{r}{1+r^2}dr \int_0^1 dz$

3. 设 $I = \iiint\limits_\Omega zdV$, 其中 $\Omega = \{(x,y,z) \mid x^2+y^2+z^2 \leqslant 1, z \geqslant 0\}$, 经球坐标变换后, $I = $( ).

A. $\int_0^{2\pi}d\theta\int_0^{\frac{\pi}{2}}d\varphi\int_0^1 r^3\sin\varphi\cos\theta dr$ B. $\int_0^{2\pi}d\theta\int_0^{\pi}d\varphi\int_0^1 r^2\sin\varphi dr$

C. $\int_0^{2\pi}d\theta\int_0^{\pi}d\varphi\int_0^1 r^3\sin\varphi\cos\theta dr$ D. $\int_0^{2\pi}d\theta\int_0^{\frac{\pi}{2}}d\varphi\int_0^1 r^3\sin\varphi\cos\varphi dr$

4. 设 $I = \iiint\limits_{\Omega}(x^2+y^2+z^2)dV,\Omega$:是球面 $x^2+y^2+z^2=1$ 内部,则 $I = ($ $).$

A. $\iiint\limits_{\Omega}dv = \Omega$ 的体积   B. $\int_0^{2\pi}d\varphi\int_0^{2\pi}d\theta\int_0^1 r^4\sin\theta dr$

C. $\int_0^{2\pi}d\theta\int_0^{\pi}d\varphi\int_0^1 r^4\sin\varphi dr$ D. $\int_0^{\pi}d\varphi\int_0^{2\pi}d\theta\int_0^1 r^4\sin\theta dr$

二、填空题

1. 设积分区域 Ω: $x^2+y^2\leqslant 4,1\leqslant z\leqslant 5$, 则 $\iiint\limits_{\Omega}f(x^2+y^2)dV$ 在柱面坐标系下的三次积分为_____.

2. 设 Ω 为立体 $0\leqslant x\leqslant 1,-1\leqslant y\leqslant 1,0\leqslant z\leqslant 2$, 则三重积分 $\iiint\limits_{\Omega}(1+x)dxdydz = $_____.

3. $\int_{-1}^1 dx\int_{-\sqrt{1-x^2}}^{\sqrt{1-x^2}}dy\int_{\sqrt{x^2+y^2}}^1 f(x,y,z)dz$ 在柱面坐标系下的三次积分为_____.

4. 设积分区域 Ω: $x^2+y^2+z^2\leqslant 4$, 则 $\iiint\limits_{\Omega}xdxdydz = $_____.

三、解答题

1. 设 Ω 为立方体:$0\leqslant x\leqslant a,0\leqslant y\leqslant a,0\leqslant z\leqslant a(a>0)$, 求三重积分 $\iiint\limits_{\Omega}(x+y)dxdydz$.

2. 设积分区域 Ω 由 $z=x^2+y^2,z=4$ 围成, 求 $\iiint\limits_{\Omega}xzdV$.

3. 求 $\iiint\limits_{\Omega}(x^2+y^2)dV$, 其中 Ω 由曲面 $z=\sqrt{x^2+y^2}$ 和平面 $z=h(h>0)$ 围成.

4. 求 $\iiint\limits_{\Omega}(x^2+y^2)dV$, 其中 Ω 为 $x^2+y^2+z^2\leqslant a^2(a>0)$.

5. 求 $\iiint\limits_{\Omega}zdV$, 积分区域 Ω 为上半个球体:$x^2+y^2+z^2\leqslant 4,z\geqslant 0$.

6. 求 $\iiint\limits_{\Omega}xyzdV$, 其中 Ω 为球面 $x^2+y^2+z^2=1$ 及三个坐标面围成的第一卦限内的部分.

7. 求 $\iiint\limits_{\Omega}(x^2+y^2+z^2)dV$, 其中 Ω 为上半个球面 $x^2+y^2+z^2=a^2$ 和圆锥面 $z=\sqrt{x^2+y^2}$ 所围区域.

📖 参考答案

一、1. A 2. A 3. D 4. C

二、1. $\int_1^5 dz \int_0^2 d\rho \int_0^{2\pi} f(\rho^2)\rho d\theta$ 2. 6   3. $\int_0^{2\pi} d\theta \int_0^1 dr \int_r^1 f(r\cos\theta, r\sin\theta, z)r dz$ 4. 0

三、1. a^4 2. 提示:利用柱面坐标 $\Omega:0\leqslant\theta\leqslant2\pi, 0\leqslant r\leqslant2, r^2\leqslant z\leqslant4$ $\iiint\limits_\Omega xz dV = \int_0^{2\pi} d\theta \int_0^2 r dr \int_{r^2}^4 zr\cos\theta dz = 0$

3. 提示:利用柱面坐标 $\Omega:0\leqslant\theta\leqslant2\pi, 0\leqslant r\leqslant h, r\leqslant z\leqslant h$ $\iiint\limits_\Omega (x^2+y^2)dV = \int_0^{2\pi} d\theta \int_0^h dr \int_r^h r^2 r dz = \frac{1}{10}\pi h^5$

4. 提示:利用球面坐标 $\Omega:0\leqslant\theta\leqslant2\pi, 0\leqslant\varphi\leqslant\pi, 0\leqslant r\leqslant a$ $\iiint\limits_\Omega (x^2+y^2)dV = \int_0^{2\pi} d\theta \int_0^\pi d\varphi \int_0^a r^2\sin^2\varphi r^2 \cdot \sin\varphi dr = \frac{8}{15}\pi a^5$

5. 提示:利用球面坐标 $\Omega:0\leqslant\theta\leqslant2\pi, 0\leqslant\varphi\leqslant\frac{\pi}{2}, 0\leqslant r\leqslant2$

$\iiint\limits_\Omega z dV = \int_0^{2\pi} d\theta \int_0^{\frac{\pi}{2}} d\varphi \int_0^2 r\cos\varphi r^2\sin\varphi dr = 4\pi$

6. 提示:利用球面坐标 $\Omega:0\leqslant\theta\leqslant\frac{\pi}{2}, 0\leqslant\varphi\leqslant\frac{\pi}{2}, 0\leqslant r\leqslant1$

$\iiint\limits_\Omega xyz dV = \int_0^{\frac{\pi}{2}} d\theta \int_0^{\frac{\pi}{2}} d\varphi \int_0^1 r\sin\varphi\cos\theta r\sin\varphi\sin\theta r\cos\varphi r^2\sin\varphi dr = \frac{1}{48}$

7. 提示:利用球面坐标 $\Omega:0\leqslant\theta\leqslant2\pi, 0\leqslant\varphi\leqslant\frac{\pi}{4}, 0\leqslant r\leqslant a$

$\iiint\limits_\Omega (x^2+y^2+z^2)dV = \int_0^{2\pi} d\theta \int_0^{\frac{\pi}{4}} d\varphi \int_0^a r^2 r^2 \cdot \sin\varphi dr = \frac{2-\sqrt{2}}{5}\pi a^5$

第三讲　重积分的应用

主要内容

一、二重积分的应用

1. 二重积分的几何应用

(1) 平面图形 D 的面积 $A = \iint\limits_D d\sigma$.

(2) 空间曲面 S 的面积 $A = \iint\limits_D \sqrt{1+f_x^2(x,y)+f_y^2(x,y)}d\sigma$,其中曲面 S 由方程 $z = f(x,y)$ 给出,D 为曲面 S 在 xOy 面上的投影区域.

2. 二重积分的物理应用

设平面薄板的面密度为 $\mu(x,y)$,薄板所在平面区域为 D.

(1) 平面薄板的质量 $M = \iint\limits_D \mu(x,y)d\sigma$.

(2) 平面薄板的质心 $(\bar{x}, \bar{y})$:

$$\overline{x} = \frac{M_x}{M} = \frac{\iint\limits_{D} x\mu(x,y)\mathrm{d}\sigma}{\iint\limits_{D}\mu(x,y)\mathrm{d}\sigma}, \overline{y} = \frac{M_y}{M} = \frac{\iint\limits_{D} y\mu(x,y)\mathrm{d}\sigma}{\iint\limits_{D}\mu(x,y)\mathrm{d}\sigma}.$$

当平面薄板为均匀薄板时,所求的质心又叫形心,求形心的公式为:

$$\overline{x} = \frac{M_x}{M} = \frac{\iint\limits_{D} x\,\mathrm{d}\sigma}{\iint\limits_{D}\mathrm{d}\sigma}, \overline{y} = \frac{M_y}{M} = \frac{\iint\limits_{D} y\,\mathrm{d}\sigma}{\iint\limits_{D}\mathrm{d}\sigma}.$$

(3) 平面薄片对于 x 轴的转动惯量和 y 轴的转动惯量分别为

$$I_x = \iint\limits_{D} y^2\mu(x,y)\mathrm{d}\sigma, I_y = \iint\limits_{D} x^2\mu(x,y)\mathrm{d}\sigma.$$

二、三重积分的应用

1. 三重积分的几何应用

空间立体 Ω 的体积 $V = \iiint\limits_{\Omega}\mathrm{d}V$.

2. 三重积分的物理应用

设空间立体 Ω 的体密度为 $\rho(x,y,z)$.

(1) 空间立体 Ω 的质量 $M = \iiint\limits_{\Omega}\rho(x,y,z)\mathrm{d}V$.

(2) 空间立体 Ω 的质心 $(\overline{x}, \overline{y}, \overline{z})$:

$$\overline{x} = \frac{1}{M}\iiint\limits_{\Omega} x\rho(x,y,z)\mathrm{d}V, \overline{y} = \frac{1}{M}\iiint\limits_{\Omega} y\rho(x,y,z)\mathrm{d}V, \overline{z} = \frac{1}{M}\iiint\limits_{\Omega} z\rho(x,y,z)\mathrm{d}V,$$

其中 $M = \iiint\limits_{\Omega}\rho(x,y,z)\mathrm{d}V$.

(3) 空间立体 Ω 对于 x,y,z 轴的转动惯量为

$$I_x = \iiint\limits_{\Omega}(y^2 + z^2)\rho(x,y,z)\mathrm{d}V,$$

$$I_y = \iiint\limits_{\Omega}(z^2 + x^2)\rho(x,y,z)\mathrm{d}V,$$

$$I_z = \iiint\limits_{\Omega}(x^2 + y^2)\rho(x,y,z)\mathrm{d}V.$$

教学要求

➢ 会用二重积分求立体的体积、曲面的面积、平面薄板的质量和质心等应用问题.

> 会用三重积分求立体的体积、立体的质量、立体的质心等简单应用问题.

重点例题

例 10-3-1 求 $z = 6 - x^2 - y^2$ 及 $z = \sqrt{x^2 + y^2}$ 所围成的立体的体积.

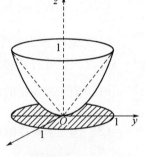

图 10-15

解 由 $z = 6 - x^2 - y^2$ 和 $z = \sqrt{x^2 + y^2}$ 消去 z，解得 $\sqrt{x^2 + y^2} = 2$，即 Ω 在 xOy 面上的投影区域 $D_{xy}: x^2 + y^2 \leqslant 4$，如图 10-15 所示，于是

$$V = \iiint\limits_{\Omega} dV = \iint\limits_{D_{xy}} dx dy \int_{\sqrt{x^2+y^2}}^{6-x^2-y^2} dz = \iint\limits_{D_{xy}} \rho d\rho d\theta \int_{\rho}^{6-\rho^2} dz$$

$$= \int_0^{2\pi} d\theta \int_0^2 (6 - \rho^2 - \rho)\rho d\rho = 2\pi \left(3\rho^2 - \frac{\rho^4}{4} - \frac{\rho^3}{3}\right)\Big|_0^2 = \frac{32}{3}\pi.$$

例 10-3-2 求 $z = x^2 + y^2$ 及 $z = \sqrt{x^2 + y^2}$ 所围成的立体的体积.

解 由 $z = x^2 + y^2$ 和 $z = \sqrt{x^2 + y^2}$ 消去 z，解得

$$\sqrt{x^2 + y^2} = 1,$$

即 Ω 在 xOy 面上的投影区域 $D_{xy}: x^2 + y^2 \leqslant 1$（如图 10-16），于是

$$V = \iiint\limits_{\Omega} dV = \iint\limits_{D_{xy}} dx dy \int_{x^2+y^2}^{\sqrt{x^2+y^2}} dz = \iint\limits_{D_{xy}} \rho d\rho d\theta \int_{\rho^2}^{\rho} dz$$

$$= \int_0^{2\pi} d\theta \int_0^1 (\rho - \rho^2)\rho d\rho = 2\pi \left(\frac{\rho^3}{3} - \frac{\rho^4}{4}\right)\Big|_0^1 = \frac{\pi}{6}.$$

图 10-16

例 10-3-3 求球面 $x^2 + y^2 + z^2 = a^2$，含在圆柱体 $x^2 + y^2 = ax$ 内部的那部分面积.

解 由对称性知 $A = 4A_1$，$D_1: x^2 + y^2 \leqslant ax(x, y \geqslant 0)$，曲面方程 $z = \sqrt{a^2 - x^2 - y^2}$（如图 10-17），于是

$$\sqrt{1 + \left(\frac{\partial z}{\partial x}\right)^2 + \left(\frac{\partial z}{\partial y}\right)^2} = \frac{a}{\sqrt{a^2 - x^2 - y^2}},$$

$$A = 4A_1 = 4\iint\limits_{D_1} \sqrt{1 + \left(\frac{\partial z}{\partial x}\right)^2 + \left(\frac{\partial z}{\partial y}\right)^2} dx dy$$

$$= 4\iint\limits_{D_1} \frac{a}{\sqrt{a^2 - x^2 - y^2}} dx dy$$

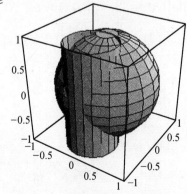

图 10-17

$$= 4a \int_0^{\frac{\pi}{2}} d\theta \int_0^{a\cos\theta} \frac{1}{\sqrt{a^2 - \rho^2}} \rho d\rho = 2\pi a^2 - 4a^2.$$

例 10-3-4 求圆锥 $z = \sqrt{x^2 + y^2}$ 在圆柱体 $x^2 + y^2 \leqslant 2x$ 内那一部分的面积.

解 由对称性知 $A = 2A_1$，$D_1: x^2 + y^2 \leqslant 2x(x, y \geqslant 0)$，曲面方程 $z = \sqrt{x^2 + y^2}$，于是

$$\sqrt{1 + \left(\frac{\partial z}{\partial x}\right)^2 + \left(\frac{\partial z}{\partial y}\right)^2} = \sqrt{2},$$

$$A = 2A_1 = 2\iint_{D_1}\sqrt{1 + \left(\frac{\partial z}{\partial x}\right)^2 + \left(\frac{\partial z}{\partial y}\right)^2}\,\mathrm{d}x\mathrm{d}y = 2\iint_{D_1}\sqrt{2}\,\mathrm{d}x\mathrm{d}y = 2\sqrt{2}\cdot\frac{1}{2}\pi\cdot 1^2 = \sqrt{2}\pi.$$

例 10-3-5 求锥面 $z = \sqrt{x^2 + y^2}$ 被柱面 $z^2 = 2x$ 所割下部分的面积.

解 由 $\begin{cases} z = \sqrt{x^2 + y^2} \\ z^2 = 2x \end{cases}$ 解得 $x^2 + y^2 = 2x$，故曲面在 xOy 面

上的投影区域 $D: x^2 + y^2 \leqslant 2x$(如图 10-18)，被割曲面方程为 $z = \sqrt{x^2 + y^2}$，于是

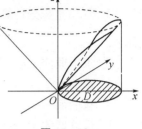

图 10-18

$$\sqrt{1 + \left(\frac{\partial z}{\partial x}\right)^2 + \left(\frac{\partial z}{\partial y}\right)^2} = \sqrt{2},$$

$$A = \iint_D\sqrt{1 + \left(\frac{\partial z}{\partial x}\right)^2 + \left(\frac{\partial z}{\partial y}\right)^2}\,\mathrm{d}x\mathrm{d}y = \iint_D\sqrt{2}\,\mathrm{d}x\mathrm{d}y = \sqrt{2}\cdot\pi\cdot 1^2 = \sqrt{2}\pi.$$

例 10-3-6 球心在原点、半径为 R 的球体，在其上任意一点的密度的大小与这点到球心的距离成正比，求这球体的质量.

解 用球面坐标计算. Ω 为 $x^2 + y^2 + z^2 \leqslant R^2$，按题意，密度函数

$$\rho(x, y, z) = k\sqrt{x^2 + y^2 + z^2} = kr\,(k > 0),$$

于是

$$M = \iiint_\Omega\rho(x, y, z)\,\mathrm{d}V = \iiint_\Omega kr\cdot r^2\sin\varphi\,\mathrm{d}r\mathrm{d}\varphi\mathrm{d}\theta = k\int_0^{2\pi}\mathrm{d}\theta\int_0^\pi\sin\varphi\,\mathrm{d}\varphi\int_0^R r^3\,\mathrm{d}r = k\pi R^4.$$

例 10-3-7 求腰长为 a 的等腰三角形的形心.

解 建立如图 10-19 所示的直角坐标系，由形心公式

$$\bar{x} = \frac{\iint_D x\,\mathrm{d}\sigma}{\iint_D \mathrm{d}\sigma} = \frac{\int_0^a x\mathrm{d}x\int_0^{a-x}\mathrm{d}y}{\int_0^a\mathrm{d}x\int_0^{a-x}\mathrm{d}y} = \frac{\frac{1}{6}a^3}{\frac{1}{2}a^2} = \frac{1}{3}a,$$

$$\bar{y} = \frac{\iint_D y\,\mathrm{d}\sigma}{\iint_D \mathrm{d}\sigma} = \frac{\int_0^a y\mathrm{d}y\int_0^{a-y}\mathrm{d}x}{\int_0^a\mathrm{d}y\int_0^{a-y}\mathrm{d}x} = \frac{\frac{1}{6}a^3}{\frac{1}{2}a^2} = \frac{1}{3}a,$$

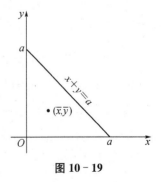

图 10-19

故形心坐标为 $\left(\frac{1}{3}a, \frac{1}{3}a\right)$.

例 10-3-8 求均匀半球体的形心.

解 取半球体的对称轴为 z 轴，原点取在球心上，又设球半径为 a，则半球体所占空间

闭区域 $\Omega = \{(x,y,z) \mid x^2 + y^2 + z^2 \leqslant a^2, z \geqslant 0\}$，显然形心在 z 轴上，故 $\bar{x} = \bar{y} = 0$，

$$\bar{z} = \frac{\iiint\limits_{\Omega} z \mathrm{d}V}{\iiint\limits_{\Omega} \mathrm{d}V} = \frac{\int_0^{2\pi} \mathrm{d}\theta \int_0^a \rho \mathrm{d}\rho \int_0^{\sqrt{a^2 - \rho^2}} z \mathrm{d}z}{\frac{1}{2} \cdot \frac{4}{3}\pi a^3} = \frac{\frac{1}{4}\pi a^4}{\frac{2}{3}\pi a^3} = \frac{3}{8}a，形心坐标为 \left(0, 0, \frac{3}{8}a\right).$$

✏️ **课后习题**

1. 利用重积分计算由平面 $\frac{x}{a} + \frac{y}{b} + \frac{z}{c} = 1$（其中 $a, b, c > 0$）与三个坐标面所围立体的体积.

2. 求由曲面 $z = x^2 + y^2$ 与 $z = 4$ 所围立体的体积.

3. 求曲面 $z = 2 - x^2 - y^2$ 与平面 $z = 1$ 所围立体的体积.

4. 求曲面 $z = 2 - x^2 - y^2$ 与曲面 $z = x^2 + y^2$ 所围立体的体积.

5. 计算球体 $x^2 + y^2 + z^2 \leqslant a^2$ 被圆柱面 $x^2 + y^2 = ax$ 所截得的部分立体的体积.

6. 求圆锥 $z = \sqrt{x^2 + y^2}$ 在圆柱体 $x^2 + y^2 \leqslant x$ 内那一部分的面积.

7. 求锥面 $z = \sqrt{x^2 + y^2}$ 被柱面 $z^2 = 4x$ 所割下部分的面积.

8. 求球面 $x^2 + y^2 + z^2 = 25$ 被平面 $z = 3$ 割得的上半部分曲面的面积.

9. 设均匀薄片所占的闭区域 $D = \left\{(x,y) \mid \frac{x^2}{a^2} + \frac{y^2}{b^2} \leqslant 1, y \geqslant 0\right\}$，求薄片的质心.

10. 利用三重积分计算由曲面 $z = \sqrt{x^2 + y^2}$，$z = 1$ 所围立体的质心（设密度 $\rho = 1$）.

📖 **参考答案**

1. 提示：Ω：$0 \leqslant x \leqslant a, 0 \leqslant y \leqslant b\left(1 - \frac{x}{a}\right), 0 \leqslant z \leqslant c\left(1 - \frac{x}{a} - \frac{y}{b}\right)$，

$$V = \iiint\limits_{\Omega} \mathrm{d}x\mathrm{d}y\mathrm{d}z = \int_0^a \mathrm{d}x \int_0^{b\left(1 - \frac{x}{a}\right)} \mathrm{d}y \int_0^{c\left(1 - \frac{x}{a} - \frac{y}{b}\right)} \mathrm{d}z = \frac{bc}{2} \int_0^a \left(1 - \frac{x}{a}\right)^2 \mathrm{d}x = \frac{abc}{6}.$$

2. 提示：立体在 xOy 面的投影区域为 $D = \{(x,y) \mid x^2 + y^2 \leqslant 2\}, x^2 + y^2 \leqslant z \leqslant 4$，利用柱面坐标

$$\iiint\limits_{\Omega} \mathrm{d}V = \iint\limits_{D} \mathrm{d}x\mathrm{d}y \int_{x^2+y^2}^4 \mathrm{d}z = \int_0^{2\pi} \mathrm{d}\theta \int_0^2 \mathrm{d}r \int_{r^2}^4 r\mathrm{d}z = 8\pi.$$

3. 提示：立体在 xOy 面的投影区域为 $D = \{(x,y) \mid x^2 + y^2 \leqslant 1\}, 1 \leqslant z \leqslant 2 - x^2 - y^2$，用柱面坐标

$$\iiint\limits_{\Omega} \mathrm{d}V = \iint\limits_{D} \mathrm{d}x\mathrm{d}y \int_1^{2-x^2-y^2} \mathrm{d}z = \int_0^{2\pi} \mathrm{d}\theta \int_0^1 \mathrm{d}r \int_1^{2-r^2} r\mathrm{d}z = \frac{\pi}{2}.$$

4. 提示：立体在 xOy 面的投影区域为 $D = \{(x,y) \mid x^2 + y^2 \leqslant 1\}, x^2 + y^2 \leqslant z \leqslant 2 - x^2 - y^2$，

$$V = \iiint\limits_{\Omega} \mathrm{d}V = \int_0^{2\pi} \mathrm{d}\theta \int_0^1 \mathrm{d}r \int_{r^2}^{2-r^2} r\mathrm{d}z = \pi.$$

5. 提示：立体在 xOy 面的投影区域为 $D = \{(x,y) \mid x^2 + y^2 \leqslant ax\}, -\sqrt{a^2 - x^2 - y^2} \leqslant z \leqslant \sqrt{a^2 - x^2 - y^2}$，用柱面坐标 $\iiint\limits_{\Omega} \mathrm{d}V = \iint\limits_{D} \mathrm{d}x\mathrm{d}y \int_{-\sqrt{a^2-x^2-y^2}}^{\sqrt{a^2-x^2-y^2}} \mathrm{d}z = \int_{-\frac{\pi}{2}}^{\frac{\pi}{2}} \mathrm{d}\theta \int_0^{a\cos\theta} \mathrm{d}r \int_{-\sqrt{a^2-r^2}}^{\sqrt{a^2-r^2}} r\mathrm{d}z = \frac{2a^3}{9}(3\pi - 4).$

6. 提示：$D = \{(x,y) \mid x^2 + y^2 \leqslant x\}$，

$$S = \iint\limits_{D} \sqrt{1 + \left(\frac{\partial z}{\partial x}\right)^2 + \left(\frac{\partial z}{\partial y}\right)^2} \mathrm{d}\sigma = 2\int_0^{\frac{\pi}{2}} \mathrm{d}\theta \int_0^{\cos\theta} \sqrt{2}r\mathrm{d}r = \frac{\sqrt{2}\pi}{4}.$$

7. 提示：$D = \{(x,y) \mid x^2 + y^2 \leqslant 4x\}$，

$$S = \iint\limits_{D} \sqrt{1 + \left(\frac{\partial z}{\partial x}\right)^2 + \left(\frac{\partial z}{\partial y}\right)^2}\, \mathrm{d}\sigma = \int_{-\frac{\pi}{2}}^{\frac{\pi}{2}} \mathrm{d}\theta \int_0^{4\cos\theta} \sqrt{2}\, r \mathrm{d}r = 4\sqrt{2}\pi.$$

8. 提示：$D = \{(x,y) \mid x^2 + y^2 \leqslant 16\}$，$z = \sqrt{25 - x^2 - y^2}$，

$$S = \iint\limits_{D} \sqrt{1 + \left(\frac{\partial z}{\partial x}\right)^2 + \left(\frac{\partial z}{\partial y}\right)^2}\, \mathrm{d}\sigma = \int_0^{2\pi} \mathrm{d}\theta \int_0^4 \frac{5}{\sqrt{25 - r^2}}\, r \mathrm{d}r = 20\pi.$$

9. 提示：假设均匀薄片的密度 $\rho = 1$，质心在 y 轴上，

$$\overline{x} = 0, \overline{y} = \frac{\iint\limits_{D} y\,\mathrm{d}x\mathrm{d}y}{\iint\limits_{D} \mathrm{d}x\mathrm{d}y} = \frac{\int_{-a}^a \mathrm{d}x \int_0^{b\sqrt{1 - \frac{x^2}{a^2}}} y\,\mathrm{d}y}{\frac{1}{2}\pi ab} = \frac{4b}{3\pi}, 质心为\left(0, \frac{4b}{3\pi}\right).$$

10. 提示：$\Omega = \{(x,y,z) \mid x^2 + y^2 \leqslant 1, \sqrt{x^2 + y^2} \leqslant z \leqslant 1\}$. 立体关于 z 轴对称，质心在 z 轴上，所以

$$\overline{x} = 0, \overline{y} = 0, \overline{z} = \frac{\iiint\limits_{\Omega} z\,\mathrm{d}x\mathrm{d}y\mathrm{d}z}{\iiint\limits_{\Omega} \mathrm{d}x\mathrm{d}y\mathrm{d}z} = \frac{3}{4}, 质心为\left(0, 0, \frac{3}{4}\right).$$

第十一章

曲线积分与曲面积分

第一讲 曲线积分的概念、性质与计算

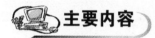

一、对弧长的曲线积分(第一类曲线积分)的概念与性质

1. 对弧长的曲线积分的定义

设 L 为 xOy 面内的一条光滑曲线弧,函数 $f(x,y)$ 在 L 上有界. 在 L 上任意插入一点列 $M_1,M_2,\cdots,M_{n-1}$,把 L 分为 n 个小段

$$\Delta s_1,\Delta s_2,\cdots,\Delta s_n,$$

其中 Δs_i 表示第 i 个弧段,也表示它的弧长. 在每段 Δs_i 任取一点 (ξ_i,η_i),作乘积 $f(\xi_i,\eta_i)\Delta s_i$ $(i=1,2,\cdots,n)$,并作和 $\sum_{i=1}^{n}f(\xi_i,\eta_i)\Delta s_i$. 如果当各小弧段的长度的最大值 $\lambda\to 0$,此和的极限总存在,则称此极限为函数 $f(x,y)$ 在曲线弧 L 上对弧长的曲线积分或第一类曲线积分,记作 $\int_L f(x,y)\mathrm{d}s$,即

$$\int_L f(x,y)\mathrm{d}s = \lim_{\lambda\to 0}\sum_{i=1}^{n}f(\xi_i,\eta_i)\Delta s_i,$$

其中 $f(x,y)$ 叫做被积函数,L 叫做积分弧段.

对弧长的曲线积分的推广: $\int_L f(x,y,z)\mathrm{d}s = \lim_{\lambda\to 0}\sum_{i=1}^{n}f(\xi_i,\eta_i,\zeta_i)\Delta s_i.$

2. 对弧长的曲线积分的意义

根据对弧长的曲线积分的定义,曲线形构件的质量就是曲线积分 $\int_L \mu(x,y)\mathrm{d}s$ 的值,其中 $\mu(x,y)$ 为线密度.

3. 曲线积分的存在性

当 $f(x,y)$ 在光滑曲线弧 L 上连续时,对弧长的曲线积分 $\int_L f(x,y)\mathrm{d}s$ 是存在的.

4. 对弧长的曲线积分的性质

性质 1　设 c_1, c_2 为常数,则

$$\int_L [c_1 f(x,y) + c_2 g(x,y)] \mathrm{d}s = c_1 \int_L f(x,y) \mathrm{d}s + c_2 \int_L g(x,y) \mathrm{d}s.$$

性质 2　若积分弧段 L 可分成两段光滑曲线弧 L_1 和 L_2,则

$$\int_L f(x,y) \mathrm{d}s = \int_{L_1} f(x,y) \mathrm{d}s + \int_{L_2} f(x,y) \mathrm{d}s.$$

性质 3　设在 L 上 $f(x,y) \leqslant g(x,y)$,则

$$\int_L f(x,y) \mathrm{d}s \leqslant \int_L g(x,y) \mathrm{d}s.$$

特别地,有

$$\left| \int_L f(x,y) \mathrm{d}s \right| \leqslant \int_L \left| f(x,y) \right| \mathrm{d}s.$$

二、对弧长的曲线积分的计算法

定理 1　设 $f(x,y)$ 在曲线弧 L 上有定义且连续,L 的参数方程为 $x = \varphi(t)$,$y = \psi(t) (\alpha \leqslant t \leqslant \beta)$,其中 $\varphi(t), \psi(t)$ 在 $[\alpha, \beta]$ 上具有一阶连续导数,且 $\varphi'^2(t) + \psi'^2(t) \neq 0$,则曲线积分 $\int_L f(x,y) \mathrm{d}s$ 存在,且

$$\int_L L(x,y) \mathrm{d}s = \int_\alpha^\beta f[\varphi(t), \psi(t)] \sqrt{\varphi'^2(t) + \psi'^2(t)} \mathrm{d}t (\alpha < \beta).$$

注意:定积分的下限 α 一定要小于上限 β.

三、对坐标的曲线积分(第二类曲线积分)的概念与性质

1. 对坐标的曲线积分的定义

设函数 $f(x,y)$ 在有向光滑曲线 L 上有界,把 L 分成 n 个有向小弧段 $L_1, L_2, \cdots, L_n$. 小弧段 L_i 的起点为 (x_{i-1}, y_{i-1}),终点为 (x_i, y_i),$\Delta x_i = x_i - x_{i-1}$,$\Delta y_i = y_i - y_{i-1}$,$(\xi_i, \eta_i)$ 为 L_i 上任意一点,λ 为各小弧段长度的最大值.

如果极限 $\lim\limits_{\lambda \to 0} \sum\limits_{i=1}^n f(\xi_i, \eta_i) \Delta x_i$ 总存在,则称此极限为函数 $f(x,y)$ 在有向曲线 L 上对坐标 x 的曲线积分,记作 $\int_L f(x,y) \mathrm{d}x$,即

$$\int_L f(x,y) \mathrm{d}x = \lim_{\lambda \to 0} \sum_{i=1}^n f(\xi_i, \eta_i) \Delta x_i.$$

如果极限 $\lim\limits_{\lambda \to 0} \sum\limits_{i=1}^n f(\xi_i, \eta_i) \Delta y_i$ 总存在,则称此极限为函数 $f(x,y)$ 在有向曲线 L 上对坐标 y 的曲线积分,记作 $\int_L f(x,y) \mathrm{d}y$,即

$$\int_L f(x,y)\mathrm{d}y = \lim_{\lambda \to 0} \sum_{i=1}^n f(\xi_i, \eta_i)\Delta y_i.$$

2. 对坐标的曲线积分的意义

根据对坐标的曲线积分的定义,变力 $\boldsymbol{F}(x,y) = P(x,y)\boldsymbol{i} + Q(x,y)\boldsymbol{j}$ 将质点从点 A 沿光滑曲线弧 L 移动到点 B 所做的功

$$W = \lim_{\lambda \to 0} \sum_{i=1}^n [P(\xi_i, \eta_i)\Delta x_i + Q(\xi_i, \eta_i)\Delta y_i] = \int_L P(x,y)\mathrm{d}x + Q(x,y)\mathrm{d}y.$$

3. 对坐标的曲线积分的性质

性质 4 如果把 L 分成 L_1 和 L_2,则

$$\int_L P\mathrm{d}x + Q\mathrm{d}y = \int_{L_1}(P\mathrm{d}x + Q\mathrm{d}y) + \int_{L_2}(P\mathrm{d}x + Q\mathrm{d}y).$$

性质 5 设 L 是有向曲线弧,$-L$ 是与 L 方向相反的有向曲线弧,则

$$\int_{-L} P(x,y)\mathrm{d}x + Q(x,y)\mathrm{d}y = -\int_L P(x,y)\mathrm{d}x + Q(x,y)\mathrm{d}y.$$

四、对坐标的曲线积分的计算法

定理 2 设 $P(x,y)$,$Q(x,y)$ 是定义在光滑有向曲线 $L: x = \varphi(t)$,$y = \psi(t)$ 上的连续函数,当参数 t 单调地由 α 变到 β 时,点 $M(x,y)$ 从 L 的起点 A 沿 L 运动到终点 B,则

$$\int_L P(x,y)\mathrm{d}x + Q(x,y)\mathrm{d}y = \int_\alpha^\beta \{P[\varphi(t),\psi(t)]\varphi'(t) + Q[\varphi(t),\psi(t)]\psi'(t)\}\mathrm{d}t.$$

注意:下限 α 对应于 L 的起点,上限 β 对应于 L 的终点,α 不一定小于 β.

五、格林公式及其应用

1. 格林公式

设闭区域 D 由分段光滑的曲线 L 围成,函数 $P(x,y)$ 及 $Q(x,y)$ 在 D 上具有一阶连续偏导数,则有

$$\iint_D \left(\frac{\partial Q}{\partial x} - \frac{\partial P}{\partial y}\right)\mathrm{d}x\mathrm{d}y = \oint_L P\mathrm{d}x + Q\mathrm{d}y,$$

其中 L 是 D 的取正向的边界曲线.

注意:L 所围区域既可是单连通区域,也可为复连通区域;L 的正向规定为当观察者沿 L 的这个方向行走时,D 内在他近处的那一部分总在他的左边.

设区域 D 的边界曲线为 L,取 $P = -y$,$Q = x$,则由格林公式得

$$2\iint_D \mathrm{d}x\mathrm{d}y = \oint_L x\mathrm{d}y - y\mathrm{d}x,$$

即区域 D 的面积 $\qquad A = \iint_D \mathrm{d}x\mathrm{d}y = \frac{1}{2}\oint_L x\mathrm{d}y - y\mathrm{d}x.$

2. 平面上曲线积分与路径无关的条件

定义　设 G 是一个区域，$P(x,y),Q(x,y)$ 在区域 G 内具有一阶连续偏导数. 如果对于 G 内任意指定的两个点 A,B 以及 G 内从点 A 到点 B 的任意两条曲线 L_1,L_2，等式

$$\int_{L_1} P\mathrm{d}x + Q\mathrm{d}y = \int_{L_2} P\mathrm{d}x + Q\mathrm{d}y$$

恒成立，就说曲线积分 $\int_L P\mathrm{d}x + Q\mathrm{d}y$ 在 G 内与路径无关，否则说与路径有关.

设 G 是一个单连通域，函数 $P(x,y)$ 及 $Q(x,y)$ 在 G 内具有一阶连续偏导数，则以下四个条件等价.

(1) 曲线积分 $\int_L P\mathrm{d}x + Q\mathrm{d}y$ 在 G 内与路径无关.

(2) 沿 G 内任意闭曲线 L 的曲线积分 $\oint_L P\mathrm{d}x + Q\mathrm{d}y$ 等于零.

(3) $\dfrac{\partial P}{\partial y} = \dfrac{\partial Q}{\partial x}$ 在 G 内恒成立.

(4) 在 G 内存在某个函数 $u(x,y)$，使得 $\mathrm{d}u = P(x,y)\mathrm{d}x + Q(x,y)\mathrm{d}y$.

教学要求

➢ 理解两类曲线积分的概念，了解两类曲线积分的性质.
➢ 掌握计算两类曲线积分的方法.
➢ 熟练掌握格林公式，掌握曲线积分与路径无关的条件，会对多元函数的全微分求积.

重点例题

例 11-1-1　计算 $\oint_L (x^2+y^2)^n \mathrm{d}s$，其中 L 为圆周 $x=a\cos t, y=a\sin t(0\leqslant t\leqslant 2\pi)$.

解　$\oint_L (x^2+y^2)^n \mathrm{d}s = \int_0^{2\pi} (a^2\cos^2 t + a^2\sin^2 t)^n \cdot \sqrt{(-a\sin t)^2 + (a\cos t)^2}\,\mathrm{d}t$

$$= \int_0^{2\pi} a^{2n+1}\mathrm{d}t = 2\pi a^{2n+1}.$$

例 11-1-2　计算 $\int_\Gamma x^2 yz\,\mathrm{d}s$，其中 Γ 为折线 $ABCD$，这里 A,B,C,D 依次为点 $(0,0,0)$，$(0,0,2),(1,0,2),(1,3,2)$.

解：
$$AB: x=0, y=0, z=t(0\leqslant t\leqslant 2);$$
$$BC: x=t, y=0, z=2(0\leqslant t\leqslant 1);$$
$$CD: x=1, y=t, z=2(0\leqslant t\leqslant 3).$$

于是　$\int_\Gamma x^2 yz\,\mathrm{d}s = \int_{AB} x^2 yz\,\mathrm{d}s + \int_{BC} x^2 yz\,\mathrm{d}s + \int_{CD} x^2 yz\,\mathrm{d}s$

$$= \int_0^2 0\mathrm{d}t + \int_0^1 0\mathrm{d}t + \int_0^3 2t\mathrm{d}t = 9.$$

【点评】 计算空间折线段的对弧长的曲线积分,可以利用空间直线的参数方程.

例 11-1-3 计算 $I = \oint_L \sqrt{x^2 + y^2} ds$,其中 L 为圆周 $x^2 + y^2 = Rx(R > 0)$.

解 用直角坐标系,选 x 为参数,上半圆周 $L_1 : y = \sqrt{Rx - x^2}(0 \leqslant x \leqslant R)$;下半圆周 $L_2 : y = -\sqrt{Rx - x^2}(0 \leqslant x \leqslant R)$,则

$$ds = \sqrt{1 + (y')^2} dx = \frac{R}{2\sqrt{Rx - x^2}} dx,$$

于是

$$I = \oint_L \sqrt{x^2 + y^2} ds = \int_{L_1} \sqrt{x^2 + y^2} ds + \int_{L_2} \sqrt{x^2 + y^2} ds$$

$$= \int_0^R \sqrt{Rx} \cdot \frac{R}{2\sqrt{Rx - x^2}} dx + \int_0^R \sqrt{Rx} \cdot \frac{R}{2\sqrt{Rx - x^2}} dx$$

$$= R\sqrt{R} \int_0^R \frac{1}{\sqrt{R - x}} dx = R\sqrt{R}(-2\sqrt{R - x}) \Big|_0^R = 2R^2.$$

【点评】 对弧长的曲线积分,计算时根据曲线的特点选用参数方程或直角坐标方程,此时弧长元素公式略有不同,化成定积分时首先定出积分上、下限(注意下限一定小于上限),然后将曲线方程代入被积函数,并给出相应的弧长元素公式.

例 11-1-4 计算 $\int_L (x^2 - 2xy)dx + (y^2 - 2xy)dy$,其中 L 是抛物线 $y = x^2$ 上从点 $A(-1,1)$ 到点 $B(1,1)$ 的一段弧.

解 用直角坐标系,选 x 为参数,

$$L : y = x^2, x : -1 \to 1,$$

于是

$$\int_L (x^2 - 2xy)dx + (y^2 - 2xy)dy = \int_{-1}^1 \left[(x^2 - 2x \cdot x^2) + (x^4 - 2x \cdot x^2) \cdot 2x \right] dx$$

$$= \int_{-1}^1 (2x^5 - 4x^4 - 2x^3 + x^2) dx$$

$$= 2 \int_0^1 (-4x^4 + x^2) dx = -\frac{14}{15}.$$

【点评】 对坐标的曲线积分,化成定积分时首先定出积分上、下限(注意下限是起点的参数值,上限是终点的参数值,下限不一定小于上限),然后将曲线方程代入被积函数,并根据需要计算函数的微分.

例 11-1-5 计算 $\oint_\Gamma dx - dy - ydz$,其中 $\oint$ 为有向闭折线 $ABCA$,这里 A,B,C 依次为点 $(1,0,0),(0,1,0),(0,0,1)$.

解
$$AB : x = 1 - t, y = t, z = 0, t : 0 \to 1;$$
$$BC : x = 0, y = 1 - t, z = t, t : 0 \to 1;$$
$$CA : x = t, y = 0, z = 1 - t, t : 0 \to 1.$$

$$\int_{AB} \mathrm{d}x - \mathrm{d}y + y\mathrm{d}z = \int_0^1 [(-1) - 1 + 0]\mathrm{d}t = -2;$$

$$\int_{BC} \mathrm{d}x - \mathrm{d}y + y\mathrm{d}z = \int_0^1 [0 - (-1) + (1-t)\cdot 1]\mathrm{d}t = \frac{3}{2};$$

$$\int_{CA} \mathrm{d}x - \mathrm{d}y + y\mathrm{d}z = \int_0^1 (1 - 0 + 0)\mathrm{d}t = 1.$$

于是
$$\oint_\Gamma \mathrm{d}x - \mathrm{d}y + y\mathrm{d}z = -2 + \frac{3}{2} + 1 = \frac{1}{2}.$$

例 11 - 1 - 6 计算 $\iint\limits_D \mathrm{e}^{-y^2}\mathrm{d}x\mathrm{d}y$, 其中 D 是以 $O(0,0), A(1,1), B(0,1)$ 为顶点的三角形闭区域.

解 令 $P = 0, Q = x\mathrm{e}^{-y^2}$, 则 $\dfrac{\partial Q}{\partial x} - \dfrac{\partial P}{\partial y} = \mathrm{e}^{-y^2}$. 因此, 由格林公式有

$$\iint\limits_D \mathrm{e}^{-y^2}\mathrm{d}x\mathrm{d}y = \int_0^1 x\mathrm{e}^{-x^2}\mathrm{d}x = \frac{1}{2}(1 - \mathrm{e}^{-1}).$$

【点评】 利用格林公式计算二重积分时, P, Q 的选取是不唯一的, 此例中令其中一个为零, 有利于简化计算.

例 11 - 1 - 7 计算 $I = \displaystyle\int_L \mathrm{e}^x(1 - \cos y)\mathrm{d}x + \mathrm{e}^x(\sin y - y)\mathrm{d}y$, 其中 L 为从点 $O(0,0)$ 到点 $A(\pi, 0)$ 的正弦曲线 $y = \sin x$.

解 由于被积函数含三角函数, 积分曲线又为正弦曲线, 化成定积分计算很困难, 故采用格林公式计算, 注意到 $L + \overline{AO}$ 为闭曲线 (如图 11 - 1), 且方向为顺时针 (边界负向),

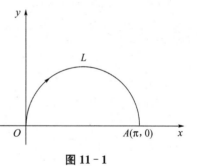

图 11 - 1

$$P = \mathrm{e}^x(1 - \cos y), Q = \mathrm{e}^x(\sin y - y),$$

$$\frac{\partial Q}{\partial x} = \mathrm{e}^x(\sin y - y). \frac{\partial P}{\partial y} = \mathrm{e}^x \sin y.$$

由格林公式, 得

$$\int_{-(L+\overline{AO})} \mathrm{e}^x(1 - \cos y)\mathrm{d}x + \mathrm{e}^x(\sin y - y)\mathrm{d}y = \iint\limits_D -y\mathrm{e}^x\mathrm{d}x\mathrm{d}y = -\int_0^\pi \mathrm{e}^x\mathrm{d}x \int_0^{\sin x} y\mathrm{d}y$$

$$= -\frac{1}{4}\int_0^\pi (\mathrm{e}^x - \mathrm{e}^x\cos 2x)\mathrm{d}x = -\frac{1}{5}(\mathrm{e}^\pi - 1),$$

于是
$$I = \int_L = -\int_{-L} = -\int_{-(L+\overline{AO})+\overline{AO}} = -\int_{-(L+\overline{AO})} - \int_{\overline{AO}}$$

$$= \frac{1}{5}(\mathrm{e}^\pi - 1) - \left[\int_\pi^0 \mathrm{e}^x(1 - \cos 0)\mathrm{d}x + 0\right] = \frac{1}{5}(\mathrm{e}^\pi - 1).$$

【点评】 当将曲线积分化成定积分有困难时, 可以考虑添加直线段组成闭曲线, 利用格林公式及曲线积分的性质来完成计算.

例 11-1-8 计算曲线积分 $\oint_C \dfrac{y\mathrm{d}x - x\mathrm{d}y}{x^2 + y^2}$，其中 C 为正方形边界 $|x| + |y| = 1$ 的正向.

解 被积函数 $P(x, y) = \dfrac{y}{x^2 + y^2}$ 及 $Q(x, y) = \dfrac{-x}{x^2 + y^2}$ 在 C 所围闭区域内点 $(0, 0)$ 处没有连续的偏导数，为了使用格林公式，在 C 所围闭区域内作以 $(0, 0)$ 点为圆心半径为 r 的圆 C_1，取 C_1 为顺时针方向，如图 $11-2$ 所示. 由于 $\dfrac{\partial Q}{\partial x} = \dfrac{\partial P}{\partial y} = \dfrac{x^2 - y^2}{(x^2 + y^2)^2}$，$(x, y) \neq (0, 0)$，故由格林公式得

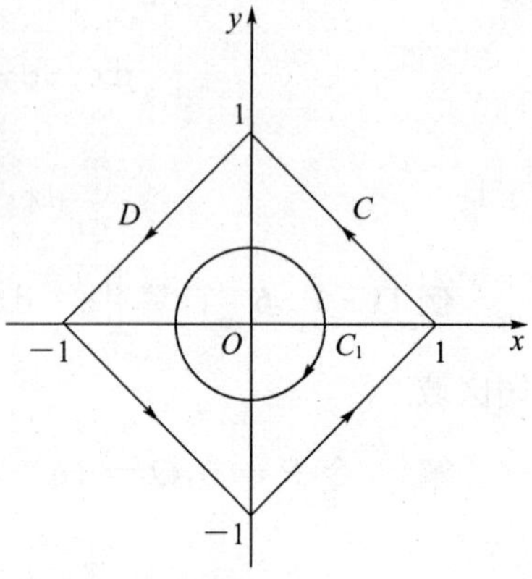

$$\oint_{C + C_1} \frac{y\mathrm{d}x - x\mathrm{d}y}{x^2 + y^2} = \iint_D \left(\frac{\partial Q}{\partial x} - \frac{\partial P}{\partial y} \right) \mathrm{d}x\mathrm{d}y = 0.$$

又 $C_1: \begin{cases} x = r\cos\theta \\ y = r\sin\theta \end{cases}$，$\theta: 0 \to -2\pi$，所以

$$\oint_C \frac{y\mathrm{d}x - x\mathrm{d}y}{x^2 + y^2} = -\oint_{C_1} \frac{y\mathrm{d}x - x\mathrm{d}y}{x^2 + y^2}$$

$$= -\int_0^{-2\pi} \frac{r\sin\theta \cdot (-r\sin\theta) - r\cos\theta \cdot (-r\sin\theta)}{r^2} \mathrm{d}\theta$$

$$= -2\pi.$$

图 11-2

例 11-1-9 计算 $I = \displaystyle\int_L \dfrac{(x - y)\mathrm{d}x + (x + y)\mathrm{d}y}{x^2 + y^2}$，其中 L 是从点 $A(-a, 0)$ 沿椭圆 $\dfrac{x^2}{a^2} + \dfrac{y^2}{b^2} = 1$ 到点 $B(a, 0)$ 的弧.

解 $P(x, y) = \dfrac{x - y}{x^2 + y^2}$，$Q(x, y) = \dfrac{x + y}{x^2 + y^2}$.

当 $(x, y) \neq (0, 0)$ 时，$\dfrac{\partial Q}{\partial x} = \dfrac{\partial P}{\partial y} = \dfrac{y^2 - 2xy - x^2}{(x^2 + y^2)^2}$，故在上半平面内，曲线积分与路径无关，为了便于计算，将沿椭圆弧的曲线积分改为沿以原点为圆心半径为 a 的上半圆弧 L_1 的曲线积分，如图 $11-3$ 所示.

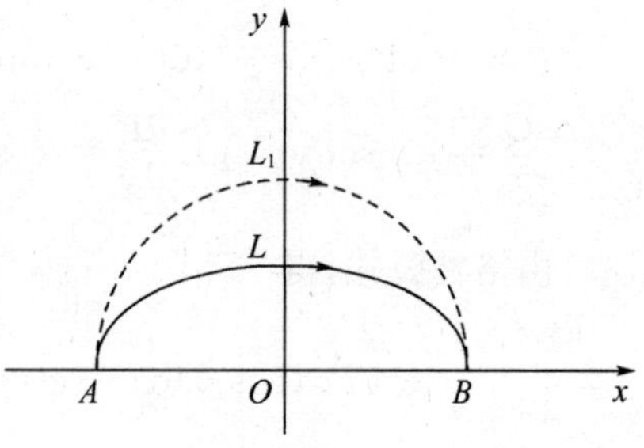

图 11-3

$L_1: \begin{cases} x = a\cos\theta \\ y = a\sin\theta \end{cases}$，$\theta: \pi \to 0$，

$$I = \int_{L_1} \frac{(x - y)\mathrm{d}x + (x + y)\mathrm{d}y}{x^2 + y^2}$$

$$= \int_\pi^0 \left[\frac{a\cos\theta - a\sin\theta}{a^2}(-a\sin\theta) + \frac{a\cos\theta + a\sin\theta}{a^2}a\cos\theta \right]\mathrm{d}\theta = -\pi.$$

例 11-1-10 验证：$\dfrac{x\mathrm{d}x + y\mathrm{d}y}{\sqrt{x^2 + y^2}}$ 在右半平面内是某个函数 $u(x, y)$ 的全微分，并求出一

个这样的函数 $u(x,y)$.

解 $P(x,y) = \dfrac{x}{\sqrt{x^2+y^2}}, Q(x,y) = \dfrac{y}{\sqrt{x^2+y^2}}$.

当 $(x,y) \neq (0,0)$ 时, $\dfrac{\partial Q}{\partial x} = \dfrac{\partial P}{\partial y} = -\dfrac{xy}{(x^2+y^2)^{\frac{3}{2}}}$, 故

在右半平面内, $\dfrac{x\mathrm{d}x + y\mathrm{d}y}{\sqrt{x^2+y^2}}$ 是某个函数的全微分, 令

$u(x,y) = \displaystyle\int_{(1,1)}^{(x,y)} \dfrac{x\mathrm{d}x + y\mathrm{d}y}{\sqrt{x^2+y^2}}$, 取积分路径如图 $11-4$ 所

示, 则

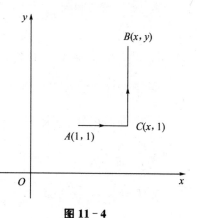

图 11 - 4

$$u(x,y) = \int_1^x \frac{x\mathrm{d}x}{\sqrt{x^2+1}} + \int_1^y \frac{y\mathrm{d}y}{\sqrt{x^2+y^2}}$$

$$= \sqrt{x^2+1}\,\Big|_1^x + \sqrt{x^2+y^2}\,\Big|_1^y$$

$$= \sqrt{x^2+y^2} - \sqrt{2}.$$

课后习题

一、选择题

1. 设 L 是 $y^2 = 2x$ 从 $(0,0)$ 到 $(2,2)$ 的一段弧, 则 $\displaystyle\int_L y\mathrm{d}s = ($ $\quad$).

A. $\dfrac{5}{3}$ $\qquad$ B. $-\dfrac{5}{3}$ $\qquad$ C. $\dfrac{1}{3}(5\sqrt{5}-1)$ $\qquad$ D. $\dfrac{5}{3}\sqrt{5}$

2. 曲线弧 $\overset{\frown}{AB}$ 上的曲线积分和曲线弧 $\overset{\frown}{BA}$ 上的曲线积分有关系($\quad$).

A. $\displaystyle\int_{AB} f(x,y)\mathrm{d}s = -\int_{BA} f(x,y)\mathrm{d}s$ $\qquad$ B. $\displaystyle\int_{AB} f(x,y)\mathrm{d}s = \int_{BA} f(x,y)\mathrm{d}s$

C. $\displaystyle\int_{AB} f(x,y)\mathrm{d}s + \int_{BA} f(x,y)\mathrm{d}s = 0$ $\qquad$ D. $\displaystyle\int_{AB} f(x,y)\mathrm{d}s = \int_{BA} f(-x,-y)\mathrm{d}s$

3. 设 L 是从点 $A(1,0)$ 到点 $B(-1,2)$ 的直线段, 则曲线积分 $\displaystyle\int_L (x+y)\mathrm{d}s = ($ $\quad$).

A. $\sqrt{2}$ $\qquad$ B. $2\sqrt{2}$ $\qquad$ C. 2 $\qquad$ D. 0

4. 设 C 为 $y = x^2$ 上点 $O(0,0)$ 到 $B(1,1)$ 的一段弧, 则 $I = \displaystyle\int_C \sqrt{y}\mathrm{d}s = ($ $\quad$).

A. $\displaystyle\int_0^1 \sqrt{1+4x^2}\mathrm{d}x$ $\qquad$ B. $\displaystyle\int_0^1 \sqrt{y}\sqrt{1+y}\mathrm{d}y$

C. $\displaystyle\int_0^1 x\sqrt{1+4x^2}\mathrm{d}x$ $\qquad$ D. $\displaystyle\int_0^1 \sqrt{y}\sqrt{1+\dfrac{1}{y}}\mathrm{d}y$

5. 设 L 是抛物线 $y = x^2$ 从点 $(0,0)$ 到 $(2,4)$ 的一段弧, 则 $\displaystyle\int_L (x^2-y^2)\mathrm{d}x$ 的值为($\quad$).

A. $\dfrac{24}{15}$ $\qquad$ B. $-\dfrac{56}{15}$ $\qquad$ C. $\dfrac{5}{48}$ $\qquad$ D. $-\dfrac{17}{48}$

6. 设 L 表示椭圆 $\dfrac{x^2}{a^2}+\dfrac{y^2}{b^2}=1$，方向逆时针，则 $\oint_L (x+y^2)\mathrm{d}x=($ ）.

A. πab 　　　　B. $-\pi ab^2$ 　　　　C. $a+b^2$ 　　　　D. 0

7. 设 L 为从点 $A(1,1)$ 到点 $B(1,0)$ 的直线段，则下列等式正确的是( ).

A. $\int_L y\mathrm{d}x=-\dfrac{1}{2}$ 　　B. $\int_L x\mathrm{d}x=1$ 　　C. $\int_L x\mathrm{d}y=1$ 　　D. $\int_L y\mathrm{d}y=-\dfrac{1}{2}$

8. 若曲线积分 $\int_L (x^2-3y)\mathrm{d}x+(ax-\sin^2 y)\mathrm{d}y$ 与路径无关，则常数 $a=($ ）.

A. $-\dfrac{1}{3}$ 　　　　B. -3 　　　　C. $\dfrac{1}{3}$ 　　　　D. 3

9. $I=\oint_C \dfrac{-y}{x^2+y^2}\mathrm{d}x+\dfrac{x}{x^2+y^2}\mathrm{d}y$，因为 $\dfrac{\partial P}{\partial y}=\dfrac{\partial Q}{\partial x}=\dfrac{y^2-x^2}{(x^2+y^2)^2}$，所以( ).

A. 对任意闭曲线 C，$I=0$

B. 在曲线 C 不围住原点时，$I=0$

C. 因 $\dfrac{\partial P}{\partial y}$ 与 $\dfrac{\partial Q}{\partial x}$ 在原点不存在，故对任意的闭曲线 C，$I\neq 0$

D. 在闭曲线 C 围住原点时，$I=0$；不围住原点时，$I\neq 0$

10. 已知 $\dfrac{(x+ay)\mathrm{d}x+y\mathrm{d}y}{(x+y)^2}$ 为某函数的全微分，则 a 等于( ).

A. -1 　　　　B. 0 　　　　C. 1 　　　　D. 2

二、填空题

1. 设 L 为从点 $A(0,0)$ 到点 $B(2,1)$ 的直线段，则 $\int_L \sqrt{y}\mathrm{d}s=$ _____.

2. 设曲线段的参数方程为 $x=\varphi(t),y=\psi(t)$，其中 $\alpha\leqslant t\leqslant\beta$. 如果曲线段上的点 (x,y) 处线密度函数为 $\rho(x,y)$，则曲线段的质量的计算公式为 _____.

3. 设 L 为由 $y=x,y=x^2$ 围成的区域的边界线，则 $\oint_L x\mathrm{d}s=$ _____.

4. 设 L 为螺旋线 $x=a\cos t,y=a\sin t,z=bt(0\leqslant t\leqslant 2\pi)$ 的一段，则 $\int_L (x^2+y^2+z^2)\mathrm{d}s=$ _____.

5. 设 L 是 xOy 平面上点 $A(0,0)$ 到点 $B(1,2)$ 的直线段，方向是从 A 到 B，则 $\int_L (1+y)\mathrm{d}y=$ _____.

6. 设 L 为圆周 $x^2+y^2=4$，方向为顺时针，则 $\oint_L y\mathrm{d}x+2x\mathrm{d}y=$ _____.

7. 设 L 是从 $A(1,-1)$ 沿 $y^2=x$ 到 $B(1,1)$ 的弧段，则 $\int_L x^2 y\mathrm{d}x=$ _____.

8. 设 L 为三顶点分别为 $(0,0),(3,0),(3,2)$ 的三角形边界正向，则 $\oint_L (2x-y+4)\mathrm{d}x+(5y+3x-6)\mathrm{d}y=$ _____.

9. 格林公式 $\oint_L P(x,y)\mathrm{d}x+Q(x,y)\mathrm{d}y=\iint_D \left(\dfrac{\partial Q}{\partial x}-\dfrac{\partial P}{\partial y}\right)\mathrm{d}x\mathrm{d}y$ 成立的条件是 _____.

10. 已知有界闭区域 D 的边界是光滑曲线 L，L 的方向为 D 的正向，则用第二类曲线积分写出区域 D 的面积公式_____.

三、解答题

1. 计算 $\displaystyle\int_L |y| \, \mathrm{d}s$，其中 L 为单位圆 $x^2 + y^2 = 1$.

2. 求 $\displaystyle\int_L \sqrt{x}\,\mathrm{d}s$，其中 L 为 $y = \sqrt{x}$ 和 $x = 1$，$y = 0$ 围成的区域的边界曲线.

3. 计算 $\displaystyle\int_L (x + y)\,\mathrm{d}s$，其中 L 是以 $O(0,0)$，$A(1,0)$，$B(0,1)$ 为顶点的三角形的边界曲线.

4. 计算 $\displaystyle\oint_L \mathrm{e}^{\sqrt{x^2+y^2}}\,\mathrm{d}s$，其中 L 为圆周 $x^2 + y^2 = a^2$，直线 $y = x$ 及 x 轴在第一象限内所围成的扇形的整个边界.

5. 试计算 $\displaystyle\int_\Gamma \frac{1}{x^2 + y^2 + z^2}\,\mathrm{d}s$，其中 Γ 为曲线 $x = \mathrm{e}^t\cos t$，$y = \mathrm{e}^t\sin t$，$z = \mathrm{e}^t$ 上相应于 t 从 0 变到 2π 的这段弧.

6. 设 L 是从点 $(1,0,1)$ 到点 $(0,3,6)$ 的直线段，试求三元函数的第一类曲线积分 $\displaystyle\int_L xy^2z\,\mathrm{d}s$.

7. 求曲线积分 $\displaystyle\oint_L y\,\mathrm{d}x + \sin x\,\mathrm{d}y$，其中 L 为 $y = \sin x\,(0 \leqslant x \leqslant \pi)$ 与 x 轴所围曲线，取正向.

8. 计算 $\displaystyle\oint_L \frac{(x+y)\,\mathrm{d}x - (x-y)\,\mathrm{d}y}{x^2 + y^2}$，其中 L 为圆周 $x^2 + y^2 = a^2$（按逆时针方向绕行）.

9. 计算 $\displaystyle\int_\Gamma x\,\mathrm{d}x + y\,\mathrm{d}y + (x+y-1)\,\mathrm{d}z$，其中 Γ 是从点 $(1,1,1)$ 到点 $(2,3,4)$ 的一段直线.

10. 计算 $\displaystyle\int_L (x^2+y^2)\,\mathrm{d}x + 2xy\,\mathrm{d}y$，其中 L 是沿直线从点 $A(-1,1)$ 到点 $B(0,1)$，再沿单位圆 $x^2 + y^2 = 1$ 到点 $C(1,0)$.

11. 用格林公式计算 $\displaystyle\int_L (x-y^2)\,\mathrm{d}x + 3xy\,\mathrm{d}y$，其中 L 为圆周 $x^2 + y^2 = 2x$ 上从点 $O(0,0)$ 顺时针到点 $A(2,0)$ 这段曲线.

12. 计算 $\displaystyle\int_L (x^2-y)\,\mathrm{d}x - (x+\sin^2 y)\,\mathrm{d}y$，其中 L 是在圆周 $y = \sqrt{2x-x^2}$ 从 $(0,0)$ 到 $(1,1)$ 之间的一段弧.

13. 试验证 $(3x^2y + 8xy^2)\,\mathrm{d}x + (x^3 + 8x^2y)\,\mathrm{d}y$ 在整个 xOy 平面内是某一函数 $u(x,y)$ 的全微分，并求出这样的一个 $u(x,y)$.

14. 证明曲线积分 $\displaystyle\int_{(1,0)}^{(2,1)} (2xy - y^4 + 3)\,\mathrm{d}x + (x^2 - 4xy^3)\,\mathrm{d}y$ 在整个 xOy 平面内与路径无关，并计算积分值.

15. 设曲线 L 是由 $A(a,0)$ 到 $O(0,0)$ 的上半圆周 $x^2 + y^2 = ax$，试用格林公式计算 $\displaystyle\int_L (\mathrm{e}^x\sin y - my)\,\mathrm{d}x + (\mathrm{e}^x\cos y - m)\,\mathrm{d}y$.

16. 设曲线积分 $I = \oint_C y^3 \mathrm{d}x + (3x - x^3)\mathrm{d}y$，其中 C 为 $x^2 + y^2 = R^2 (R > 0)$ 的逆时针方向. 问:(1) R 为何值时,使 $I = 0$? (2) R 为何值时,使 I 取得最大值,并求最大值.

参考答案

一、1. C 2. B 3. B 4. C 5. B 6. D 7. D 8. B 9. B 10. D

二、1. $\dfrac{2}{3}\sqrt{5}$ 2. $\int_\alpha^\beta \rho[\varphi(t), \psi(t)]\sqrt{\varphi'^2(t) + \psi'^2(t)}\mathrm{d}t$ 3. $\dfrac{\sqrt{2}}{2} + \dfrac{1}{12}(5\sqrt{5} - 1)$

4. $\left(2\pi a^2 + \dfrac{8}{3}b^2\pi^3\right)\sqrt{a^2 + b^2}$ 5. 4 6. -4π 7. $\dfrac{4}{7}$ 8. 12 9. $P(x, y)$ 及 $Q(x, y)$ 在 D 上具有一阶连续偏导数,L 是 D 取正向的边界曲线 10. $\dfrac{1}{2}\oint_L x\mathrm{d}y - y\mathrm{d}x$

三、1. 4 2. $\dfrac{1}{12}(5\sqrt{5} + 19)$ 3. $1 + \sqrt{2}$ 4. $\dfrac{\pi}{4}ae^a + 2(e^a - 1)$ 5. $\dfrac{\sqrt{3}}{2}(1 - e^{-2\pi})$ 6. $3\sqrt{35}$ 7. -2

8. -2π 9. 13 10. $\dfrac{5}{3}$ 11. $-\dfrac{4}{3}$ 12. $\dfrac{\sin 2}{4} - \dfrac{7}{6}$

13. 因为 $\dfrac{\partial(x^3 + 8x^2 y)}{\partial x} = 3x^2 + 16xy = \dfrac{\partial(3x^2 y + 8xy^2)}{\partial y}$,且 $3x^2 + 16xy$ 在整个 xOy 平面内连续,所以 $(3x^2 y + 8xy^2)\mathrm{d}x + (x^3 + 8x^2 y)\mathrm{d}y$ 在整个 xOy 平面内是某一函数 $u(x, y)$ 的全微分,$u(x, y) = x^3 y + 4x^2 y^2$

14. 因为 $\dfrac{\partial(x^2 - 4xy^3)}{\partial x} = \dfrac{\partial(2xy - y^4 + 3)}{\partial y}$,所以积分与路径无关,5 15. $\dfrac{\pi}{8}ma^2$ 16. (1) $\sqrt{2}$ (2) 1,$\dfrac{3}{2}\pi$

第二讲 曲面积分的概念、性质与计算

主要内容

一、对面积的曲面积分的概念与性质

1. 对面积的曲面积分的定义

设曲面 Σ 是光滑的,函数 $f(x, y, z)$ 在 Σ 上有界,把 Σ 任意分成 n 小块:

$$\Delta S_1, \Delta S_2, \cdots, \Delta S_n (\Delta S_i \text{ 也代表曲面的面积}),$$

在 ΔS_i 上任取一点 (ξ_i, η_i, ζ_i),如果当各小块曲面的直径的最大值 $\lambda \to 0$ 时,极限 $\lim\limits_{\lambda \to 0} \sum\limits_{i=1}^n f(\xi_i, \eta_i, \zeta_i)\Delta S_i$ 总存在,则称此极限为函数 $f(x, y, z)$ 在曲面 Σ 上对面积的曲面积分或第一类曲面积分,记 $\iint\limits_\Sigma f(x, y, z)\mathrm{d}S$, 即

$$\iint\limits_\Sigma f(x, y, z)\mathrm{d}S = \lim_{\lambda \to 0} \sum_{i=1}^n f(\xi_i, \eta_i, \zeta_i)\Delta S_i,$$

其中 $f(x,y,z)$ 叫做被积函数，Σ 叫做积分曲面.

2. 对面积的曲面积分的意义

根据上述定义面密度为连续函数 $\rho(x,y,z)$ 的光滑曲面 Σ 的质量 M 可表示为 $\rho(x,y,z)$ 在 Σ 上对面积的曲面积分：

$$M = \iint\limits_{\Sigma} \rho(x,y,z) \mathrm{d}S.$$

3. 曲面积分的存在性

当 $f(x,y,z)$ 在光滑曲面 Σ 上连续时，对面积的曲面积分是存在的.

4. 对面积的曲面积分的性质

性质 1　设 c_1, c_2 为常数，则

$$\iint\limits_{\Sigma} [c_1 f(x,y,z) + c_2 g(x,y,z)] \mathrm{d}S = c_1 \iint\limits_{\Sigma} f(x,y,z) \mathrm{d}S + c_2 \iint\limits_{\Sigma} g(x,y,z) \mathrm{d}S.$$

性质 2　若曲面 Σ 可分成两片光滑曲面 Σ_1 及 Σ_2，则

$$\iint\limits_{\Sigma} f(x,y,z) \mathrm{d}S = \iint\limits_{\Sigma_1} f(x,y,z) \mathrm{d}S + \iint\limits_{\Sigma_2} f(x,y,z) \mathrm{d}S.$$

性质 3　设在曲面 Σ 上 $f(x,y,z) \leqslant g(x,y,z)$，则

$$\iint\limits_{\Sigma} f(x,y,z) \mathrm{d}S \leqslant \iint\limits_{\Sigma} g(x,y,z) \mathrm{d}S.$$

性质 4　$\iint\limits_{\Sigma} \mathrm{d}S = A$，其中 A 为曲面 Σ 的面积.

二、对面积的曲面积分的计算法

设曲面 Σ 由方程 $z = z(x,y)$ 给出，Σ 在 xOy 面上的投影区域为 D_{xy}，函数 $z = z(x,y)$ 在 D_{xy} 上具有连续偏导数，被积函数 $f(x,y,z)$ 在 Σ 上连续，则

$$\iint\limits_{\Sigma} f(x,y,z) \mathrm{d}S = \iint\limits_{D_{xy}} f[x,y,z(x,y)] \sqrt{1 + z_x^2 + z_y^2} \mathrm{d}x\mathrm{d}y.$$

类似地，如果积分曲面 Σ 的方程为 $y = y(z,x)$，D_{zx} 为 Σ 在 zOx 面上的投影区域，则函数 $f(x,y,z)$ 在 Σ 上对面积的曲面积分为

$$\iint\limits_{\Sigma} f(x,y,z) \mathrm{d}S = \iint\limits_{D_{zx}} f[x,y(z,x),z] \sqrt{1 + y_z^2 + y_x^2} \mathrm{d}z\mathrm{d}x.$$

如果积分曲面 Σ 的方程为 $x = x(y,z)$，D_{yz} 为 Σ 在 yOz 面上的投影区域，则函数 $f(x,y,z)$ 在 Σ 上对面积的曲面积分为

$$\iint\limits_{\Sigma} f(x,y,z) \mathrm{d}S = \iint\limits_{D_{yz}} f[x(y,z),y,z] \sqrt{1 + x_y^2 + x_z^2} \mathrm{d}y\mathrm{d}z.$$

三、对坐标的曲面积分的概念与性质

1. 对坐标的曲面积分的定义

设 Σ 为光滑的有向曲面,函数 $R(x,y,z)$ 在 Σ 上有界. 把 Σ 任意分成 n 块小曲面

$$\Delta S_1,\Delta S_2,\cdots,\Delta S_n(\Delta S_i \text{ 也代表曲面的面积}),$$

ΔS_i 在 xOy 面上的投影为 $(\Delta S_i)_{xy}$,(ξ_i,η_i,ζ_i) 是 ΔS_i 上任意取定的一点. 如果当各小块曲面的直径的最大值 $\lambda \to 0$ 时,

$$\lim_{\lambda \to 0}\sum_{i=1}^{n}R(\xi_i,\eta_i,\zeta_i)(\Delta S_i)_{xy}$$

总存在,则称此极限为函数 $R(x,y,z)$ 在有向曲面 Σ 上对坐标 x,y 的曲面积分,记作

$$\iint\limits_{\Sigma}R(x,y,z)\mathrm{d}x\mathrm{d}y,$$

即

$$\iint\limits_{\Sigma}R(x,y,z)\mathrm{d}x\mathrm{d}y = \lim_{\lambda \to 0}\sum_{i=1}^{n}R(\xi_i,\eta_i,\zeta_i)(\Delta S_i)_{xy},$$

其中 $R(x,y,z)$ 叫做被积函数,Σ 叫做积分曲面.

类似地有

$$\iint\limits_{\Sigma}P(x,y,z)\mathrm{d}y\mathrm{d}z = \lim_{\lambda \to 0}\sum_{i=1}^{n}P(\xi_i,\eta_i,\zeta_i)(\Delta S_i)_{yz}.$$

$$\iint\limits_{\Sigma}Q(x,y,z)\mathrm{d}z\mathrm{d}x = \lim_{\lambda \to 0}\sum_{i=1}^{n}Q(\xi_i,\eta_i,\zeta_i)(\Delta S_i)_{zx}.$$

2. 对坐标的曲面积分的意义

设稳定流动的不可压缩流体的速度场由 $v(x,y,z) = \{P(x,y,z),Q(x,y,z),R(x,y,z)\}$ 给出,Σ 是速度场中的一片有向曲面,函数 $P(x,y,z),Q(x,y,z),R(x,y,z)$ 都在 Σ 上连续,则在单位时间内流向 Σ 指定侧的流体的质量,即流量 Φ 可表示为

$$\Phi = \iint\limits_{\Sigma}P(x,y,z)\mathrm{d}y\mathrm{d}z + Q(x,y,z)\mathrm{d}z\mathrm{d}x + R(x,y,z)\mathrm{d}x\mathrm{d}y.$$

3. 对坐标的曲面积分的性质

性质 5 如果把 Σ 分成 Σ_1 和 Σ_2,则

$$\iint\limits_{\Sigma}P\mathrm{d}y\mathrm{d}z + Q\mathrm{d}z\mathrm{d}x + R\mathrm{d}x\mathrm{d}y$$

$$= \iint\limits_{\Sigma_1}P\mathrm{d}y\mathrm{d}z + Q\mathrm{d}z\mathrm{d}x + R\mathrm{d}x\mathrm{d}y + \iint\limits_{\Sigma_2}P\mathrm{d}y\mathrm{d}z + Q\mathrm{d}z\mathrm{d}x + R\mathrm{d}x\mathrm{d}y.$$

性质 6 设 Σ 是有向曲面,$-\Sigma$ 表示与 Σ 取相反侧的有向曲面,则

$$\iint\limits_{-\Sigma} P\mathrm{d}y\mathrm{d}z + Q\mathrm{d}z\mathrm{d}x + R\mathrm{d}x\mathrm{d}y = -\iint\limits_{\Sigma} P\mathrm{d}y\mathrm{d}z + Q\mathrm{d}z\mathrm{d}x + R\mathrm{d}x\mathrm{d}y.$$

四、对坐标的曲面积分的计算法

设积分曲面 Σ 由方程 $z = z(x,y)$ 给出，Σ 在 xOy 面上的投影区域为 D_{xy}，函数 $z = z(x,y)$ 在 D_{xy} 上具有一阶连续偏导数，被积函数 $R(x,y,z)$ 在 Σ 上连续，则有

$$\iint\limits_{\Sigma} R(x,y,z)\mathrm{d}x\mathrm{d}y = \pm \iint\limits_{D_{xy}} R[x,y,z(x,y)]\mathrm{d}x\mathrm{d}y,$$

其中当 Σ 取上侧时，积分前取"＋"；当 Σ 取下侧时，积分前取"－".

类似地，如果 Σ 由 $x = x(y,z)$ 给出，则有

$$\iint\limits_{\Sigma} P(x,y,z)\mathrm{d}y\mathrm{d}z = \pm \iint\limits_{D_{yz}} P[x(y,z),y,z]\mathrm{d}y\mathrm{d}z.$$

如果 Σ 由 $y = y(z,x)$ 给出，则有

$$\iint\limits_{\Sigma} Q(x,y,z)\mathrm{d}z\mathrm{d}x = \pm \iint\limits_{D_{zx}} Q[x,y(z,x),z]\mathrm{d}z\mathrm{d}x.$$

五、两类曲面积分之间的联系

$$\iint\limits_{\Sigma} P(x,y,z)\mathrm{d}y\mathrm{d}z + Q(x,y,z)\mathrm{d}z\mathrm{d}x + R(x,y,z)\mathrm{d}x\mathrm{d}y$$

$$= \iint\limits_{\Sigma} [P(x,y,z)\cos\alpha + Q(x,y,z)\cos\beta + R(x,y,z)\cos\gamma]\mathrm{d}S,$$

其中 $\cos\alpha,\cos\beta,\cos\gamma$ 是有向曲面 Σ 在点 (x,y,z) 处的法向量的方向余弦.

六、高斯公式

设空间闭区域 Ω 是由分片光滑的闭曲面 Σ 所围成，函数 $P(x,y,z),Q(x,y,z),R(x,y,z)$ 在 Ω 上具有一阶连续偏导数，则有

$$\iiint\limits_{\Omega} \left(\frac{\partial P}{\partial x} + \frac{\partial Q}{\partial y} + \frac{\partial R}{\partial z}\right)\mathrm{d}V = \oiint\limits_{\Sigma} P\mathrm{d}y\mathrm{d}z + Q\mathrm{d}z\mathrm{d}x + R\mathrm{d}x\mathrm{d}y,$$

或

$$\iiint\limits_{\Omega} \left(\frac{\partial P}{\partial x} + \frac{\partial Q}{\partial y} + \frac{\partial R}{\partial z}\right)\mathrm{d}V = \oiint\limits_{\Sigma} (P\cos\alpha + Q\cos\beta + R\cos\gamma)\mathrm{d}S.$$

这里 Σ 是 Ω 的整个边界曲面的外侧，$\cos\alpha,\cos\beta,\cos\gamma$ 是有向曲面 Σ 在点 (x,y,z) 处的法向量的方向余弦.

七、斯托克斯公式

设 Γ 为分段光滑的空间有向闭曲线，Σ 是以 Γ 为边界的分片光滑的有向曲面，Γ 的正向与 Σ 的侧符合右手规则，函数 $P(x,y,z),Q(x,y,z),R(x,y,z)$ 在曲面 Σ（连同边界）上具有

一阶连续偏导数,则有

$$\iint\limits_{\Sigma}\left(\frac{\partial R}{\partial y}-\frac{\partial Q}{\partial z}\right)\mathrm{d}y\mathrm{d}z+\left(\frac{\partial P}{\partial z}-\frac{\partial R}{\partial x}\right)\mathrm{d}z\mathrm{d}x+\left(\frac{\partial Q}{\partial x}-\frac{\partial P}{\partial y}\right)\mathrm{d}x\mathrm{d}y=\oint_{\Gamma}P\mathrm{d}x+Q\mathrm{d}y+R\mathrm{d}z.$$

八、散度和旋度

1. 散度

设某向量场由

$$A(x,y,z)=P(x,y,z)i+Q(x,y,z)j+R(x,y,z)k$$

给出,其中 P,Q,R 具有一阶连续偏导数,Σ 是场内的一片有向曲面,n 是 Σ 上点 (x,y,z) 处的单位法向量,则 $\iint\limits_{\Sigma}A\cdot n\mathrm{d}S$ 叫做向量场 A 通过曲面 Σ 向着指定侧的通量(或流量),而 $\frac{\partial P}{\partial x}+\frac{\partial Q}{\partial y}+\frac{\partial R}{\partial z}$ 叫做向量场 A 的散度,记作 $\mathrm{div}A$,即

$$\mathrm{div}A=\frac{\partial P}{\partial x}+\frac{\partial Q}{\partial y}+\frac{\partial R}{\partial z}.$$

此时高斯公式可表示成 $\iiint\limits_{\Omega}\mathrm{div}A\mathrm{d}v=\iint\limits_{\Sigma}A\cdot n\mathrm{d}S.$

2. 旋度

向量场 $A=\{P(x,y,z),Q(x,y,z),R(x,y,z)\}$ 所确定的向量场

$$\left(\frac{\partial R}{\partial y}-\frac{\partial Q}{\partial z}\right)i+\left(\frac{\partial P}{\partial z}-\frac{\partial R}{\partial x}\right)j+\left(\frac{\partial Q}{\partial x}-\frac{\partial P}{\partial y}\right)k,$$

称为向量场 A 的旋度,记为 $\mathrm{rot}A$,即

$$\mathrm{rot}A=\left(\frac{\partial R}{\partial y}-\frac{\partial Q}{\partial z}\right)i+\left(\frac{\partial P}{\partial z}-\frac{\partial R}{\partial x}\right)j+\left(\frac{\partial Q}{\partial x}-\frac{\partial P}{\partial y}\right)k.$$

此时斯托克斯公式可表示成

$$\iint\limits_{\Sigma}\mathrm{rot}A\cdot n\mathrm{d}S=\oint_{\Gamma}A\cdot\tau\mathrm{d}S,$$

其中 n 是曲面 Σ 上点 (x,y,z) 处的单位法向量,τ 是 Σ 的正向边界曲线 Γ 上点 (x,y,z) 处的单位切向量.

教学要求

➢ 了解两类曲面积分的概念、性质及两类曲面积分的关系,掌握计算两类曲面积分的方法.

➢ 了解高斯公式、斯托克斯公式,会用高斯公式计算曲面积分.

➢ 了解散度与旋度的概念,会计算散度与旋度.

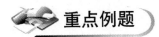 **重点例题**

例 11 - 2 - 1　计算曲面积分 $\iint\limits_{\Sigma}\dfrac{1}{z}\mathrm{d}S$，其中 Σ 是球面 $x^2+y^2+z^2=a^2$ 被平面 $z=h(0<h<a)$ 截出的顶部.

解　Σ 的方程为 $z=\sqrt{a^2-x^2-y^2}$，$D_{xy}:x^2+y^2\leqslant a^2-h^2$.

因为　$z_x=\dfrac{-x}{\sqrt{a^2-x^2-y^2}}$，$z_y=\dfrac{-y}{\sqrt{a^2-x^2-y^2}}$，

$$\mathrm{d}S=\sqrt{1+z_x^2+z_y^2}\,\mathrm{d}x\mathrm{d}y=\dfrac{a}{\sqrt{a^2-x^2-y^2}}\mathrm{d}x\mathrm{d}y,$$

所以　$$\iint\limits_{\Sigma}\dfrac{1}{z}\mathrm{d}S=\iint\limits_{D_{xy}}\dfrac{a}{a^2-x^2-y^2}\mathrm{d}x\mathrm{d}y=a\int_0^{2\pi}\mathrm{d}\theta\int_0^{\sqrt{a^2-h^2}}\dfrac{\rho\mathrm{d}\rho}{a^2-\rho^2}$$

$$=2\pi a\left[-\dfrac{1}{2}\ln(a^2-\rho^2)\right]_0^{\sqrt{a^2-h^2}}=2\pi a\ln\dfrac{a}{h}.$$

【点评】　计算步骤可概括为"一投二代三置换"，"一投"指将积分曲面投向坐标面，所得投影区域即二重积分的积分区域，"二代"是指将曲面方程代入被积函数，"三置换"是指替换曲面面积元素 $\mathrm{d}S$ 为平面面积元素 $\sqrt{1+z_x^2+z_y^2}\mathrm{d}x\mathrm{d}y$（投向 xOy 面时）.

例 11 - 2 - 2　计算曲面积分 $\iint\limits_{\Sigma}(x^2+y^2)\mathrm{d}S$，其中 Σ 为抛物面 $z=2-x^2-y^2$ 在 xOy 面上方的部分.

解　Σ 的方程为 $z=2-x^2-y^2$，$D_{xy}:x^2+y^2\leqslant 2$.
$$z_x=-2x,z_y=-2y,$$
$$\mathrm{d}S=\sqrt{1+z_x^2+z_y^2}\,\mathrm{d}x\mathrm{d}y=\sqrt{1+4x^2+4y^2}\,\mathrm{d}x\mathrm{d}y,$$

$$\iint\limits_{\Sigma}(x^2+y^2)\mathrm{d}S=\iint\limits_{D_{xy}}(x^2+y^2)\sqrt{1+4x^2+4y^2}\,\mathrm{d}x\mathrm{d}y$$

$$=\iint\limits_{D_{xy}}\rho^2\sqrt{1+4\rho^2}\rho\mathrm{d}\rho\mathrm{d}\theta=\int_0^{2\pi}\mathrm{d}\theta\int_0^{\sqrt{2}}\rho^3\sqrt{1+4\rho^2}\,\mathrm{d}\rho$$

$$=\int_0^{2\pi}\mathrm{d}\theta\int_0^{\sqrt{2}}\dfrac{(1+4\rho^2)-1}{32}\sqrt{1+4\rho^2}\,\mathrm{d}(1+4\rho^2)$$

$$=\dfrac{\pi}{16}\int_0^{\sqrt{2}}\left[(1+4\rho^2)^{\frac{3}{2}}-(1+4\rho^2)^{\frac{1}{2}}\right]\mathrm{d}(1+4\rho^2)$$

$$=\dfrac{\pi}{16}\left[\dfrac{2}{5}(1+4\rho^2)^{\frac{5}{2}}-\dfrac{2}{3}(1+4\rho^2)^{\frac{3}{2}}\right]_0^{\sqrt{2}}=\dfrac{149\pi}{30}.$$

例 11 - 2 - 3　计算 $\oiint\limits_{\Sigma}(x^2+y^2+z^2)\mathrm{d}S$，其中 Σ 是由 $x^2+y^2+z^2=1(x\geqslant 0,y\geqslant 0)$，$x=0,y=0$ 所围成的闭曲面.

解 将闭曲面分成三片光滑曲面 $\Sigma_1, \Sigma_2, \Sigma_3$,如图 11-5 所示.

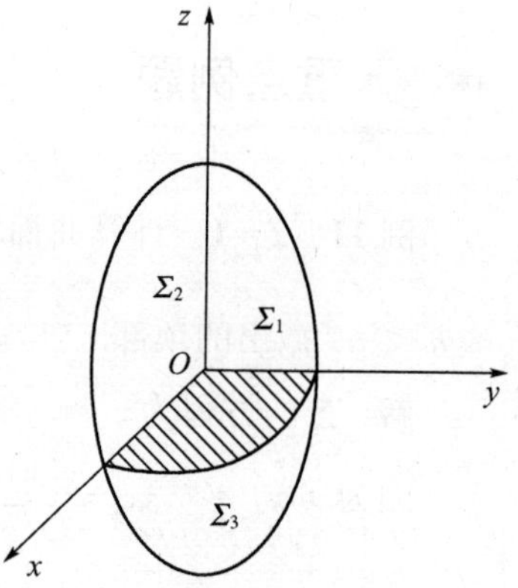

曲面 $\Sigma_1 : x = 0$,Σ_1 在 yOz 面上投影区域为

$D_{yz} : y^2 + z^2 \leqslant 1, y \geqslant 0$.

曲面 $\Sigma_2 : y = 0$,Σ_2 在 xOz 面上投影区域为

$D_{xz} : x^2 + z^2 \leqslant 1, x \geqslant 0$.

曲面 $\Sigma_3 : x = \sqrt{1 - y^2 - z^2} \, (y \geqslant 0)$,$\Sigma_3$ 在 yOz 面上投影区域为

$D_{yz} : y^2 + z^2 \leqslant 1, y \geqslant 0$.

图 11-5

$$\oiint\limits_{\Sigma_1} (x^2 + y^2 + z^2) \mathrm{d}S = \iint\limits_{D_{yz}} (y^2 + z^2) \mathrm{d}y\mathrm{d}z = \int_{-\frac{\pi}{2}}^{\frac{\pi}{2}} \mathrm{d}\theta \int_0^1 \rho^3 \mathrm{d}\rho = \frac{\pi}{4}.$$

同理可得 $$\oiint\limits_{\Sigma_2} (x^2 + y^2 + z^2) \mathrm{d}S = \frac{\pi}{4}.$$

$$\oiint\limits_{\Sigma_3} (x^2 + y^2 + z^2) \mathrm{d}S = \iint\limits_{D_{yz}} \sqrt{1 + x_y^2 + x_z^2} \, \mathrm{d}y\mathrm{d}z = \iint\limits_{D_{yz}} \frac{1}{\sqrt{1 - y^2 - z^2}} \mathrm{d}y\mathrm{d}z$$

$$= \int_{-\frac{\pi}{2}}^{\frac{\pi}{2}} \mathrm{d}\theta \int_0^1 \frac{\rho}{\sqrt{1 - \rho^2}} \mathrm{d}\rho = \pi.$$

综上所述,$\oiint\limits_{\Sigma} (x^2 + y^2 + z^2) \mathrm{d}S = \frac{\pi}{4} + \frac{\pi}{4} + \pi = \frac{3\pi}{2}.$

【点评】 本题将 Σ_3 投向 yOz 面(或 xOz 面)计算较简明,如将 Σ_3 投向 xOy 面则需把 Σ_3 分成 xOy 面的上、下两块,计算量变大了.

例 11-2-4 计算曲面积分 $\iint\limits_{\Sigma} xyz \mathrm{d}x\mathrm{d}y$,其中 Σ 是球面 $x^2 + y^2 + z^2 = 1$ 外侧在 $x \geqslant 0$,$y \geqslant 0$ 的部分.

解 把有向曲面 Σ 分成以下两部分:

$\Sigma_1 : z = \sqrt{1 - x^2 - y^2} \, (x \geqslant 0, y \geqslant 0)$ 的上侧,

$\Sigma_2 : z = -\sqrt{1 - x^2 - y^2} \, (x \geqslant 0, y \geqslant 0)$ 的下侧.

Σ_1 和 Σ_2 在 xOy 面上的投影区域都是 $D_{xy} : x^2 + y^2 \leqslant 1 (x \geqslant 0, y \geqslant 0)$.

于是 $$\iint\limits_{\Sigma} xyz \mathrm{d}x\mathrm{d}y = \iint\limits_{\Sigma_1} xyz \mathrm{d}x\mathrm{d}y + \iint\limits_{\Sigma_2} xyz \mathrm{d}x\mathrm{d}y$$

$$= \iint\limits_{D_{xy}} xy \sqrt{1 - x^2 - y^2} \, \mathrm{d}x\mathrm{d}y - \iint\limits_{D_{xy}} xy (-\sqrt{1 - x^2 - y^2}) \mathrm{d}x\mathrm{d}y$$

$$= 2 \iint\limits_{D_{xy}} xy \sqrt{1 - x^2 - y^2} \, \mathrm{d}x\mathrm{d}y$$

$$= 2 \int_0^{\frac{\pi}{2}} \mathrm{d}\theta \int_0^1 \rho^2 \sin\theta \cos\theta \sqrt{1 - \rho^2} \rho \mathrm{d}\rho$$

$$= \frac{2}{15}.$$

【点评】　本题中，xOy 面上方球面的外侧即上侧，为正侧；xOy 面下方球面的外侧即下侧，为负侧，因而需将有向曲面 Σ 分成 xOy 面的上、下两部分．计算对坐标的曲面积分的步骤可概括为"一投二代三定侧"，"一投"指将积分曲面投向坐标面，所得投影区域即二重积分的积分区域，"二代"是指将曲面方程代入被积函数，"三定侧"指考察有向曲面的侧是正侧还是负侧，从而决定二重积分前的"±"号．

例 11-2-5　计算曲面积分 $\oiint_{\Sigma} xz \mathrm{d}x\mathrm{d}y + xy \mathrm{d}y\mathrm{d}z + yz \mathrm{d}z\mathrm{d}x$，其中 Σ 是由平面 $x = 0$，$y = 0$，$z = 0$，$x + y + z = 1$ 所围成的空间区域的整个边界曲面的外侧．

解　在面 $x = 0, y = 0, z = 0$ 上，$\oiint_{\Sigma} xz \mathrm{d}x\mathrm{d}y =$ $\oiint_{\Sigma} xy \mathrm{d}y\mathrm{d}z = \oiint_{\Sigma} yz \mathrm{d}z\mathrm{d}x = 0$，如图 11-6 所示，在面 Σ' 上，由被积函数和积分曲面关于积分变量的对称性，可得

$$\oiint_{\Sigma} xz \mathrm{d}x\mathrm{d}y = \oiint_{\Sigma} xy \mathrm{d}y\mathrm{d}z = \oiint_{\Sigma} yz \mathrm{d}z\mathrm{d}x.$$

又 $\Sigma' : z = 1 - x - y$ 的上侧，故

$$\oiint_{\Sigma} xz \mathrm{d}x\mathrm{d}y = \oiint_{D_{xy}} x(1 - x - y) \mathrm{d}x\mathrm{d}y$$

$$= \int_0^1 \mathrm{d}x \int_0^{1-x} x(1 - x - y) \mathrm{d}y$$

$$= \int_0^1 \left[x(1 - x)^2 - \frac{x}{2}(1 - x)^2 \right] \mathrm{d}x$$

$$= \frac{1}{24},$$

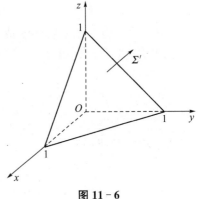

图 11-6

所以 $\oiint_{\Sigma} xz \mathrm{d}x\mathrm{d}y + xy \mathrm{d}y\mathrm{d}z + yz \mathrm{d}z\mathrm{d}x = 3 \oiint_{\Sigma} xz \mathrm{d}x\mathrm{d}y = \frac{1}{8}.$

【点评】　本题利用被积函数和积分曲面关于积分变量的对称性减少了计算量，注意被积函数关于积分变量的对称性和积分曲面关于积分变量的对称性必须同时具备，才保证积分相等．

例 11-2-6　计算曲面积分 $\oiint_{\Sigma} x^3 \mathrm{d}y\mathrm{d}z + y^3 \mathrm{d}z\mathrm{d}x + z^3 \mathrm{d}x\mathrm{d}y$，其中 Σ 是球面 $x^2 + y^2 + z^2 = a^2$ 的外侧．

解　$P = x^3, Q = y^3, R = z^3, \dfrac{\partial P}{\partial x} + \dfrac{\partial Q}{\partial y} + \dfrac{\partial R}{\partial z} = 3(x^2 + y^2 + z^2),$

由高斯公式得

$$\oiint_{\Sigma} x^3 \mathrm{d}y\mathrm{d}z + y^3 \mathrm{d}z\mathrm{d}x + z^3 \mathrm{d}x\mathrm{d}y = \iiint_{\Omega} 3(x^2 + y^2 + z^2)\mathrm{d}x\mathrm{d}y\mathrm{d}z$$

$$= 3\iiint_{\Omega} r^2 \cdot r^2 \sin\varphi \mathrm{d}r\mathrm{d}\varphi\mathrm{d}\theta$$

$$= 3\int_0^{2\pi} \mathrm{d}\theta \int_0^{\pi} \sin\varphi\mathrm{d}\varphi \int_0^a r^4 \mathrm{d}r$$

$$= 3 \cdot 2\pi \cdot 2 \cdot \frac{a^5}{5} = \frac{12}{5}\pi a^5.$$

例 11‑2‑7 设 Σ 为上半球面 $z = \sqrt{a^2 - x^2 - y^2}$ 的上侧,计算曲面积分

$$\iint_{\Sigma} (x^3 + az^2)\mathrm{d}y\mathrm{d}z + (y^3 + ax^2)\mathrm{d}z\mathrm{d}x + (z^3 + ay^2)\mathrm{d}x\mathrm{d}y.$$

解 给曲面 Σ 添下底面 S 成封闭曲面后应用高斯公式计算.

记 S 为平面 $z = 0(x^2 + y^2 \leqslant a^2)$ 的下侧,Ω 为 Σ 与 S 所围成的立体. 由高斯公式得

$$\iint_{\Sigma+S} (x^3 + az^2)\mathrm{d}y\mathrm{d}z + (y^3 + ax^2)\mathrm{d}z\mathrm{d}x + (z^3 + ay^2)\mathrm{d}x\mathrm{d}y$$

$$= \iiint_{\Omega} 3(x^2 + y^2 + z^2)\mathrm{d}x\mathrm{d}y\mathrm{d}z = \frac{6}{5}\pi a^5 \text{(参见例 11‑2‑6)}.$$

又 $$\iint_{S} (x^3 + az^2)\mathrm{d}y\mathrm{d}z + (y^3 + ax^2)\mathrm{d}z\mathrm{d}x + (z^3 + ay^2)\mathrm{d}x\mathrm{d}y$$

$$= 0 + 0 + \iint_{S} (z^3 + ay^2)\mathrm{d}x\mathrm{d}y = -\iint_{x^2+y^2\leqslant a^2} (0 + ay^2)\mathrm{d}x\mathrm{d}y$$

$$= -a\int_0^{2\pi} \sin^2\theta\mathrm{d}\theta \int_0^a \rho^3 \mathrm{d}\rho = -\frac{1}{4}\pi a^5,$$

所以 $$\iint_{\Sigma} (x^3 + az^2)\mathrm{d}y\mathrm{d}z + (y^3 + ax^2)\mathrm{d}z\mathrm{d}x + (z^3 + ay^2)\mathrm{d}x\mathrm{d}y$$

$$= \frac{6}{5}\pi a^5 + \frac{1}{4}\pi a^5 = \frac{29}{20}\pi a^5.$$

【点评】 对曲面积分,如果直接计算较繁,可以考虑添补适当的曲面构成闭曲面,再利用高斯公式及曲面积分的性质进行计算,注意考察高斯公式中的闭曲面外侧及一阶偏导连续的条件是否满足.

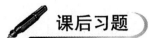 课后习题

一、选择题

1. 设 Σ 为球面 $x^2 + y^2 + z^2 = a^2 (a > 0)$，则 $\oiint\limits_{\Sigma} \dfrac{1}{x^2 + y^2 + z^2} \mathrm{d}S$ 的值为（　　）.

A. 2π 　　　　　　 B. 3π 　　　　　　 C. $\dfrac{4\pi}{3}a$ 　　　　　　 D. 4π

2. 设曲面 Σ 是上半球面 $x^2 + y^2 + z^2 = R^2 (z \geqslant 0)$，曲面 Σ_1 是 Σ 在第一卦限的部分，则（　　）.

A. $\iint\limits_{\Sigma} x \,\mathrm{d}S = 4 \iint\limits_{\Sigma_1} x \,\mathrm{d}S$ 　　　　　　 B. $\iint\limits_{\Sigma} y \,\mathrm{d}S = 4 \iint\limits_{\Sigma_1} x \,\mathrm{d}S$

C. $\iint\limits_{\Sigma} z \,\mathrm{d}S = 4 \iint\limits_{\Sigma_1} x \,\mathrm{d}S$ 　　　　　　 D. $\iint\limits_{\Sigma} xyz \,\mathrm{d}S = 4 \iint\limits_{\Sigma_1} x \,\mathrm{d}S$

3. 设 Σ 是单位球面外侧在第一卦限部分，则 $\iint\limits_{\Sigma} xyz \,\mathrm{d}x\mathrm{d}y =$ （　　）.

A. $\dfrac{1}{15}$ 　　　　　　 B. $\dfrac{2}{15}$ 　　　　　　 C. 1 　　　　　　 D. $\dfrac{4}{15}$

4. 设 Σ 是球面 $x^2 + y^2 + z^2 = a^2$ 的外侧，则 $\iint\limits_{\Sigma} z \,\mathrm{d}z\mathrm{d}y =$ （　　）.

A. 0 　　　　　　 B. $\dfrac{4}{3}\pi a^3$ 　　　　　　 C. $4\pi a^3$ 　　　　　　 D. $\dfrac{1}{2}\pi a^4$

5. 由分片光滑的封闭曲面 Σ（取其外侧）所围立体的体积为（　　）.

A. $\dfrac{1}{3} \oiint\limits_{\Sigma} y\mathrm{d}y\mathrm{d}z + z\mathrm{d}x\mathrm{d}z + x\mathrm{d}y\mathrm{d}x$ 　　　　　　 B. $\dfrac{1}{3} \oiint\limits_{\Sigma} z\mathrm{d}y\mathrm{d}z + x\mathrm{d}x\mathrm{d}z + y\mathrm{d}y\mathrm{d}x$

C. $\dfrac{1}{3} \oiint\limits_{\Sigma} x\mathrm{d}y\mathrm{d}z + y\mathrm{d}x\mathrm{d}z + z\mathrm{d}y\mathrm{d}x$ 　　　　　　 D. $\dfrac{1}{3} \oiint\limits_{\Sigma} -x\mathrm{d}y\mathrm{d}z + y\mathrm{d}x\mathrm{d}z - z\mathrm{d}y\mathrm{d}x$

二、填空题

1. 当 Σ 是 xOy 平面内的一个闭区域时，曲面积分 $\oiint\limits_{\Sigma} f(x,y,z)\mathrm{d}S$ 与二重积分有什么关系？_____.

2. 设 Σ 为平面 $\dfrac{x}{2} + \dfrac{y}{3} + \dfrac{z}{4} = 1$ 在第一卦限中的部分，则 $\iint\limits_{\Sigma} \left(z + 2x + \dfrac{4}{3}y\right)\mathrm{d}S =$ _____.

3. 设 Σ 是球面 $x^2 + y^2 + z^2 = R^2$ 的下半部分的下侧，$\iint\limits_{\Sigma} x^2 y^2 z \,\mathrm{d}x\mathrm{d}y =$ _____.

4. 设 Σ 是旋转抛物面 $z = x^2 + y^2 (0 \leqslant z \leqslant 1)$ 的外侧曲面部分，则 $\iint\limits_{\Sigma} xz\mathrm{d}y\mathrm{d}z + z^2\mathrm{d}x\mathrm{d}y =$ _____.

5. 当 Σ 是 xOy 平面内的一个闭区域时，曲面积分 $\iint\limits_{\Sigma} R(x,y,z)\mathrm{d}x\mathrm{d}y$ 与二重积分有什么

关系? _____.

6. 设 S 是单位球面 $x^2 + y^2 + z^2 = 1$ 的外侧,则 $\oiint\limits_{S} yz\,dydz + zx\,dzdx + xy\,dxdy =$ _____.

7. 设 Σ 是由抛物面 $z = x^2 + y^2$ 和平面 $z = 1$ 所围成的区域的边界曲面的外侧,则 $\oiint\limits_{\Sigma} x\,dydz + xz^2\,dzdx + z^2\,dxdy =$ _____.

三、解答题

1. 计算 $\iint\limits_{\Sigma} xyz\,dS$,其中 Σ 为平面 $x + y + z = 1$ 在第一卦限中的部分.

2. 计算 $\iint\limits_{\Sigma} (x^2 + y^2)\,dS$,其中 Σ 为立体 $\sqrt{x^2 + y^2} \leqslant z \leqslant 1$ 的边界曲面.

3. 计算 $\iint\limits_{\Sigma} (x + y + z)\,dS$,其中 Σ 是上半球面 $x^2 + y^2 + z^2 = a^2, z \geqslant 0$.

4. 计算 $\iint\limits_{\Sigma} \dfrac{dS}{x^2 + y^2}$,其中 Σ 为柱面 $x^2 + y^2 = R^2$ 被平面 $z = 0, z = H$ 所截取的部分.

5. 设曲面 Σ 为 $\dfrac{x}{4} + \dfrac{y}{3} + \dfrac{z}{2} = 1$ 第一卦限部分,计算 $I = \iint\limits_{\Sigma} (3x + 4y + 6z)\,dS$.

6. 计算 $\iint\limits_{\Sigma} zy\,dxdy$,其中 Σ 是球面 $x^2 + y^2 + z^2 = a^2$ 的外侧,a 为正数.

7. 计算 $\iint\limits_{\Sigma} x\,dydz + y\,dzdx + z\,dxdy$,其中 Σ 是柱面 $x^2 + y^2 = 1$ 被平面 $z = 0$ 和 $z = 3$ 所截得的在第一卦限内的部分的前侧.

8. 计算 $\oiint\limits_{\Sigma} (x+y)\,dydz + (y+z)\,dzdx + (z+x)\,dxdy$,其中 Σ 是以原点为中心,边长为 2 的正方体表面的外侧.

9. 计算 $\iint\limits_{\Sigma} (y^2 - z)\,dydz + (z^2 - x)\,dxdz + (x^2 - y)\,dydx$,其中 Σ 是锥面 $z = \sqrt{x^2 + y^2}\,(0 \leqslant z \leqslant h)$ 的外侧.

10. 计算 $\oiint\limits_{\Sigma} (z-y)\,dxdy + (y-x)\,dxdz + (x-z)\,dzdy$,其中光滑曲面 Σ 取外侧且它围成的立体的体积为 V.

11. 试用高斯公式计算曲面积分 $I = \iint\limits_{\Sigma} x^2\,dydz + y^2\,dzdx + (z^3 + x)\,dxdy$,其中 Σ 为抛物面 $z = x^2 + y^2\,(0 \leqslant z \leqslant 1)$,取下侧.

12. 计算曲面积分 $\oiint\limits_{\Sigma} xz\,dxdy + xy^2\,dydz$,其中 Σ 是曲面 $x = y^2 + z^2\,(y \geqslant 0, z \geqslant 0)$ 与平面 $y = 0, z = 0$ 及 $x = 1$ 所围立体表面的内侧.

📖 参考答案

一、1. D 2. C 3. A 4. A 5. C

二、1. $\iint\limits_{\Sigma}f(x,y,z)\mathrm{d}S=\iint\limits_{\Sigma}f(x,y,0)\mathrm{d}x\mathrm{d}y$ 2. $4\sqrt{61}$ 3. $\dfrac{2}{105}\pi R^7$ 4. 0 5. $\iint\limits_{\Sigma}R(x,y,z)\mathrm{d}x\mathrm{d}y=\pm\iint\limits_{D_{xy}}R(x,$

$y,0)\mathrm{d}x\mathrm{d}y$,当 Σ 取上侧时为正号,当 Σ 取下侧时为负号 6. 0 7. $\dfrac{7}{6}\pi$

三、1. $\dfrac{\sqrt{3}}{120}$ 2. $\dfrac{1+\sqrt{2}}{2}\pi$ 3. πa^3 4. $\dfrac{2\pi H}{R}$ 5. $12\sqrt{61}$ 6. 0 7. $\dfrac{3}{2}\pi$ 8. 24 9. $-\dfrac{\pi}{4}h^4$ 10. $3V$

11. $-\dfrac{\pi}{4}$ 12. $-\dfrac{5}{48}\pi$

第十二章

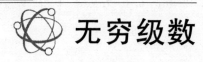

无穷级数

第一讲　常数项级数的概念、性质及审敛法

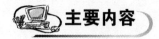

一、基本概念

1. 常数项级数定义

设 $\{u_n\}$ 是数列,则

$$\sum_{n=1}^{\infty} u_n = u_1 + u_2 + u_3 + \cdots + u_n + \cdots \qquad (12-1)$$

称为常数项级数.

设 $s_n = \sum_{i=1}^{n} u_i$,则称 $\{s_n\}$ 为部分和数列.

2. 级数收敛与发散的定义

若级数$(12-1)$的部分和数列 $\{s_n\}$ 收敛,即 $\lim_{n \to \infty} s_n = s$,则称级数$(12-1)$收敛,并称 s 是

级数$(12-1)$的和,记为 $s = \sum_{n=1}^{\infty} u_n = u_1 + u_2 + u_3 + \cdots + u_n + \cdots$.

若部分和数列 $\{s_n\}$ 发散,称级数$(12-1)$发散.

当级数收敛时,$r_n = s - s_n = u_{n+1} + u_{n+2} + u_{n+3} + \cdots$ 称为级数的余项.

3. 绝对收敛与条件收敛的定义

如果级数 $\sum_{n=1}^{\infty} |u_n|$ 收敛,则称 $\sum_{n=1}^{\infty} u_n$ 绝对收敛;如果级数 $\sum_{n=1}^{\infty} |u_n|$ 发散,且 $\sum_{n=1}^{\infty} u_n$ 收敛,

则称 $\sum_{n=1}^{\infty} u_n$ 条件收敛.

注意:如果级数 $\sum_{n=1}^{\infty} u_n$ 绝对收敛,则级数 $\sum_{n=1}^{\infty} u_n$ 必定收敛.

二、收敛级数的基本性质

(1) 级数的每一项同乘一个不为零的常数后，它的敛散性不会改变.

(2) 两个收敛级数可以逐项相加与逐项相减.

(3) 在级数中去掉、加上或改变有限项，不会改变级数的敛散性.

(4) 收敛级数的项任意加括号后所成的级数仍收敛，且和不变.

(5) (级数收敛的必要条件) 如果级数收敛，则一般项趋于零.

注意：若 $\lim\limits_{n\to\infty} u_n \neq 0$，则级数 $\sum\limits_{n=1}^{\infty} u_n$ 发散.

三、常数项级数的审敛法

1. 正项级数敛散性判别法

若 $u_n \geqslant 0 (n=1,2,\cdots)$，则称级数 $\sum\limits_{n=1}^{\infty} u_n$ 为正项级数.

(1) 定义审敛法：正项级数收敛的充分必要条件是它的部分和数列有界.

(2) 比较审敛法：设 $\sum\limits_{n=1}^{\infty} u_n$ 和 $\sum\limits_{n=1}^{\infty} v_n$ 都是正项级数，且 $u_n \leqslant v_n (n=1,2,\cdots)$，若 $\sum\limits_{n=1}^{\infty} v_n$ 收敛，则 $\sum\limits_{n=1}^{\infty} u_n$ 收敛；反之，若 $\sum\limits_{n=1}^{\infty} u_n$ 发散，则 $\sum\limits_{n=1}^{\infty} v_n$ 发散.

(3) 比较审敛法的极限形式：设 $\sum\limits_{n=1}^{\infty} u_n$ 和 $\sum\limits_{n=1}^{\infty} v_n$ 都是正项级数，如果 $\lim\limits_{n\to\infty} \dfrac{u_n}{v_n} = l$，则有当 $0 < l < +\infty$ 时，级数 $\sum\limits_{n=1}^{\infty} u_n$ 和级数 $\sum\limits_{n=1}^{\infty} v_n$ 同时收敛或同时发散；当 $l=0$ 时，若级数 $\sum\limits_{n=1}^{\infty} v_n$ 收敛，则 $\sum\limits_{n=1}^{\infty} u_n$ 也收敛；当 $l=+\infty$ 时，若级数 $\sum\limits_{n=1}^{\infty} v_n$ 发散，则 $\sum\limits_{n=1}^{\infty} u_n$ 也发散.

(4) 比值审敛法：设 $\sum\limits_{n=1}^{\infty} u_n$ 为正项级数，如果 $\lim\limits_{n\to\infty} \dfrac{u_{n+1}}{u_n} = \rho$，则当 $\rho < 1$ 时，级数收敛；$\rho > 1$ 时，级数发散；$\rho = 1$ 时，级数可能收敛，可能发散.

(5) 根值审敛法：设 $\sum\limits_{n=1}^{\infty} u_n$ 为正项级数，如果 $\lim\limits_{n\to\infty} \sqrt[n]{u_n} = \rho$，则当 $\rho < 1$ 时，级数收敛；$\rho > 1$ 时，级数发散；$\rho = 1$ 时，级数可能收敛，可能发散.

2. 交错级数敛散性判别法

设 $u_n \geqslant 0 (n \in \mathbb{N})$，则 $\sum\limits_{n=1}^{\infty} (-1)^{n-1} u_n = u_1 - u_2 + u_3 - u_4 + \cdots$ 为交错级数.

莱布尼茨判别法：如果交错级数 $\sum\limits_{n=1}^{\infty} (-1)^{n-1} u_n (u_n \geqslant 0)$ 满足条件：

(1) $u_n \geqslant u_{n+1} (n=1,2,\cdots)$；

(2) $\lim\limits_{n\to\infty} u_n = 0$.

则级数收敛，且其和不超过 u_1，余项 $|r_n| \leqslant u_{n+1}$.

四、常用的级数

(1) 等比级数（又称几何级数）$\sum\limits_{n=0}^{\infty} aq^n$，当 $|q|<1$ 时，收敛（其和为 $\dfrac{a}{1-q}$）；当 $|q|\geqslant 1$ 时，级数 $\sum\limits_{n=0}^{\infty} aq^n$ 发散.

(2) 调和级数 $\sum\limits_{n=1}^{\infty} \dfrac{1}{n}$ 发散.

(3) p -级数 $\sum\limits_{n=1}^{\infty} \dfrac{1}{n^p}$，当 $p>1$ 时收敛，当 $0<p\leqslant 1$ 时发散.

教学要求

➤ 理解常数项级数敛散性的概念，熟悉收敛级数的性质，掌握级数收敛的必要条件，熟悉 p -级数和几何级数的敛散性情况.

➤ 熟练掌握正项级数敛散性的比较判别法、极限判别法、比值判别法、根值判别法，熟练掌握交错级数的莱布尼茨判别法.

➤ 理解条件收敛和绝对收敛的概念，会判别任意数项级数的敛散性和收敛种类.

重点例题

例 12 - 1 - 1 以下命题是否正确？若正确给出证明，若错误，指出错误所在.

(1) 若 $\sum\limits_{n=1}^{\infty} u_n$ 收敛，$\sum\limits_{n=1}^{\infty} v_n$ 发散，则 $\sum\limits_{n=1}^{\infty} (u_n + v_n)$ 一定发散.

(2) 若 $\sum\limits_{n=1}^{\infty} (u_{2n-1} + u_{2n})$ 收敛，则 $\sum\limits_{n=1}^{\infty} u_n$ 收敛.

(3) 若 $\sum\limits_{n=1}^{\infty} u_n$ 发散，则 $\sum\limits_{n=1}^{\infty} (u_n + 100)$ 一定发散.

(4) 若 $\sum\limits_{n=1}^{\infty} u_n$，$\sum\limits_{n=1}^{\infty} v_n$ 均收敛，且 $u_n \leqslant w_n \leqslant v_n (n=1,2,\cdots)$，则 $\sum\limits_{n=1}^{\infty} w_n$ 收敛.

解 (1) 正确. $\sum\limits_{n=1}^{\infty} (u_n + v_n)$ 一定发散. 可用反证法证明如下：

若 $\sum\limits_{n=1}^{\infty} (u_n + v_n)$ 收敛，由于 $\sum\limits_{n=1}^{\infty} u_n$ 收敛，则由收敛级数的性质可得

$$\sum_{n=1}^{\infty} v_n = \sum_{n=1}^{\infty} \left[(u_n + v_n) - u_n \right]$$

收敛，这与 $\sum\limits_{n=1}^{\infty} v_n$ 发散矛盾，故 $\sum\limits_{n=1}^{\infty} (u_n + v_n)$ 一定发散.

(2) 不正确. 如：

$$\sum_{n=1}^{\infty}(u_{2n-1}+u_{2n})=(1-1)+(1-1)+\cdots+(1-1)+\cdots$$

是收敛的,但 $\sum_{n=1}^{\infty}u_n=\sum_{n=1}^{\infty}(-1)^{n-1}$ 发散.

(3) 不正确. 如 $\sum_{n=1}^{\infty}\left(\dfrac{1}{n^2}-100\right)$ 发散,但 $\sum_{n=1}^{\infty}\left[\left(\dfrac{1}{n^2}-100\right)+100\right]=\sum_{n=1}^{\infty}\dfrac{1}{n^2}$ 收敛.

(4) 正确. 由于 $u_n\leqslant w_n\leqslant v_n(n=1,2,\cdots)$,故 $0\leqslant w_n-u_n\leqslant v_n-u_n(n=1,2,\cdots)$,又 由于 $\sum_{n=1}^{\infty}u_n,\sum_{n=1}^{\infty}v_n$ 均收敛,故正项级数 $\sum_{n=1}^{\infty}(v_n-u_n)$ 收敛,由比较审敛法知 $\sum_{n=1}^{\infty}(w_n-u_n)$ 收敛,所以 $\sum_{n=1}^{\infty}w_n=\sum_{n=1}^{\infty}\left[(w_n-u_n)+u_n\right]$ 收敛.

例 12-1-2　判别无穷级数 $\sum_{n=1}^{\infty}\ln\left(1+\dfrac{1}{n}\right)$ 的收敛性.

解　由于
$$u_n=\ln\left(1+\dfrac{1}{n}\right)=\ln(n+1)-\ln n,$$

因此,部分和
$$s_n=(\ln 2-\ln 1)+(\ln 3-\ln 2)+(\ln 4-\ln 3)+\cdots+\left[\ln(n+1)-\ln n\right]=\ln(n+1),$$
而 $\lim\limits_{n\to\infty}s_n=\infty$,故该级数发散.

例 12-1-3　判别级数 $\sum_{n=1}^{\infty}\sin\dfrac{1}{n}$ 的收敛性.

解　因为 $\lim\limits_{n\to\infty}\dfrac{\sin\dfrac{1}{n}}{\dfrac{1}{n}}=1$,而级数 $\sum_{n=1}^{\infty}\dfrac{1}{n}$ 发散,根据比较审敛法的极限形式,级数 $\sum_{n=1}^{\infty}\sin\dfrac{1}{n}$ 发散.

例 12-1-4　判别级数 $\sum_{n=1}^{\infty}\ln\left(1+\dfrac{1}{n^2}\right)$ 的收敛性.

解　因为 $\lim\limits_{n\to\infty}\dfrac{\ln\left(1+\dfrac{1}{n^2}\right)}{\dfrac{1}{n^2}}=1$,而级数 $\sum_{n=1}^{\infty}\dfrac{1}{n^2}$ 收敛,根据比较审敛法的极限形式知, $\sum_{n=1}^{\infty}\ln\left(1+\dfrac{1}{n^2}\right)$ 是收敛的.

例 12-1-5　证明级数 $1+\dfrac{1}{1}+\dfrac{1}{1\cdot 2}+\dfrac{1}{1\cdot 2\cdot 3}+\cdots+\dfrac{1}{1\cdot 2\cdot 3\cdot\cdots\cdot(n-1)}+\cdots$ 是 收敛的.

解　因为
$$\lim_{n\to\infty}\dfrac{u_{n+1}}{u_n}=\lim_{n\to\infty}\dfrac{1\cdot 2\cdot 3\cdot\cdots\cdot(n-1)}{1\cdot 2\cdot 3\cdot\cdots\cdot n}=\lim_{n\to\infty}\dfrac{1}{n}=0<1,$$

根据比值审敛法可知所给级数收敛.

例 12-1-6   判别级数 $\dfrac{1}{10}+\dfrac{1\cdot 2}{10^2}+\dfrac{1\cdot 2\cdot 3}{10^3}+\cdots+\dfrac{n!}{10^n}+\cdots$ 的收敛性.

解   因为

$$\lim_{n\to\infty}\frac{u_{n+1}}{u_n}=\lim_{n\to\infty}\frac{(n+1)!}{10^{n+1}}\cdot\frac{10^n}{n!}=\lim_{n\to\infty}\frac{n+1}{10}=\infty,$$

根据比值审敛法可知所给级数发散.

【点评】   若级数的一般项中含有 n 的阶乘,用比值法比较方便.

例 12-1-7   证明级数 $1+\dfrac{1}{2^2}+\dfrac{1}{3^3}+\cdots+\dfrac{1}{n^n}+\cdots$ 是收敛的.

解   因为 $\lim\limits_{n\to\infty}\sqrt[n]{u_n}=\lim\limits_{n\to\infty}\sqrt[n]{\dfrac{1}{n^n}}=\lim\limits_{n\to\infty}\dfrac{1}{n}=0$,所以根据根值审敛法可知所给级数收敛.

例 12-1-8   判定级数 $\sum\limits_{n=1}^{\infty}\dfrac{2+(-1)^n}{2^n}$ 的收敛性.

解   因为

$$\lim_{n\to\infty}\sqrt[n]{u_n}=\lim_{n\to\infty}\frac{1}{2}\sqrt[n]{2+(-1)^n}=\frac{1}{2}<1,$$

所以根据根值审敛法知所给级数收敛.

例 12-1-9   证明级数 $\sum\limits_{n=1}^{\infty}(-1)^{n-1}\dfrac{1}{n}$ 收敛.

证明   这是一个交错级数.因为此级数满足

(1) $u_n=\dfrac{1}{n}>\dfrac{1}{n+1}=u_{n+1}\quad (n=1,2,\cdots)$;

(2) $\lim\limits_{n\to\infty}u_n=\lim\limits_{n\to\infty}\dfrac{1}{n}=0$.

由莱布尼茨定理,级数是收敛的.

例 12-1-10   设 $\sum\limits_{n=1}^{\infty}u_n$ 收敛,$u_n\geqslant 0(n=1,2,\cdots)$,证明:(1) $\sum\limits_{n=1}^{\infty}u_n^2$ 收敛;

(2) $\sum\limits_{n=1}^{\infty}\dfrac{\sqrt{u_n}}{n}$ 收敛.

证明   (1) 由 $\sum\limits_{n=1}^{\infty}u_n$ 收敛可得 $\lim\limits_{n\to\infty}u_n=0$,一定存在充分大的自然数 N,使当 $n>N$ 时,

有 $0\leqslant u_n<1$,从而有 $0\leqslant u_n^2\leqslant u_n$,由 $\sum\limits_{n=N+1}^{\infty}u_n$ 收敛,根据比较审敛法知 $\sum\limits_{n=N+1}^{\infty}u_n^2$ 收敛,再由

收敛级数的性质便知 $\sum\limits_{n=1}^{\infty}u_n^2$ 收敛.

(2) 因为 $0\leqslant\dfrac{\sqrt{u_n}}{n}\leqslant\dfrac{1}{2}\left(\dfrac{1}{n^2}+u_n\right)$,而 $\sum\limits_{n=1}^{\infty}\dfrac{1}{n^2}$ 及 $\sum\limits_{n=1}^{\infty}u_n$ 均收敛,所以 $\sum\limits_{n=1}^{\infty}\dfrac{1}{2}\left(\dfrac{1}{n^2}+u_n\right)$ 收

敛,由比较审敛法知 $\sum\limits_{n=1}^{\infty}\dfrac{\sqrt{u_n}}{n}$ 收敛.

课后习题

一、选择题

1. 若 $\sum\limits_{n=1}^{\infty} u_n$ 发散,则下列正确的是(　　).

A. $\sum\limits_{n=1}^{\infty} \dfrac{1}{u_n}$ 收敛

B. $\sum\limits_{n=1}^{\infty} u_{n+1000}$ 发散

C. $\sum\limits_{n=1}^{\infty} (u_n + 0.000\,1)$ 发散

D. $\sum\limits_{n=1}^{\infty} k u_n$ 发散

2. 级数 $\sum\limits_{n=1}^{\infty} (-1)^n \dfrac{1}{n^p} (p > 0)$ 的敛散情况是(　　).

A. $p > 1$ 时绝对收敛,$p \leqslant 1$ 时条件收敛

B. $p < 1$ 时绝对收敛,$p \geqslant 1$ 时条件收敛

C. $p \leqslant 1$ 时发散,$p > 1$ 时收敛

D. 对任何 $p > 0$,级数绝对收敛

3. 下列级数中发散的是(　　).

A. $\sum\limits_{n=1}^{\infty} \dfrac{1}{2n^2+1}$　　
B. $\sum\limits_{n=1}^{\infty} \dfrac{3^n+2^n}{5^n}$　　
C. $\sum\limits_{n=1}^{\infty} \dfrac{\sqrt{n}}{1+n^2}$　　
D. $\sum\limits_{n=1}^{\infty} \left(\dfrac{1}{100}+\dfrac{1}{n^2}\right)$

4. 设级数 $\sum\limits_{n=1}^{\infty} (-1)^n \left[\dfrac{1+(-1)^n \sqrt{n}}{n}\right]$,则该级数(　　).

A. 发散　　　　
B. 条件收敛　　　　
C. 绝对收敛　　　　
D. 不确定

5. 下列说法正确的是(　　).

A. 若 $\sum\limits_{n=1}^{\infty} u_n$ 发散,则必有 $\lim\limits_{n \to \infty} u_n \neq 0$

B. 若 $\lim\limits_{n \to \infty} u_n = 0$,则 $\sum\limits_{n=1}^{\infty} u_n$ 必收敛

C. 若 $\sum\limits_{n=1}^{\infty} u_n$ 收敛,则必有 $\lim\limits_{n \to \infty} u_n = 0$

D. $\sum\limits_{n=1}^{\infty} u_n$ 的敛散性与 $\lim\limits_{n \to \infty} u_n = 0$ 无关

6. 设级数 $\sum\limits_{n=1}^{\infty} \dfrac{2^n \cdot n!}{n^n}$　①与级数 $\sum\limits_{n=1}^{\infty} \dfrac{3^n \cdot n!}{n^n}$　②,则(　　).

A. 级数①收敛,级数②发散　　　　
B. 级数①②都收敛

C. 级数①发散,级数②收敛　　　　
D. 级数①②都发散

7. 若级数 $\sum\limits_{n=1}^{\infty} u_n$ 收敛,则级数 $\sum\limits_{n=1}^{\infty} (-1)^n u_n$ (　　).

A. 收敛但不绝对收敛　　　　
B. 绝对收敛

C. 发散　　　　
D. 敛散性不确定

8. 下列级数中条件收敛的是(　　).

A. $\sum\limits_{n=1}^{\infty} (-1)^n \dfrac{1}{\sqrt{n}}$　　
B. $\sum\limits_{n=1}^{\infty} (-1)^n \sqrt{n}$　　
C. $\sum\limits_{n=1}^{\infty} (-1)^n \dfrac{n}{n+1}$　　
D. $\sum\limits_{n=1}^{\infty} (-1)^n \dfrac{1}{n^2}$

9. 已知级数 $\sum\limits_{n=1}^{\infty} a_n$ 收敛,则对于级数 $\sum\limits_{n=1}^{\infty} a_n^2$,下列说法正确的是(　　).

A. 必定收敛

B. 必定发散

C. 条件收敛

D. 可能收敛，也可能发散

10. 设 a 为常数，则级数 $\sum_{n=1}^{\infty}\left[\dfrac{\sin(na)}{n^2}-\dfrac{1}{\sqrt{n}}\right]$ （　　）.

A. 条件收敛

B. 绝对收敛

C. 发散

D. 敛散性与 a 有关

二、填空题

1. 若正项级数 $\sum_{n=1}^{\infty}a_n$ 收敛，则 $\sum_{n=1}^{\infty}\sqrt{a_na_{n+1}}$ 是_____（填"收敛"或"发散"）.

2. 若级数 $\sum_{n=1}^{\infty}a_n$ 收敛，$\sum_{n=1}^{\infty}b_n$ 发散，则 $\sum_{n=1}^{\infty}(a_n\pm b_n)$ _____.

3. 已知数列 b_n 有 $\lim_{n\to\infty}b_n=\infty$，且 $b_n\neq 0(n=1,2,\cdots)$，则级数 $\sum_{n=1}^{\infty}\left(\dfrac{1}{b_n}-\dfrac{1}{b_{n+1}}\right)$ 的和是

_____.

4. 级数 $\sum_{n=1}^{\infty}\dfrac{1}{n(n+1)}$ 是收敛的，其和为_____.

5. 级数 $\sum_{n=1}^{\infty}(-1)^{n-1}\dfrac{1}{2^{n-1}}$ 的部分和 $s_n=$_____，该级数的和 s 为_____.

6. 级数 $\sum_{n=1}^{\infty}(-1)^n\dfrac{1}{\sqrt{2n+100}}$ 是_____（填"发散"、"条件收敛"或"绝对收敛"）的.

三、解答题

1. 判断级数 $\sum_{n=1}^{\infty}\dfrac{n^2}{3^n}$ 的敛散性.

2. 判断级数 $\sum_{n=1}^{\infty}\dfrac{4^n}{5^n-3^n}$ 的敛散性.

3. 判断级数 $\sum_{n=1}^{\infty}\dfrac{\sqrt{n-1}}{n(n+1)}$ 的敛散性.

4. 判别级数 $\sum_{n=1}^{\infty}(-1)^n\ln\left(1+\dfrac{1}{n}\right)$ 是否收敛，如果收敛，是绝对收敛，还是条件收敛？

5. 试讨论级数 $\sum_{n=1}^{\infty}\dfrac{1}{1+a^n}(a>0)$ 的敛散性.

6. 试讨论正项级数 $\sum_{n=1}^{\infty}n\cdot\left(\dfrac{3}{4}\right)^n$ 的敛散性.

四、证明题

1. 设 $\sum_{n=1}^{\infty}a_n^2$ 收敛，试证明 $\sum_{n=1}^{\infty}\dfrac{a_n}{n}$ 绝对收敛.

2. 证明级数 $\sum_{n=0}^{\infty}\dfrac{1}{(n+1)(n+2)}$ 是收敛的，并求出其和.

3. 证明：$\sum_{n=1}^{\infty}\dfrac{1}{n(n+1)(n+2)}=\dfrac{1}{4}$.

4. 证明:若正项级数 $\sum\limits_{n=1}^{\infty} a_n$ 与 $\sum\limits_{n=1}^{\infty} b_n$ 都收敛,则 $\sum\limits_{n=1}^{\infty} a_n b_n$ 与 $\sum\limits_{n=1}^{\infty} (a_n+b_n)^2$ 收敛.

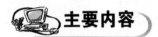 参考答案

一、1. B 2. A 3. D 4. A 5. C 6. A 7. D 8. A 9. D 10. C

二、1. 收敛 2. 发散 3. $\dfrac{1}{b_1}$ 4. 1 5. $\dfrac{2+(-1)^{n-1}\dfrac{1}{2^{n-1}}}{3}$ $\dfrac{2}{3}$ 6. 条件收敛

三、1. 收敛 2. 收敛 3. 收敛 4. 条件收敛 5. $0<a\leqslant 1$ 时发散 $a>1$ 时收敛 6. 收敛

四、1. 提示:$\dfrac{|a_n|}{n} \leqslant \dfrac{1}{2}\left(\dfrac{1}{n^2}+a_n^2\right)$.

2. 提示:$\dfrac{1}{(n+1)(n+2)} = \dfrac{1}{n+1}-\dfrac{1}{n+2}$,和为 1.

3. 提示:$\dfrac{1}{n(n+1)(n+2)} = \dfrac{1}{2}\left[\left(\dfrac{1}{n}-\dfrac{1}{n+1}\right)-\left(\dfrac{1}{n+1}-\dfrac{1}{n+2}\right)\right]$.

4. 提示:由 $\sum\limits_{n=1}^{\infty} a_n$ 收敛知 $\lim\limits_{n\to\infty} a_n = 0$,即 $\exists N>0$,当 $n>N$ 时,有 $0\leqslant a_n \leqslant 1$,故 $0\leqslant a_n b_n \leqslant b_n$ 且 $0\leqslant a_n^2 \leqslant a_n$.

第二讲 幂级数和函数展开成幂级数

主要内容

一、函数项级数

1. 定义

设 $u_1(x), u_2(x), \cdots, u_n(x), \cdots$ 是定义在 $I \subseteq \mathbb{R}$ 上的函数,则称 $u_1(x) + u_2(x) + \cdots + u_n(x) + \cdots$ 为定义在区间 I 上的函数项级数,记作 $\sum\limits_{n=1}^{\infty} u_n(x)$.

2. 收敛点与收敛域

若 $x_0 \in I$,常数项级数 $\sum\limits_{n=1}^{\infty} u_n(x_0)$ 收敛,则称 x_0 为级数 $\sum\limits_{n=1}^{\infty} u_n(x)$ 的收敛点,否则称为发散点;函数项级数 $\sum\limits_{n=1}^{\infty} u_n(x)$ 的所有收敛点的全体称为收敛域,所有发散点的全体称为发散域.

3. 和函数

函数项级数在其收敛域内有和,其值与收敛点 x 有关,记作 $s(x)$,$s(x)$ 称为级数 $\sum\limits_{n=1}^{\infty} u_n(x)$ 的和函数,即 $s(x) = \sum\limits_{n=1}^{\infty} u_n(x)$($x$ 属于收敛域).

二、幂级数

1. 定义

形如 $\sum\limits_{n=0}^{\infty} a_n(x-x_0)^n$ 的级数称为 $x-x_0$ 的幂级数,其中 $a_n(n=0,1,2,\cdots)$ 为常数,称为幂级数的系数. 当 $x_0=0$ 时, $\sum\limits_{n=0}^{\infty} a_nx^n$ 称为 x 的幂级数.

2. 阿贝尔(Able)定理

若级数 $\sum\limits_{n=0}^{\infty} a_nx^n$ 在 $x=x_0(x_0 \neq 0)$ 处收敛,则它在满足不等式 $|x|<|x_0|$ 的一切 x 处绝对收敛;若级数 $\sum\limits_{n=0}^{\infty} a_nx^n$ 在 $x=x_0$ 处发散,则它在满足不等式 $|x|>|x_0|$ 的一切 x 处发散.

3. 收敛区间和收敛半径

若有 $R>0$,当 $|x|<R$ 时,幂级数绝对收敛;当 $|x|>R$ 时,幂级数发散,则 R 称为级数 $\sum\limits_{n=0}^{\infty} a_nx^n$ 的收敛半径, $(-R,R)$ 为收敛区间. 当 $x=-R$ 与 $x=R$ 时,幂级数可能收敛,也可能发散.

4. 收敛半径的求法

若 $\lim\limits_{n\to\infty} \left| \dfrac{a_{n+1}}{a_n} \right| = \rho$ (或 $\lim\limits_{n\to\infty} \sqrt[n]{|a_n|} = \rho$),则这幂级数的收敛半径

$$R = \begin{cases} \dfrac{1}{\rho} & 0<\rho<\infty \\ 0 & \rho=+\infty \\ \infty & \rho=0 \end{cases} \cdot$$

注意:对 $\sum\limits_{n=0}^{\infty} a_nx^n$,如果 $R=\infty$,则收敛区间为 $(-\infty,+\infty)$;如果 $0<R<+\infty$,收敛域为 $(-R,R)$ 或 $[-R,R]$ 或 $[-R,R)$ 或 $(-R,R]$.

5. 幂级数和函数的性质

设函数 $s(x)$ 在幂级数 $\sum\limits_{n=0}^{\infty} a_nx^n$ 的收敛域上有 $s(x) = \sum\limits_{n=0}^{\infty} a_nx^n$,则称 $s(x)$ 为幂级数 $\sum\limits_{n=0}^{\infty} a_nx^n$ 的和函数.

性质 1 幂级数 $\sum\limits_{n=0}^{\infty} a_nx^n$ 的和函数在其收敛域上连续.

性质 2 幂级数 $\sum\limits_{n=0}^{\infty} a_nx^n$ 的和函数 $s(x)$ 在其收敛域上可积,并有逐项积分公式:

$$\int_0^x s(x)\mathrm{d}x = \int_0^x \Big[\sum_{n=0}^{\infty} a_nx^n \Big] \mathrm{d}x = \sum_{n=0}^{\infty} \int_0^x a_nx^n \mathrm{d}x = \sum_{n=0}^{\infty} \frac{a_n}{n+1} x^{n+1}.$$

性质3　幂级数 $\sum\limits_{n=0}^{\infty} a_n x^n$ 的和函数 $s(x)$ 在其收敛区间 $(-R,R)$ 内可导,并有逐项求导公式:

$$s'(x) = \left(\sum_{n=0}^{\infty} a_n x^n\right)' = \sum_{n=0}^{\infty} (a_n x^n)' = \sum_{n=1}^{\infty} n a_n x^{n-1}.$$

三、函数展开成幂级数

1. 泰勒级数和麦克劳林级数

若 $f(x)$ 在点 x_0 处任意阶可导,则幂级数 $f(x) = \sum\limits_{n=0}^{\infty} \dfrac{f^{(n)}(x_0)}{n!}(x-x_0)^n$ 称为函数 $f(x)$

在点 x_0 的泰勒级数,特别地,若 $x_0 = 0$,则级数 $f(x) = \sum\limits_{n=0}^{\infty} \dfrac{f^{(n)}(0)}{n!}x^n$ 称为函数 $f(x)$ 的麦克劳林级数.

2. 函数展开成幂级数的充要条件

设 $f(x)$ 在点 x_0 的某一邻域 $U(x_0)$ 有任意阶导数,则 $f(x)$ 在点 x_0 能展开成泰勒级数 $\sum\limits_{n=0}^{\infty} \dfrac{f^{(n)}(x_0)}{n!}(x-x_0)^n$ 的充要条件是

$$\lim_{n\to\infty} R_n(x) = 0,$$

其中　　　　　　$R_n(x) = \dfrac{f^{(n+1)}[x_0 + \theta(x-x_0)]}{(n+1)!}(x-x_0)^{n+1}\,(0<\theta<1)$

是 $f(x)$ 的拉格朗日余项.

3. 几个常用函数的幂级数展开式

$$\frac{1}{1-x} = 1 + x + x^2 + \cdots + x^n + \cdots \,(-1<x<1);$$

$$e^x = 1 + x + \frac{1}{2!}x^2 + \frac{1}{3!}x^3 + \cdots + \frac{1}{n!}x^n + \cdots \quad (-\infty<x<+\infty);$$

$$\sin x = x - \frac{x^3}{3!} + \frac{x^5}{5!} - \cdots + (-1)^{n-1}\frac{x^{2n-1}}{(2n-1)!} + \cdots \quad (-\infty<x<+\infty);$$

$$\cos x = 1 - \frac{x^2}{2!} + \frac{x^4}{4!} - \cdots + (-1)^n \frac{x^{2n}}{(2n)!} + \cdots \quad (-\infty<x<+\infty);$$

$$\ln(1+x) = x - \frac{x^2}{2} + \frac{x^3}{3} - \cdots + (-1)^n \frac{x^{n+1}}{n+1} + \cdots \quad (-1<x\leqslant 1);$$

$$(1+x)^m = 1 + mx + \frac{m(m-1)}{2!}x^2 + \frac{m(m-1)(m-2)}{3!}x^3 + \cdots$$
$$+ \frac{m(m-1)(m-2)\cdots(m-n+1)}{n!}x^n + \cdots \quad (-1<x<1).$$

4. 函数展开成幂级数的方法

(1) 直接法:直接利用泰勒级数公式,计算 $a_n = \dfrac{f^{(n)}(x_0)}{n!}$,证明 $\lim\limits_{n\to\infty} R_n(x) = 0$ 则可得

$f(x)$的泰勒展开式.

（2）间接法：利用上面六个常用函数的幂级数展开式或等比级数的展开式，通过变量代换、四则运算、逐项求导、逐项积分等方法，求展开式.

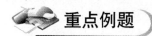
教学要求

➤ 理解幂级数敛散性的概念，熟练掌握求各类幂级数的收敛半径和收敛区间的方法，掌握幂级数的运算方法，理解幂级数和函数的概念，会求和函数.

➤ 了解泰勒级数和麦克劳林级数公式，熟练掌握把函数展开成 x 或 $x-x_0$ 的幂级数的间接法.

重点例题

例 12-2-1 求幂级数 $\sum\limits_{n=1}^{\infty} \dfrac{x^n}{n^2}$ 的收敛半径与收敛域.

解 因为 $\rho = \lim\limits_{n\to\infty} \left| \dfrac{a_{n+1}}{a_n} \right| = \lim\limits_{n\to\infty} \dfrac{n^2}{(n+1)^2} = 1$,

所以收敛半径为
$$R = \frac{1}{\rho} = 1.$$

当 $x = \pm 1$ 时，有 $\left| \dfrac{(\pm 1)^n}{n^2} \right| = \dfrac{1}{n^2}$，由于级数 $\sum\limits_{n=1}^{\infty} \dfrac{1}{n^2}$ 收敛，

所以级数 $\sum\limits_{n=1}^{\infty} \dfrac{x^n}{n^2}$ 在 $x = \pm 1$ 时也收敛. 因此，收敛域为 $[-1,1]$.

例 12-2-2 求幂级数 $\sum\limits_{n=1}^{\infty} \dfrac{2^n + 3^n}{n} x^n$ 的收敛域.

解 法一 $\rho = \lim\limits_{n\to\infty} \left| \dfrac{a_{n+1}}{a_n} \right| = \lim\limits_{n\to\infty} \dfrac{2^{n+1} + 3^{n+1}}{2^n + 3^n} \cdot \dfrac{n}{n+1} = 3$，故 $R = \dfrac{1}{3}$.

法二 $\rho = \lim\limits_{n\to\infty} \sqrt[n]{a_n} = \lim\limits_{n\to\infty} \sqrt[n]{\dfrac{2^n + 3^n}{n}} = 3$，故 $R = \dfrac{1}{3}$.

法三 利用幂级数的性质.
$$\sum_{n=1}^{\infty} \frac{2^n + 3^n}{n} x^n = \sum_{n=1}^{\infty} \frac{2^n}{n} x^n + \sum_{n=1}^{\infty} \frac{3^n}{n} x^n.$$

易知 $\sum\limits_{n=1}^{\infty} \dfrac{2^n}{n} x^n$ 的收敛半径为 $R_1 = \dfrac{1}{2}$，且在点 $x = -\dfrac{1}{2}$ 处收敛，在点 $x = \dfrac{1}{2}$ 处发散；

$\sum\limits_{n=1}^{\infty} \dfrac{3^n}{n} x^n$ 的收敛半径为 $R_2 = \dfrac{1}{3}$，且在点 $x = -\dfrac{1}{3}$ 处收敛，在点 $x = \dfrac{1}{3}$ 处发散.

因此原级数 $\sum\limits_{n=1}^{\infty} \dfrac{2^n + 3^n}{n} x^n$ 的收敛半径为 $R = \min\{R_1, R_2\} = \dfrac{1}{3}$，收敛域为 $\left[-\dfrac{1}{3}, \dfrac{1}{3} \right)$.

例 12-2-3 求幂级数 $\sum\limits_{n=1}^{\infty} \dfrac{(-1)^n (x-1)^n}{(3n-1)2^n}$ 的收敛域.

【分析】 对幂级数的一般形式 $\sum\limits_{n=1}^{\infty} a_n (x-x_0)^n$，先作变换 $t=x-x_0$，化为 $\sum\limits_{n=1}^{\infty} a_n t^n$ 的形式，再求收敛域.

解 令 $t=x-1$，上述级数变为 $\sum\limits_{n=1}^{\infty} \dfrac{(-1)^n t^n}{(3n-1)2^n}$，因为

$$\rho = \lim_{n\to\infty} \left|\frac{a_{n+1}}{a_n}\right| = \lim_{n\to\infty} \frac{2^n \cdot (3n-1)}{2^{n+1} \cdot (3n+2)} = \frac{1}{2},$$

所以收敛半径 $R=2$.

当 $t=-2$ 时，即 $x=-1$ 时，正项级数 $\sum\limits_{n=1}^{\infty} \dfrac{1}{3n-1}$ 发散.

当 $t=2$ 时，即 $x=3$ 时，交错级数 $\sum\limits_{n=1}^{\infty} \dfrac{(-1)^n}{3n-1}$ 收敛.

故级数 $\sum\limits_{n=1}^{\infty} \dfrac{(-1)^n(x-1)^n}{(3n-1)2^n}$ 的收敛域为 $(-1,3]$.

例 12-2-4 求幂级数 $\sum\limits_{n=1}^{\infty} (\sqrt{n+1}-\sqrt{n})2^n x^{2n}$ 的收敛域.

【分析】 本题中有 $a_n=0$ 的情形，不能套用公式 $\rho=\lim\limits_{n\to\infty}\left|\dfrac{a_{n+1}}{a_n}\right|$，我们用比值法求收敛区间.

解 **法一** 令 $u_n(x)=(\sqrt{n+1}-\sqrt{n})2^n x^{2n}$，则

$$\lim_{n\to\infty}\left|\frac{u_{n+1}(x)}{u_n(x)}\right| = \lim_{n\to\infty} \frac{(\sqrt{n+2}-\sqrt{n+1})2^{n+1}|x|^{2n+2}}{(\sqrt{n+1}-\sqrt{n})2^n |x|^{2n}} = 2|x|^2.$$

当 $2|x|^2<1$，即 $-\dfrac{\sqrt{2}}{2}<x<\dfrac{\sqrt{2}}{2}$ 时，原级数绝对收敛.

当 $2|x|^2>1$，即 $x<-\dfrac{\sqrt{2}}{2}$，$x>\dfrac{\sqrt{2}}{2}$ 时，原级数发散.

当 $x=\dfrac{\sqrt{2}}{2}$ 时，原级数为 $\sum\limits_{n=1}^{\infty}(\sqrt{n+1}-\sqrt{n}) = \sum\limits_{n=1}^{\infty} \dfrac{1}{\sqrt{n+1}+\sqrt{n}}$，是发散的.

当 $x=-\dfrac{\sqrt{2}}{2}$ 时，原级数仍为 $\sum\limits_{n=1}^{\infty}(\sqrt{n+1}-\sqrt{n})$，是发散的.

故原级数的收敛域为 $\left(-\dfrac{\sqrt{2}}{2}, \dfrac{\sqrt{2}}{2}\right)$.

法二 令 $t=x^2$，原级数化为 $\sum\limits_{n=1}^{\infty}(\sqrt{n+1}-\sqrt{n})2^n t^n$，因

$$\rho = \lim_{n\to\infty}\left|\frac{a_{n+1}}{a_n}\right| = \lim_{n\to\infty} \frac{(\sqrt{n+2}-\sqrt{n+1})2^{n+1}}{(\sqrt{n+1}-\sqrt{n})2^n} = 2,$$

故 $R=\dfrac{1}{2}$. 当 $t=\dfrac{1}{2}\left(\text{即 } x^2=\dfrac{1}{2}，x=\pm\dfrac{\sqrt{2}}{2}\right)$ 时，因正项级数 $\sum\limits_{n=1}^{\infty}(\sqrt{n+1}-\sqrt{n})$ 是发散

的,所以原级数的收敛域为 $\left(-\dfrac{\sqrt{2}}{2}, \dfrac{\sqrt{2}}{2}\right)$.

例 12 - 2 - 5 求下列幂函数的收敛域及和函数.

(1) $x + \dfrac{x^3}{3} + \dfrac{x^5}{5} + \cdots + \dfrac{x^{2n-1}}{2n-1} + \cdots$,

(2) $1 \cdot 2x + 2 \cdot 3x^3 + \cdots + n(n+1)x^n + \cdots$.

解 (1) 令 $u_n(x) = \dfrac{x^{2n-1}}{2n-1}$,则

$$\lim_{n \to \infty} \left| \dfrac{u_{n+1}(x)}{u_n(x)} \right| = \lim_{n \to \infty} \dfrac{(2n-1)\,|\,x\,|^{2n+1}}{(2n+1)\,|\,x\,|^{2n-1}} = |\,x\,|^2.$$

当 $|\,x\,| < 1$,原级数绝对收敛;当 $|\,x\,| > 1$,原级数发散,所以 $R = 1$.

当 $x = 1$ 时,$\displaystyle\sum_{n=1}^{\infty} \dfrac{1}{2n-1}$ 发散;当 $x = -1$ 时,$\displaystyle\sum_{n=1}^{\infty} \dfrac{(-1)^{2n-1}}{2n-1}$ 也发散.

故收敛域为 $(-1, 1)$.

令 $$s(x) = x + \dfrac{x^3}{3} + \dfrac{x^5}{5} + \cdots + \dfrac{x^{2n-1}}{2n-1} + \cdots \quad (|\,x\,| < 1),$$

则 $$s'(x) = 1 + x^2 + x^4 + \cdots + x^{2n} + \cdots = \dfrac{1}{1-x^2} \quad (|\,x\,| < 1).$$

又 $$s(0) = 0,$$

所以 $$s(x) = \int_0^x s'(x)\,\mathrm{d}x = \int_0^x \dfrac{1}{1-x^2}\,\mathrm{d}x = \dfrac{1}{2} \ln \left| \dfrac{1+x}{1-x} \right| \quad (|\,x\,| < 1).$$

(2) 由于 $\rho = \lim_{n \to \infty} \left| \dfrac{a_{n+1}}{a_n} \right| = \lim_{n \to \infty} \left| \dfrac{(n+1)(n+2)}{n(n+1)} \right| = 1$,故收敛半径 $R = 1$,当 $x = \pm 1$ 时,因通项不趋于零,故原级数发散,所以级数的收敛域为 $(-1, 1)$.

下面求级数的和函数 $s(x)$.

$$\begin{aligned}
s(x) &= \sum_{n=1}^{\infty} n(n+1)x^n = x\left[\sum_{n=1}^{\infty} n(n+1)x^{n-1} \right] \\
&= x\left[\sum_{n=1}^{\infty} (n+1)x^n \right]' = x\left(\sum_{n=1}^{\infty} x^{n+1} \right)'' \\
&= x\left(\dfrac{x^2}{1-x} \right)'' = \dfrac{2x}{(1-x)^3} \quad (-1 < x < 1).
\end{aligned}$$

【点评】 解这类题目时,往往需要先逐项求导后积分,或先逐项积分后求导,是先逐项求导还是先逐项积分应事先有所估计.一般地应使经过逐项求导或逐项积分所得的新级数更易于求和.

例 12 - 2 - 6 将函数 $f(x) = \dfrac{1}{1+x^2}$ 展开成 x 的幂级数.

解 因为

$$\dfrac{1}{1-x} = 1 + x + x^2 + \cdots + x^n + \cdots (-1 < x < 1),$$

把 x 换成 $-x^2$,得

$$\frac{1}{1+x^2} = 1 - x^2 + x^4 - \cdots + (-1)^n x^{2n} + \cdots (-1 < x < 1).$$

【点评】 收敛半径的确定:由 $-1 < -x^2 < 1$ 得 $-1 < x < 1.$

例 12 - 2 - 7 将函数 $f(x) = \dfrac{x}{2-x-x^2}$ 展开成 x 的幂级数.

解
$$f(x) = \frac{x}{2-x-x^2} = \frac{x}{(1-x)(2+x)}$$
$$= \frac{1}{3}\left(\frac{1}{1-x} - \frac{2}{2+x}\right) = \frac{1}{3}\frac{1}{1-x} - \frac{1}{3}\frac{1}{1+\frac{x}{2}}.$$

因为
$$\frac{1}{1-x} = 1 + x + x^2 + \cdots + x^n + \cdots = \sum_{n=0}^{\infty} x^n \quad (-1 < x < 1),$$

$$\frac{1}{1+\frac{x}{2}} = 1 - \frac{x}{2} + \left(\frac{x}{2}\right)^2 - \left(\frac{x}{2}\right)^3 + \cdots + (-1)^n \left(\frac{x}{2}\right)^n + \cdots$$

$$= \sum_{n=0}^{\infty} (-1)^n \left(\frac{x}{2}\right)^n \quad (-2 < x < 2),$$

故 $f(x) = \dfrac{1}{3}\displaystyle\sum_{n=0}^{\infty} x^n - \dfrac{1}{3}\displaystyle\sum_{n=0}^{\infty} (-1)^n \left(\dfrac{x}{2}\right)^n = \dfrac{1}{3}\displaystyle\sum_{n=0}^{\infty}\left[1 - \left(-\dfrac{1}{2}\right)^n\right]x^n \quad (-1 < x < 1).$

例 12 - 2 - 8 将函数 $f(x) = \ln(1-x-2x^2)$ 展开成 x 的幂级数.

解 因为

$$f(x) = \ln(1-x-2x^2) = \ln\left[(1+x)(1-2x)\right] = \ln(1+x) + \ln(1-2x),$$

而
$$\ln(1+x) = \sum_{n=1}^{\infty} (-1)^{n+1} \frac{x^n}{n} \quad (-1 < x \leqslant 1),$$

$$\ln(1-2x) = \sum_{n=1}^{\infty} (-1)^{n+1} \frac{(-2x)^n}{n} \quad \left(-\frac{1}{2} \leqslant x < \frac{1}{2}\right),$$

所以
$$f(x) = \ln(1-x-2x^2) = \sum_{n=1}^{\infty} (-1)^{n+1} \frac{x^n}{n} + \sum_{n=1}^{\infty} (-1)^{n+1} \frac{(-2x)^n}{n}$$

$$= \sum_{n=1}^{\infty} \frac{(-1)^{n+1} - 2^n}{n} x^n \quad \left(-\frac{1}{2} \leqslant x < \frac{1}{2}\right).$$

课后习题

一、选择题

1. 当 $|x| < 1$ 时,幂级数 $\displaystyle\sum_{n=0}^{\infty} (-1)^n x^{3n+1}$ 的和函数为( ).

A. $\dfrac{x}{1+x^3}$ B. $\dfrac{x}{1-x^3}$ C. $-\dfrac{x}{1+x^3}$ D. $-\dfrac{x}{1-x^3}$

2. 若 $\sum\limits_{n=0}^{\infty} a_n x^n$ 在 $x=-2$ 处收敛,则在 $x=1$ 处( ).

A. 发散 B. 绝对收敛 C. 条件收敛 D. 敛散性无法确定

3. 下列幂级数中收敛域为 $[-1,1]$ 的是( ).

A. $\sum\limits_{n=1}^{\infty}\dfrac{1}{n^2}x^n$ B. $\sum\limits_{n=1}^{\infty}\dfrac{1}{n}x^n$ C. $\sum\limits_{n=1}^{\infty}\dfrac{(-1)^n}{n}x^n$ D. $\sum\limits_{n=1}^{\infty}x^n$

4. 若 $\sum\limits_{n=0}^{\infty} a_n x^n$ 在 $x=-3$ 处条件收敛,则该幂级数的收敛半径( ).

A. $R>3$ B. $R<3$ C. $R=3$ D. 无法确定

5. 幂级数 $\sum\limits_{n=0}^{\infty}(-1)^n\dfrac{x^n}{2n+3}$ 的收敛域为( ).

A. $(-1,1)$ B. $(-1,1]$ C. $[-1,1)$ D. $[-1,1]$

6. 幂级数 $\sum\limits_{n=1}^{\infty}\dfrac{(x-1)^n}{n}$ 的收敛域为( ).

A. $(0,2]$ B. $[0,2)$ C. $(0,2)$ D. $[0,2]$

7. 若级数 $\sum\limits_{n=0}^{\infty}(-1)^{n-1}\dfrac{(x-a)^n}{n}$ 在 $x>0$ 处发散,在 $x=0$ 处收敛,则常数 $a=$( ).

A. -1 B. 1 C. 2 D. -2

二、填空题

1. 幂级数 $\sum\limits_{n=0}^{\infty}\dfrac{n}{3^n}x^{2n}$ 的收敛半径为_____.

2. 设幂级数 $\sum\limits_{n=0}^{\infty}a_n x^n$ 的收敛半径是 4,则幂级数 $\sum\limits_{n=0}^{\infty}a_n x^{2n+1}$ 的收敛半径是_____.

3. 幂级数 $\sum\limits_{n=1}^{\infty}nx^{n-1}$ 的和函数 $s(x)=$_____.

4. 函数 $f(x)=\dfrac{1}{3+x}$ 展开成 $(x-1)$ 的幂级数为_____.

5. 幂级数 $\sum\limits_{n=1}^{\infty}\dfrac{1}{n\cdot 3^n}\cdot x^n$ 的收敛半径为_____.

6. 幂级数 $\sum\limits_{n=1}^{\infty}\dfrac{(x-1)^n}{n\cdot 3^n}$ 的收敛区间为_____.

7. 幂级数 $\sum\limits_{n=1}^{\infty}(-1)^n\dfrac{x^n}{n}$ 的收敛域为_____.

8. 幂级数 $\sum\limits_{n=1}^{\infty}\dfrac{x^{2n-1}}{2^n-1}$ 的收敛半径为_____.

三、解答题

1. 将函数 $\ln(1+x-2x^2)$ 展开成 x 的幂级数.

2. 试把 $f(x)=\dfrac{1}{(1+x)^2}$ 展开成 x 的幂级数.

3. 试把 $f(x)=\dfrac{x}{2-x}$ 展开成 x 的幂级数,并给出收敛域.

4. 把 $f(x) = \dfrac{x}{x^2 - 5x + 6}$ 展开成 $x - 5$ 的幂级数.

5. 求幂级数 $\displaystyle\sum_{n=1}^{\infty} \dfrac{(-1)^n}{5^n} x^{2n}$ 的收敛区间及和函数.

6. 将函数 $f(x) = \dfrac{1}{x^2 + x - 6}$ 展开成 x 的幂级数,并求出收敛域.

7. 将函数 $f(x) = \arctan x$ 展开成 x 的幂级数.

8. 设幂级数 $\displaystyle\sum_{n=1}^{\infty} \dfrac{1}{2n+1} x^{2n+1}$,试求该幂级数的收敛半径和和函数.

9. 若级数 $\displaystyle\sum_{n=1}^{\infty} a_n x^n$ 在 $x = 2$ 处收敛,问级数 $\displaystyle\sum_{n=1}^{\infty} a_n \left(x - \dfrac{1}{2}\right)^n$ 在 $x = -2$ 处及 $x = 1$ 处的敛散性如何?

10. 将 $f(x) = \ln(3x - x^2)$ 在 $x = 1$ 处展开为幂级数.

参考答案

一、**1.** A **2.** B **3.** A **4.** C **5.** B **6.** B **7.** A

二、**1.** $R = \sqrt{3}$ **2.** $R = 2$ **3.** $\dfrac{1}{(1-x)^2}$ **4.** $f(x) = \dfrac{1}{4}\displaystyle\sum_{n=1}^{\infty}(-1)^n\left(\dfrac{x-1}{4}\right)^n$ $(-3,5)$ **5.** $R = 3$

6. $(-2,4)$ **7.** $(-1,1]$ **8.** $R = \sqrt{2}$

三、**1.** $\displaystyle\sum_{n=1}^{\infty} \dfrac{(-1)^{n+1}2^n + 1}{n} x^n, \left(-\dfrac{1}{2}, \dfrac{1}{2}\right]$

2. $\displaystyle\sum_{n=1}^{\infty} (-1)^{n+1} n x^{n-1}, \quad (-1,1)$

3. $\displaystyle\sum_{n=1}^{\infty} \left(\dfrac{x}{2}\right)^n, \quad (-2,2)$

4. $\displaystyle\sum_{n=1}^{\infty} (-1)^n \left(\dfrac{3}{2^{n+1}} - \dfrac{2}{3^{n+1}}\right)(x-5)^n, \quad (3,7]$

5. $(-\sqrt{5}, \sqrt{5}], \quad \dfrac{-x^2}{5+x^2}$

6. $-\dfrac{1}{5}\displaystyle\sum_{n=0}^{\infty}\left[\dfrac{1}{2^{n+1}} + \dfrac{(-1)^n}{3^{n+1}}\right]x^n, \quad (-2,2)$

7. $\displaystyle\sum_{n=0}^{\infty}(-1)^n \dfrac{x^{2n+1}}{2n+1}, \quad (-1,1]$

8. $R = 1, S(x) = \dfrac{1}{2}\ln\left|\dfrac{1+x}{1-x}\right| - x$

9. 在 $x = -2$ 处敛散性不能确定;在 $x = 1$ 处绝对收敛

10. $\ln 2 + \displaystyle\sum_{n=1}^{\infty}\left[(-1)^{n-1} - \dfrac{1}{2^n}\right]\dfrac{(x-1)^n}{n}, (0,2]$

第三讲 傅里叶级数

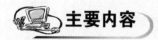 **主要内容**

一、傅里叶级数的概念

若下列积分

$$a_n = \frac{1}{\pi} \int_{-\pi}^{\pi} f(x) \cos nx \, \mathrm{d}x \, (n = 0, 1, 2, \cdots),$$

$$b_n = \frac{1}{\pi} \int_{-\pi}^{\pi} f(x) \sin nx \, \mathrm{d}x \, (n = 1, 2, \cdots)$$

都存在,则称 a_n, b_n 为傅里叶系数,称三角级数 $\dfrac{a_0}{2} + \sum\limits_{n=1}^{\infty} (a_n \cos nx + b_n \sin nx)$ 为傅里叶级数.

二、收敛定理

设 $f(x)$ 是周期为 2π 的周期函数,如果它满足:

(1) 在一个周期内连续或只有有限个第一类间断点;

(2) 在一个周期内至多只有有限个极值点.

则 $f(x)$ 的傅里叶级数收敛,并且当 x 是 $f(x)$ 的连续点时,级数收敛于 $f(x)$.

当 x 是 $f(x)$ 的间断点时,级数收敛于 $\dfrac{1}{2} \Big[f(x-0) + f(x+0) \Big]$.

三、正弦级数和余弦级数

设 $f(x)$ 是奇函数,则 $f(x)$ 的傅里叶级数为正弦级数 $\sum\limits_{n=1}^{\infty} b_n \sin nx$.

设 $f(x)$ 是偶函数,则 $f(x)$ 的傅里叶级数为余弦级数 $\dfrac{a_0}{2} + \sum\limits_{n=1}^{\infty} a_n \cos nx$.

四、延拓

周期延拓:设 $f(x)$ 只在 $[-\pi, \pi]$ 上有定义,我们可以在 $[-\pi, \pi)$ 或 $(-\pi, \pi]$ 外补充函数 $f(x)$ 的定义,使它拓广成周期为 2π 的周期函数 $F(x)$,在 $(-\pi, \pi)$ 内,$F(x) = f(x)$.

奇延拓与偶延拓:设函数 $f(x)$ 定义在区间 $[0, \pi]$ 上并且满足收敛定理的条件,我们在开区间 $(-\pi, 0)$ 内补充函数 $f(x)$ 的定义,得到定义在 $(-\pi, \pi]$ 上的函数 $F(x)$,使它在 $(-\pi, \pi)$ 上成为奇函数(偶函数),按这种方式拓广函数定义域的过程称为奇延拓(偶延拓),在 $(0, \pi]$ 上,有 $F(x) = f(x)$.

五、周期为 $2l$ 的函数的傅里叶级数

设周期为 $2l$ 的周期函数 $f(x)$ 满足收敛定理的条件,则它的傅里叶级数展开式为

$$f(x) = \frac{a_0}{2} + \sum_{n=1}^{\infty} \left(a_n \cos \frac{n\pi x}{l} + b_n \sin \frac{n\pi x}{l} \right),$$

其中系数 a_n, b_n 为

$$a_n = \frac{1}{l} \int_{-l}^{l} f(x) \cos \frac{n\pi x}{l} \mathrm{d}x (n = 0, 1, 2, \cdots),$$

$$b_n = \frac{1}{l} \int_{-l}^{l} f(x) \sin \frac{n\pi x}{l} \mathrm{d}x (n = 1, 2, \cdots).$$

当 $f(x)$ 为奇函数时,

$$f(x) = \sum_{n=1}^{\infty} b_n \sin \frac{n\pi x}{l},$$

其中 $b_n = \frac{2}{l} \int_{0}^{l} f(x) \sin \frac{n\pi x}{l} \mathrm{d}x (n = 1, 2, \cdots).$

当 $f(x)$ 为偶函数时,

$$f(x) = \frac{a_0}{2} + \sum_{n=1}^{\infty} a_n \cos \frac{n\pi x}{l},$$

其中 $a_n = \frac{2}{l} \int_{0}^{l} f(x) \cos \frac{n\pi x}{l} \mathrm{d}x (n = 0, 1, 2, \cdots).$

教学要求

➤ 理解傅里叶级数的概念和收敛定义,掌握把周期为 2π 的函数展开成傅里叶级数.

➤ 会对非周期函数进行奇延拓和偶延拓,掌握把非周期函数展开成正弦或余弦级数的方法.

➤ 掌握把周期为 $2l$ 的函数展开成傅里叶级数的方法,会把函数按要求展开成正弦级数和余弦级数.

重点例题

例 12-3-1　设 $f(x)$ 是周期为 2π 的周期函数,它在 $[-\pi, \pi)$ 上的表达式为

$$f(x) = \begin{cases} -1 & -\pi \leqslant x < 0 \\ 1 & 0 \leqslant x < \pi \end{cases}.$$

将 $f(x)$ 展开成傅里叶级数.

解　所给函数满足收敛定理的条件,它在点 $x = k\pi (k = 0, \pm 1, \pm 2, \cdots)$ 处不连续,在其他点处连续,从而由收敛定理可知 $f(x)$ 的傅里叶级数收敛,并且当 $x = k\pi$ 时收敛于

$$\frac{1}{2} \Big[f(x-0) + f(x+0) \Big] = \frac{1}{2} \big(-1 + 1 \big) = 0,$$

当 $x \neq k\pi$ 时级数收敛于 $f(x)$.

傅里叶系数计算如下：

$$a_n = \frac{1}{\pi}\int_{-\pi}^{\pi} f(x)\cos nx\,\mathrm{d}x = \frac{1}{\pi}\int_{-\pi}^{0}(-1)\cos nx\,\mathrm{d}x + \frac{1}{\pi}\int_{0}^{\pi}1\cdot\cos nx\,\mathrm{d}x = 0 \ (n=1,2,\cdots);$$

$$b_n = \frac{1}{\pi}\int_{-\pi}^{\pi} f(x)\sin nx\,\mathrm{d}x = \frac{1}{\pi}\int_{-\pi}^{0}(-1)\sin nx\,\mathrm{d}x + \frac{1}{\pi}\int_{0}^{\pi}1\cdot\sin nx\,\mathrm{d}x$$

$$= \frac{1}{\pi}\left[\frac{\cos nx}{n}\right]_{-\pi}^{0} + \frac{1}{\pi}\left[-\frac{\cos nx}{n}\right]_{0}^{\pi} = \frac{1}{n\pi}\left(1-\cos n\pi - \cos n\pi + 1\right)$$

$$= \frac{2}{n\pi}\left[1-(-1)^n\right] = \begin{cases}\dfrac{4}{n\pi} & n=1,3,5,\cdots \\ 0 & n=2,4,6,\cdots\end{cases}.$$

于是 $f(x)$ 的傅里叶级数展开式为

$$f(x) = \frac{4}{\pi}\left[\sin x + \frac{1}{3}\sin 3x + \cdots + \frac{1}{2k-1}\sin(2k-1)x + \cdots\right]$$

$$(-\infty < x < +\infty; x\neq 0, \pm\pi, \pm 2\pi, \cdots).$$

例 12-3-2 将函数

$$f(x) = \begin{cases} -x & -\pi \leqslant x < 0 \\ x & 0 \leqslant x \leqslant \pi \end{cases} \quad \text{展开成傅里叶级数.}$$

解 所给函数在区间 $[-\pi,\pi]$ 上满足收敛定理的条件，并且拓广为周期函数时，它在每一点 x 处都连续，因此拓广的周期函数的傅里叶级数在 $[-\pi,\pi]$ 上收敛于 $f(x)$.

傅里叶系数为：

$$a_0 = \frac{1}{\pi}\int_{-\pi}^{\pi} f(x)\,\mathrm{d}x = \frac{1}{\pi}\int_{-\pi}^{0}(-x)\,\mathrm{d}x + \frac{1}{\pi}\int_{0}^{\pi} x\,\mathrm{d}x = \pi;$$

$$a_n = \frac{1}{\pi}\int_{-\pi}^{\pi} f(x)\cos nx\,\mathrm{d}x = \frac{1}{\pi}\int_{-\pi}^{0}(-x)\cos nx\,\mathrm{d}x + \frac{1}{\pi}\int_{0}^{\pi} x\cos nx\,\mathrm{d}x$$

$$= \frac{2}{n^2\pi}(\cos n\pi - 1) = \begin{cases} -\dfrac{4}{n^2\pi} & n=1,3,5,\cdots \\ 0 & n=2,4,6,\cdots\end{cases}.$$

$$b_n = \frac{1}{\pi}\int_{-\pi}^{\pi} f(x)\sin nx\,\mathrm{d}x = \frac{1}{\pi}\int_{-\pi}^{0}(-x)\sin nx\,\mathrm{d}x + \frac{1}{\pi}\int_{0}^{\pi} x\sin nx\,\mathrm{d}x = 0\,(n=1,2,\cdots).$$

于是，$f(x)$ 的傅里叶级数展开式为

$$f(x) = \frac{\pi}{2} - \frac{4}{\pi}\left(\cos x + \frac{1}{3^2}\cos 3x + \frac{1}{5^2}\cos 5x + \cdots\right) \quad (-\pi \leqslant x \leqslant \pi).$$

例 12-3-3 设 $f(x)$ 是周期为 2π 的周期函数，它在 $[-\pi,\pi)$ 上的表达式为 $f(x) = x$，将 $f(x)$ 展开成傅里叶级数.

解 首先，所给函数满足收敛定理的条件，它在点 $x=(2k+1)\pi (k=0,\pm 1,\pm 2,\cdots)$，不连续，因此 $f(x)$ 的傅里叶级数在函数的连续点 $x\neq(2k+1)\pi$ 收敛于 $f(x)$，在点 $x=(2k$

$+1)\pi(k=0,\pm1,\pm2,\cdots)$ 收敛于

$$\frac{1}{2}\Big[f(\pi-0)+f(-\pi-0)\Big]=\frac{1}{2}\Big[\pi+(-\pi)\Big]=0.$$

其次,若不计 $x=(2k+1)\pi(k=0,\pm1,\pm2,\cdots)$,则 $f(x)$ 是周期为 2π 的奇函数,于是

$$a_n=0(n=0,1,2,\cdots),$$

而 $$b_n=\frac{2}{\pi}\int_0^\pi f(x)\sin nx\,dx=\frac{2}{\pi}\int_0^\pi x\sin nx\,dx$$

$$=\frac{2}{\pi}\Big[-\frac{x\cos nx}{n}+\frac{\sin nx}{n^2}\Big]_0^\pi=-\frac{2}{n}\cos nx=\frac{2}{n}(-1)^{n+1}\ (n=1,2,\cdots).$$

$f(x)$ 的傅里叶级数展开式为

$$f(x)=2\sin x-\frac{2}{2}\sin 2x+\frac{2}{3}\sin 3x-\cdots+(-1)^{n+1}\frac{2}{n}\sin nx+\cdots$$

$$(-\infty<x<+\infty;x\neq\pm\pi,\pm3\pi,\cdots).$$

例 12-3-4 将周期函数 $u(t)=E\Big|\sin\frac{1}{2}t\Big|$ 展开成傅里叶级数,其中 E 是正的常数.

解 所给函数满足收敛定理的条件,它在整个数轴上连续,因此 $u(t)$ 的傅里叶级数处处收敛于 $u(t)$.

因为 $u(t)$ 是周期为 2π 的偶函数,所以 $b_n=0(n=0,1,2,\cdots)$,而

$$a_n=\frac{2}{\pi}\int_0^\pi u(t)\cos nt\,dt=\frac{2}{\pi}\int_0^\pi E\sin\frac{t}{2}\cos nt\,dt$$

$$=\frac{E}{\pi}\int_0^\pi\Big[\sin\Big(n+\frac{1}{2}\Big)t-\sin\Big(n-\frac{1}{2}\Big)t\Big]dt$$

$$=\frac{E}{\pi}\Big[-\frac{\cos\Big(n+\frac{1}{2}\Big)t}{n+\frac{1}{2}}+\frac{\cos\Big(n-\frac{1}{2}\Big)t}{n-\frac{1}{2}}\Big]_0^\pi$$

$$=-\frac{4E}{(4n^2-1)\pi}(n=0,1,2,\cdots),$$

所以 $u(t)$ 的傅里叶级数展开式为

$$u(t)=\frac{4E}{\pi}\Big(\frac{1}{2}-\sum_{n=1}^\infty\frac{1}{4n^2-1}\cos nt\Big)(-\infty<t<+\infty).$$

例 12-3-5 将函数 $f(x)=x+1(0\leqslant x\leqslant\pi)$ 分别展开成正弦级数和余弦级数.

解 先求正弦级数.为此对函数 $f(x)$ 进行奇延拓.

$$b_n=\frac{2}{\pi}\int_0^\pi f(x)\sin nx\,dx=\frac{2}{\pi}\int_0^\pi(x+1)\sin nx\,dx=\frac{2}{\pi}\Big[-\frac{x\cos nx}{n}+\frac{\sin nx}{n^2}-\frac{\cos nx}{n}\Big]_0^\pi$$

$$=\frac{2}{n\pi}(1-\pi\cos n\pi-\cos n\pi)=\begin{cases}\frac{2}{\pi}\cdot\frac{\pi+2}{n} & n=1,3,5,\cdots\\-\frac{2}{n} & n=2,4,6,\cdots\end{cases},$$

函数的正弦级数展开式为

$$x+1=\frac{2}{\pi}\Big[(\pi+2)\sin x-\frac{\pi}{2}\sin 2x+\frac{1}{3}(\pi+2)\sin 3x-\frac{\pi}{4}\sin 4x+\cdots\Big]\quad(0<x<\pi).$$

在端点 $x=0$ 及 $x=\pi$ 处,级数的和显然为零,它不代表原来函数 $f(x)$ 的值.

再求余弦级数. 为此对 $f(x)$ 进行偶延拓.

$$a_n=\frac{2}{\pi}\int_0^\pi f(x)\cos nx\,\mathrm{d}x$$

$$=\frac{2}{\pi}\int_0^\pi(x+1)\cos nx\,\mathrm{d}x=\frac{2}{\pi}\Big[\frac{x\sin nx}{n}+\frac{\cos nx}{n^2}+\frac{\sin nx}{n}\Big]_0^\pi$$

$$=\frac{2}{n^2\pi}(\cos n\pi-1)=\begin{cases}0 & n=2,4,6,\cdots\\ -\dfrac{4}{n^2\pi} & n=1,3,5,\cdots\end{cases},$$

$$a_0=\frac{2}{\pi}\int_0^\pi(x+1)\mathrm{d}x=\frac{2}{\pi}\Big[\frac{x^2}{2}+x\Big]_0^\pi=\pi+2.$$

函数的余弦级数展开式为

$$x+1=\frac{\pi}{2}+1-\frac{4}{\pi}\Big(\cos x+\frac{1}{3^2}\cos 3x+\frac{1}{5^2}\cos 5x+\cdots\Big)\quad(0\leqslant x\leqslant\pi).$$

例 12-3-6 将函数 $f(x)=x-1(0\leqslant x\leqslant 2)$ 展成周期为 4 的余弦函数.

解 对 $f(x)$ 进行偶延拓,则

$$b_n=0\quad(n=1,2,\cdots).$$

$$a_0=\frac{2}{2}\int_0^2(x-1)\mathrm{d}x=0.$$

$$a_n=\frac{2}{2}\int_0^2(x-1)\cos\frac{n\pi}{2}x\,\mathrm{d}x$$

$$=\Big[(x-1)\cdot\frac{2}{n\pi}\sin\frac{n\pi}{2}x+\frac{4}{n^2\pi^2}\cos\frac{n\pi}{2}x\Big]_0^2$$

$$=\begin{cases}0 & n=2k\\ -\dfrac{8}{(2k-1)^2\pi^2} & n=2k-1\end{cases}\quad(k=1,2,\cdots).$$

故

$$f(x)=-\frac{8}{\pi^2}\sum_{n=1}^\infty\frac{1}{(2k-1)^2}\cos\frac{(2k-1)\pi}{2}x\quad(0\leqslant x\leqslant 2).$$

✎ **课后习题**

1. 函数 $f(x)$ 的周期为 2π,$f(x)$ 在 $[-\pi,\pi)$ 上表达式为

$$f(x)=\begin{cases}2x & -\pi\leqslant x<0,\\ 3x & 0\leqslant x<\pi\end{cases},$$

将 $f(x)$ 展开成傅里叶级数.

2. 将函数 $f(x) = \begin{cases} \cos x & -\pi \leqslant x \leqslant 0 \\ 0 & 0 < x < \pi \end{cases}$ 展开成傅里叶级数.

3. 设 $f(x) = \begin{cases} -\pi & -\pi < x < 0 \\ 3x^2 + 1 & 0 \leqslant x \leqslant \pi \end{cases}$，试将 $f(x)$ 展开为以 2π 为周期的傅里叶级数.

4. 设 $f(x)$ 是周期为 2π 的周期函数，在 $(0, \pi)$ 上 $f(x) = 2x^2$. 试求：

(1) $f(x)$ 的正弦函数；

(2) $f(x)$ 的余弦函数；

(3) 借助函数 $F(x) = \begin{cases} 0 & -\pi < x < 0 \\ 2x^2 & 0 \leqslant x \leqslant \pi \end{cases}$，求 $f(x)$ 的傅里叶级数.

5. 将函数 $f(x) = x (0 \leqslant x \leqslant l)$ 展开成 $2l$ 的傅里叶级数，试求：

(1) 将 $F(x) = x (0 \leqslant x \leqslant 2l)$ 展开；

(2) 展开成正弦函数；

(3) 展开成余弦函数.

6. 将 $f(x) = \begin{cases} 1 & 1 < x \leqslant 2 \\ 3 - x & 2 < x \leqslant 3 \end{cases}$ 展开成周期为 2 的傅里叶级数，并写出在 $[1, 3]$ 上和

函数的表达式.

📖 参考答案

1. $f(x) = \dfrac{\pi}{4} - \dfrac{1}{\pi} \sum\limits_{n=1}^{\infty} \left[\dfrac{2}{(2n-1)^2} \cos(2n-1)x + (-1)^n \dfrac{5\pi}{n} \sin nx \right]$　$(x \neq (2k+1)\pi, k = 0, \pm 1,$

$\pm 2, \cdots)$

2. 在 $x = 0$ 处，级数收敛于 $\dfrac{f(0+0) + f(0-0)}{2} = \dfrac{1}{2}$

在端点 $x = \pm\pi$ 处，级数收敛于 $\dfrac{f(-\pi+0) + f(\pi-0)}{2} = \dfrac{-1+0}{2} = -\dfrac{1}{2}$

$f(x) = \dfrac{1}{2}\cos x + \dfrac{1}{\pi} \sum\limits_{n=2}^{\infty} \dfrac{n[(-1)^{n-1} - 1]}{n^2 - 1} \sin nx$　$(-\pi < x < 0$ 或 $0 < x < \pi)$

3. 在 $x = 0$ 处，级数收敛于 $\dfrac{f(0+0) + f(0-0)}{2} = \dfrac{-\pi+1}{2}$

在端点 $x = \pm\pi$ 处，级数收敛于 $\dfrac{f(-\pi+0) + f(\pi-0)}{2} = \dfrac{3\pi^2 - \pi + 1}{2}$

$f(x) = \dfrac{\pi^2 - \pi + 1}{2} + \sum\limits_{n=1}^{\infty} \left\{ (-1)^n \dfrac{6}{n^2} \cos nx + \dfrac{1}{n\pi} \left[\pi + 1 - \dfrac{6}{n^2} + (-1)^n \left(\dfrac{6}{n^2} - 3\pi^2 - \pi - 1 \right) \right] \sin nx \right\}$

$(-\pi < x < 0$ 或 $0 < x < \pi)$

4. (1) $2x^2 = \dfrac{4}{\pi} \sum\limits_{n=2}^{\infty} \left\{ \dfrac{\pi^2}{n}(-1)^{n+1} - \dfrac{2}{n^3}[1 - (-1)^n] \right\} \sin nx$　$(0 < x < \pi)$

(2) $2x^2 = \dfrac{2}{3}\pi^2 + 8 \sum\limits_{n=2}^{\infty} \dfrac{1}{n^2}(-1)^n \cos nx$　$(0 < x < \pi)$

(3) $2x^2 = \dfrac{\pi^2}{3} + \sum\limits_{n=2}^{\infty} \left\{ \dfrac{4}{n^2}(-1)^n \cos nx + \left[\dfrac{2\pi}{n}(-1)^{n+1} - \dfrac{4}{n^3\pi} + \dfrac{(-1)^n}{n^3\pi} \right] \sin nx \right\}$　$(0 < x < \pi)$

5. (1) $f(x) = l - \dfrac{2}{\pi} \sum\limits_{n=1}^{\infty} \dfrac{1}{n} \sin \dfrac{n\pi x}{l}$　$(0 < x \leqslant l)$

在 $x = 0$ 处,对应的级数收敛于 l

(2) $f(x) = \sum_{n=1}^{\infty} (-1)^{n+1} \frac{2l}{n\pi} \sin \frac{n\pi x}{l}$ $(0 \leqslant x < l)$

在 $x = l$ 处,对应的级数收敛于 0

(3) $f(x) = \frac{l}{2} - \frac{4l}{\pi^2} \sum_{n=1}^{\infty} \frac{1}{(2n-1)^2} \cos \frac{(2n-1)x}{l}$ $(0 \leqslant x \leqslant l)$

6. $f(x) = \frac{3}{4} + \sum_{n=1}^{\infty} \left[\frac{1-(-1)^n}{n^2\pi^2} \cos n\pi x + \frac{(-1)^n}{n\pi} \sin n\pi x \right]$

$\quad = \begin{cases} 1 & 1 < x \leqslant 2 \\ 3-x & 2 < x < 3 \\ \frac{1}{2} & x = 1, 3 \end{cases}$